建设工程识图与预算快速入门丛书

安装工程识图与预算快速入门（第二版）

景星蓉　吴心伦　编著

U0291493

中国建筑工业出版社

图书在版编目（CIP）数据

安装工程识图与预算快速入门/景星蓉，吴心伦编著.
2 版. —北京：中国建筑工业出版社，2015.9（2021.8重印）
（建设工程识图与预算快速入门丛书）
ISBN 978-7-112-18476-7

Ⅰ. ①安… Ⅱ. ①景… ②吴… Ⅲ. ①建筑安装-
建筑制图-识别②建筑安装-建筑预算定额 Ⅳ. ①TU204
②TU723.3

中国版本图书馆 CIP 数据核字（2015）第 223499 号

本书主要依据《通用安装工程工程量计算规范》GB 50856—2013《建设工程计价计量规范辅导》2013，以及相关专业现行规范、标准编制。其主要内容有：安装工程图；建筑给水排水工程图；采暖工程图；通风空调工程图；建筑电气工程图；安装工程预算定额；建筑安装工程费用（预算造价）；水、暖安装工程施工图预算；通风与空调安装工程施工图预算；刷油、防腐蚀、绝热安装工程施工图预算；建筑电气安装工程施工图预算；工程量清单的编制；工程量清单计价等内容。书中各专业介绍的内容均配有相应插图和安装工程施工图预算编制案例，以供读者理解。

本书内容介绍了工程量清单计价模式与定额计价模式。在传承本专业历史文脉的前提下，对与国际惯例接轨的工程量清单计价模式加以阐述，可操作性强。图文并茂。可供工程造价工作者学习，亦可作为工程造价专业、土木和工程管理专业大、中专等学生教材使用，或作为相关专业的培训教材。

* * *

责任编辑：郭　栋　岳建光　张　磊
责任设计：张　虹
责任校对：赵　颖　陈晶晶

建设工程识图与预算快速入门丛书

安装工程识图与预算快速入门
（第二版）
景星蓉　吴心伦　编著

*

中国建筑工业出版社出版、发行（北京西郊百万庄）
各地新华书店、建筑书店经销
霸州市顺浩图文科技发展有限公司制版
北京建筑工业印刷厂印刷

*

开本：787×1092毫米　1/16　印张：18¼　字数：456 千字
2015 年 10 月第二版　　2021 年 8 月第十五次印刷
定价：**49.00 元**
ISBN 978-7-112-18476-7
（27542）

第二版前言

　　本书为满足目前从事安装工程造价工作者、学生的迫切需求，较为完整的介绍了安装工程识图的基础知识、基本图式以及室内给水排水工程、采暖工程、通风空调工程、建筑电气工程等最新的图例、识读方法。本书以《通用安装工程工程量计算规范》以及现行的有关标准、规范为编写主要依据，并介绍了住房和城乡建设部推出的最新计费程序和费用构成44号文件，对我国工程造价的构成作了最新的诠释。

　　本书编写了安装工程预算定额的编制原理、水暖与通风空调工程和建筑电气安装工程施工图预算、工程量清单的编制（组价）、工程量清单计价（报价）等内容。在第一版的基础上对第六～第十三章内容进行了更新。部分图片进行了调整。新增加了第十章 刷油、防腐蚀、绝热安装工程施工图预算。案例丰富。为工程造价从业人员尽快掌握安装工程造价相关知识，进一步提升安装工程造价工作能力提供了良好的帮助。本书也可作为工程造价专业及土木工程和工程管理等相关专业学生的教材或培训教材。

　　本书由重庆大学建设管理与房地产学院的景星蓉副教授和吴心伦副教授共同编写。全书共分十三章，吴心伦老师编写了第一～第五章。景星蓉老师编写了第六章～第十三章。

　　您若对本书有什么意见、建议，或您有图书出版的意愿或想法，欢迎致函289052980@qq.com交流沟通！

第一版前言

本书根据目前从事安装工程造价工作者和学生的迫切需求，较为完整的介绍了安装工程识图的基础知识、基本图式以及室内给水排水工程、采暖工程、通风空调工程、建筑电气工程等最新的图例、识读方法。本书以《建设工程工程量清单计价规范》GB 50500—2008以及现行的有关标准、规范为编写主要依据，并介绍了前建设部建标206号文推出的最新计费程序和造价计算，对我国工程造价的构成作了最新的解释。

本书编写了安装工程预算定额的编制原理、建筑安装施工图预算的审查、水暖与通风空调工程和建筑电气安装工程施工图预算、工程量清单的编制（组价）、工程量清单计价（报价）等内容。案例丰富。为工程造价从业人员尽快掌握工程造价相关知识，进一步提升安装工程造价工作能力提供良好的帮助。本书也可作为工程造价专业及土木工程和工程管理等相关专业学生的教材或培训教材。

本书由重庆大学建设管理与房地产学院的景星蓉副教授和吴心伦副教授共同编著。全书共分十一章，景星蓉老师编写了第六章～第十一章。吴心伦老师编写了第一～第五章。

目　　录

第一章　安装工程图

一、安装工程施工图

设计人员按安装工程的使用功能和安全要求进行设计，用国家规定的标准图例及文字符号或惯例图符来绘制工程图，以此表达设计意图并进行思想交流。建设工程项目是按阶段实施的，如初步设计阶段、扩大初步设计阶段、施工图设计阶段，因各阶段设计的深度要求不同，所以绘制出的安装工程图也不同。我们这里是以满足施工生产而设计的图，即安装工程施工图为主进行叙述。安装工程有建筑安装工程和工业安装工程，我们这里以建筑安装工程为主，即以建筑给水排水安装工程、建筑采暖供热安装工程、通风空调安装工程、建筑电气安装工程、自动消防安装工程的施工图为主进行叙述。

二、建筑安装工程施工图的组成

无论是工业安装工程施工图或建筑安装工程施工图，一般由基本图和详图两大部分组成。在给水排水工程、采暖供热工程、通风空调工程、建筑电气工程及自动消防工程中因专业特点而工程图有所差异外，但是都由这两大部分组成。其基本图包括：图纸目录、设计施工说明、设备材料表、工艺流程系统图、平面图、轴测图、立（剖）面图。其详图包括：大样图、节点图和标准图等。

1. 图纸目录

是将数量众多的施工图按图名、作用编排而成的顺序表，称为图纸目录。通过图纸目录我们可以方便地检索全套专业图纸的名称、图号、数量以及选用的标准图集等情况。

2. 设计施工说明

凡在图样上无法表示出来而又要施工人员知道的一些技术和质量等方面的要求，一般都用文字形式来加以说明。其内容一般包括工程的主要技术参数，施工和验收要求以及注意事项。

3. 设备、材料表

指该项安装工程的各种设备、容器、台柜、元件、部件或器具，以及相连接的管道、线缆，或防腐、保温等材料的名称、规格、型号、数量的明细表。

以上三项都是些文字说明，但它是施工图纸必不可少的一个组成部分，是对图形的补充和说明，有助于进一步看懂施工图。

4. 工艺流程系统图

工艺流程系统图，是对工程项目工艺系统一系列工艺变化过程的原理图，在工业安装施工图中是非常重要的一种图。如工艺管道系统，通过它可以对管道的材质、规格、编号、输送的介质、流向以及主要控制阀门等确切的表达；以及对管道相连接的设备编号与相关的建（构）筑物的名称及整个系统的仪表控制点（温度、压力、流量及分析的测点）一个全面的、系统的表达。通过工艺流程系统图，能达到对该工艺流程全面的、系统的了解。

5. 平面图

平面图，是安装工程施工图中最基本的一种图样，它主要表示所安装的设备、容器、台柜、器具在建筑（构）物内外的平面布局的相对位置；相连管线的走向、排列布置和各部分的长宽尺寸；或管子的坡度、坡向、管径和标高，线缆的种类、规格、型号等具体数据。

6. 立面图和剖面图

立面图和剖面图，是施工图中常见的一种图形，它主要表达设备、容器、台柜、器具和管线在建筑（构）物内垂直方向上的相对位置，以及每路管线的编号、规格、型号和标高等具体数据。

7. 轴测图（系统图）

轴测图是一种立体图，又称为系统图或系统轴测图。它能在一个图面上同时反映出管线的空间走向、标高尺寸，帮助我们想象管线在空间的布置情况，是管道施工图中重要的图形之一。系统图有时也能替代管线立面图或剖面图。例如，建筑给水排水以及采暖通风工程图中主要由平面图和系统图组成。

8. 节点图

节点图，能清楚地表示工程某部分的详细结构及尺寸，是对平面图及其立面图、剖面图及轴测图等所不能反映清楚的某部位的放大。节点一般用代号来表示它的所在部位，例如"A"节点，那就要在平面图上找到用"A"所表示的部位。

9. 大样图

大样图，是表示一组设备的配管配线或一组管线配件组合安装的一种详图。大样图的特点是用双线图表示，对物体有真实感，并对组装体各部位的详细尺寸都作了标注。

10. 标准图

标准图，是一种具有通用性质的图形。标准图中标有成组管线、设备或部件的具体图形和详细尺寸，但是它一般不能用来作为单独进行施工的图纸，而只能作为某些施工图的一个组成部分。标准图集一般由国家或有关部委编制颁发。

第二章　建筑给水排水工程图

第一节　管道工程图的分类与组成

一、管道工程图的分类

管道工程系统主要用于输送各种介质。管道由管子、管件、紧固件和附件等组成，它与设备、容器、卫生器具等相连接组合成管网，称为管道工程系统。管道可用不同的材质做成，所以可从管道的材质、输送的介质、介质的压力、介质的工作温度及输送距离等角度，将管道划分成很多不同类别的系统。如果用规定的图形符号和用投影的原理画出图来表示这些管道工程系统，就称为管道工程图。为工业生产服务而输送介质的管道，如氢气、氧气、石油化工等管道，用图来表示时，称为工业管道工程图；为生活服务的管道，如给水、排水、采暖供热及燃气等管道，用图来表示时，称为建筑工程管道图。我们以建筑工程管道图为主进行叙述。

二、管道工程图的组成

管道工程施工图与一般安装工程图一样，由基本图和详图两大部分组成，详见安装工程图的叙述。

三、管道工程图的表示方法

1. 管道图例

在阅读工程图时，首先应了解与工程图纸有关的图例符号及其所代表的内容，才能懂管道工程图。管道图例并不完全反映实物的形象，只是示意性地表示具体的设备或管（阀）件。管道工程图中的管子、管件、阀门、附件以及连接方法等，按《建筑给水排水制图标准》GB/T 50106—2010 和《暖通空调制图标准》GB/T 50114—2010 的规定图例表示，现将标准中常用的图例及文字符号摘录如下。

（1）管道图线

管道工程图的管子、管件、附件、阀门等，用各种线条来表示。特别是管子的长度大于直径很多倍，所以常用单粗实线或粗虚线来表示，也可用双实线来表示。见表 2-1 所示。

（2）管道代号

用粗实线来表示管道，以汉语拼音字母作为代号来表示管道的类别。在给水排水工程中，用 J 表示给水管、RJ 热水给水管、RH 热水回水、W 污水管、T 通（透）气管、Y 雨水管等表示。在暖通工程中，用 R 表示热水管、Z 蒸汽管、N 凝结水管、L 空调冷水管、LR 空调冷/热水管、LQ 空调冷却水管、KN 或 n 空调凝结水管等表示。见表 2-1 所示。

（3）管道管件

给水排水管道常用的管件，如异径管、短管、存水弯、弯头及三通等，其图例见表 2-2 所示。

常用管道图例表

表 2-1

序号	名　称	图　例	备注	序号	名　称	图　例	备注
1	生活给水管	—— J ——		10	多孔管		
2	热水给水管	—— RJ ——		11	地沟管		
3	热水回水管	—— RH ——		12	防护套管		
4	蒸汽管	—— Z ——		13	管道立管	XL-1 平面　XL-1 系统	X:管道类别 L:立管 1:编号
5	凝结水管	—— N ——		14	伴热管		
6	中水给水管	—— ZJ ——		15	保温管		
7	通气管	—— T ——		16	排水明沟	坡向 →	
8	污水管	—— W ——		17	排水暗沟	坡向 →	
9	雨水管	—— Y ——		注:分区管道用加注脚标方法表示。如:J1、J2、R1、R2……			

常用管件图例表

表 2-2

序号	名　称	图　例	备注	序号	名　称	图　例	备注
1	偏心异径管			7	正三通		
2	同心异径管			8	斜三通		
3	乙字管			9	正四通		
4	短管			10	斜四通		
5	存水弯	S　P		11	浴盆排水件		
6	90°弯头						

（4）管道的连接

管道连接的方法有螺纹连接、法兰连接、焊接及承插连接；连接的方式有三通连接、四通连接、丁字连接等，其图例见表2-3所示。

管道连接方式图例　　　　　　　　　　　　　　　表2-3

序号	名　称	图　例	备　注	序号	名　称	图　例	备　注
1	法兰连接			6	管道交叉	高 低	在下面和后面的管道应断开
2	存插连接			7	管道丁字上接	高 低	
3	活接头			8	管道丁字下接	高 低	
4	弯折管	高 低　低 高		9	法兰堵板		
5	三通连接						

（5）管道附件

给水排水管道常用的附件，如清扫口、透气帽、地漏等；伸缩器、套管、管道支架等，图例见表2-4所示。

常用管道附件图例表　　　　　　　　　　　　　表2-4

序号	名　称	图　例	备　注	序号	名　称	图　例	备　注
1	套管伸缩器			9	清扫口	平面　系统	
2	方形伸缩器			10	透气帽	成品　蘑菇型	
3	刚性防水套管			11	雨水斗	YD-平面　YD-系统	
4	柔性防水套管			12	排水漏斗	平面　系统	
5	波纹管			13	圆形地漏		通用。如无水封，地漏应加存水弯
6	可挠曲橡胶接头	单球　双球		14	减压孔板		
7	管道固定支架			15	Y形除污器		
8	管道滑动支架			16	立管检查口		

（6）管道阀门及管道配件

给水排水管道常用阀门，如闸阀、截止阀、止回阀、球阀、安全阀、电磁阀及温度调节阀等；管道配件，如水龙头、肘式水龙头、脚踏水龙头、混合水龙头及旋转水龙头等，其图例见表2-5所示。

管道阀门及给水配件图例　　　　　　表2-5

序号	名　称	图　例	备注	序号	名　称	图　例	备注
1	闸　阀			10	浮球阀	平面　　系统	
2	截止阀			11	温度调节阀		
3	蝶　阀			12	压力调节阀		
4	球　阀			13	电磁阀		
5	止回阀			14	自动排气阀	平面　系统	
6	减压阀		左侧为高压端	15	水　嘴	平面　系统	
7	安全阀	弹簧式　平衡锤式		16	旋转水嘴		
8	延时自闭冲洗阀			17	浴盆带喷头混合水嘴		
9	感应式冲洗阀			18	疏水器		

（7）给水排水设备及常用仪表

给水排水、供热设备，如水泵、热交换器、喷射器等；仪表如温度计、压力表、流量计等，图例见表2-6所示。

（8）卫生设备及给水排水构造物

卫生设备如洗脸盆、大小便器、浴盆、淋浴器等；给水排水构造物如阀门井、检查井、化粪池等，图例见表2-7所示。

2. 管道标高

管道在空间不同位置的高度用标高来表示，标高以米（m）为单位。室内工程标注相对标高；室外工程标注绝对标高。重力流管、沟道管道的特殊点，如管道的起止点、转折点、连接点、变坡点、交叉点及变管径点均应标注标高。压力管道标注管道中心标高；重力流管、沟道分别标注管内底、沟内底标高。管道标高在平面图中的标注方法如图2-1所示，剖面图中的标注方法见图 2-2 所示。

给水设备及仪表图例　　　　　　　　表 2-6

序号	名　称	图　例	备注	序号	名　称	图　例	备注
1	卧式水泵	平面　　系统（或）		5	温度计		
2	热交换器	卧式　　立式		6	压力表	压力表　自动记录　压力控制器 压力表	
3	快速管式 热交换器			7	自动记录 流量计		
4	喷射器		小三角 为进水 端	8	水　表		

卫生设备及给水排水构造物　　　　　　表 2-7

序号	名　称	图　例	备注	序号	名　称	图　例	备注
1	洗脸盆	立式　台式　挂式		5	大便器	蹲式　　坐式	
2	浴　盆			6	喷淋头 （喷头）	平面　　系统	
3	洗涤盆污水池	带沥水板洗涤盆　污水池		7	化粪池	矩型　　圆型	HC 化粪池
4	小便器	立式　　挂式		8	水表井 阀门井 检查井	水表井	以代号 区别管 道

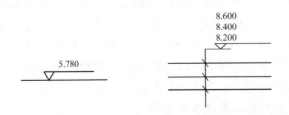

图 2-1　平面图中管道标高标注法

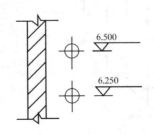

图 2-2　剖面图中管道标高标注法

3. 管道管径

管径以毫米（mm）为单位。水煤气输送管（镀锌管或非镀锌管）、铸铁管等的管径，用公称直径 DN 表示，如 $DN15$、$DN50$ 等表示；管径标注方法见图 2-3 所示。无缝钢管、焊接钢管（直缝或螺纹缝）、铜管、不锈钢管等的管径，用管道外径 $D \times$ 壁厚表示，如 $D108 \times 4$、$D159 \times 4.5$ 等。

4. 管道编号

当管道数量超过一根时应进行编号，如给水引入管或排水排出管的编号表示方法如图 2-4 所示。

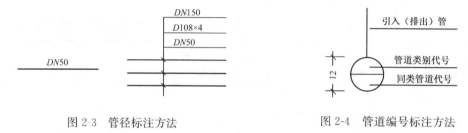

图 2-3　管径标注方法　　　　　图 2-4　管道编号标注方法

第二节　建筑室内给水排水工程图

一、建筑室内给水工程系统的分类及基本图式

1. 一般室内给水系统分类

一般室内给水系统按其用途可分为三类：

（1）生活给水系统

供民用与工业建筑物内的饮用、盥洗等生活上的用水。

（2）生产给水系统

因各种生产工艺需要，如生产设备的冷却，原材料和产品等的洗涤用水。

（3）消防给水系统

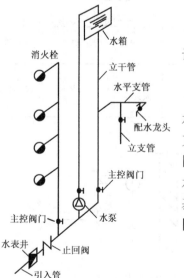

图 2-5　室内给水系统的基本图式

供民用、工业建筑物内消防灭火系统的用水。

上述三种系统，根据需要可以单独设置，也可以综合设置。

2. 一般室内给水系统的基本图式

室内给水系统一般由 6 部分组成：进户管（引入管）；水表（水表井）；管网系统，有水平干管、立干管、水平支管、立支管；给水管道附件，如阀门、水表、配件及紧固件等；升压及储水设备，如水泵、水箱、水池、气压给水装置等；消防设备，如消火栓、喷淋头、喷淋阀等。其基本图式见图 2-5 所示，由于供水方式及管网布置方式不同也形成多种图式，下面分别叙述。

二、室内给水系统供水方式

室内给水系统可用于生活、生产及消防的供水。供水方式不同管网的布置走向不同，带来供水系统的图式也不同。无论哪种供水系统，都是将市政给水管网或自备水源的水，将水输送到室内各用水点。为了满足用户对水质、水量、水压的不同要求，以及低层建筑和高层建筑的高度不同，有很多种供水方式。这些供水方式主要由管网加上储水池、调节流量的水箱、提升水位的水泵、保持水压的气压罐（箱）及各种调节阀门如止回阀、减压阀等组合而成。熟悉低层建筑和高层建筑常用的供水方式的图式，是识读管道工程图的初步。

1. 低层建筑的供水方式

（1）直接给水方式。这种方式也称为简单给水方式。当市政给水管网（外网）或自备水源，能经常满足室内用水，而且水质、水压和水量又能满足要求时可用这种供水方式。这种供水系统直接与外网连接，其结构简单，主要由管网、水表、阀门及配水龙头等组成，故称为直接给水方式。这种给水方式投资省，易安装，好维护，所以广泛用于低层建筑或层不高的多层建筑的室内供水系统，其图式见图 2-6 所示。

（2）单设水箱的给水方式。当室外供水管网（外网）水压不足，室内供水要求水压稳定，建筑物又能设置高位水箱时可采用这种供水方式。这种供水方式在直接供水方式的系统中增加一个水箱设施及一个止回阀即组成供水系统。广泛用于低层建筑或多层建筑的室内供水。其图式见图 2-6 所示。

2. 多层建筑或高层建筑的供水方式

多层建筑或高层建筑的高度较高，外网供水水量、水压不足时，可以采用储水池、高位水箱、水泵等多种组合的方式进行供水，常用组合方式如下：

（1）室内竖向分区供水方式

多层建筑或高层建筑室内给水，低区直接用外网的供水能力直接供水，高区因外网水量和水压达不到要求，可设置储水池储水，水泵提升水位，高位水箱调节流量的低区与高区分区的供水方式。低区与高区之间设置隔断阀门。如图 2-7 中的立管控制阀门。当低区供水困难时，打开隔断阀门向低区供水，其图式见图 2-7 所示。

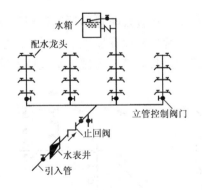

图 2-6 直接供水或单设水箱供水方式

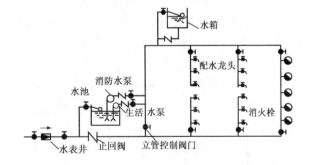

图 2-7 储水池、水箱、水泵等组合供水方式

（2）建筑小区集中供水方式

当建筑物的用水外网供水量及压力不足时，可设置储水池、水泵及水箱或不设置水箱的组合供水方式。当前我国的建筑小区为了满足供水，多采用这种供水方式。即设置储水池和集中泵房定时或全日供水。每天用水量均匀时，可选择恒速水泵；每天用水量不均匀

时，采用变频调速水泵，使水泵在高效工况下运行。这种组合供水方式，其图式见图 2-7 所示。

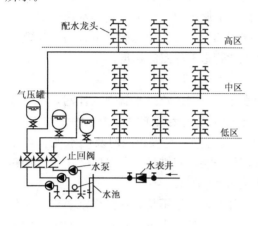

图 2-8　气压罐、水泵等组合供水方式

（3）不宜设置水箱的建筑物供水方式

当不宜设置水箱的建筑物室内需要供水时，可用储水池、水泵加上气压罐（箱）组合而成的供水方式。优点是供水的水质条件较好，但由于受气压罐（箱）储量和压力的限制，其供水储量的调节及水压的调整都只能在一定范围内进行，为了满足水量和水压的要求，水泵必须频繁的启动，致使平均效率能耗大、运行费用高。又因水压变化幅度较大，对给水配件的使用带来一些不利影响。其图式见图 2-8 所示。

三、室内给水管网布置方式

室内给水管网布置方式，以配水立干管和水平干管的布置为准，其布置方式可分为下行上给式、上行下给式及环状式等，管网布置方式不同也带来图式的不同，下面以此分别叙述。

1. 下行上给式

下行上给式又称下分式。给水管道进户后，将配水干管明装或埋设在建筑物的地下；或者敷设在地沟内；或者敷设在地下室的顶棚底下，整个系统由立干管从下向上供水，所以称为下行上给式。这种布置方式，优点是组成简单，但最高一层配水点流出的水头较低。管道明装时维修方便，埋地时维修不便。居住建筑、公共建筑和工业建筑，在利用外网水压下直接供水时多采用这种布置方式，其图式见图 2-9（a）所示。

2. 上行下给式

上行下给式又称上分式。给水管道进户后，将配水立干管直接布置到顶层顶棚下或吊顶内，用水平干管由上向下供水；对于非冰冻地区水平干管可敷设在屋顶上；对于高层建筑可以敷设在技术夹层内；设置有高位水箱的居住建筑、公共建筑、机械设备或地下管线

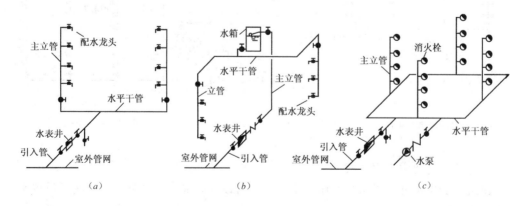

（a）　　　　　　　（b）　　　　　　　（c）

图 2-9　室内给水干管布置方式
（a）下行上给式；（b）上行下给式；（c）环状式

较多的工业厂房多采用这种布置方式供水。这种布置方式各配水点流出的水头较高，但要求外网的水压稍高一些。安装在吊顶内的配水干管，若漏水或结露时可能损坏吊顶和墙面。其图式见图2-9（b）所示。

3. 环状式

进户后将水平干管或立干管组成环状；有两个引入管时，也可将两个引入管通过配水立管和水平配水干管相连通组成贯通环状。这种布置方式，优点是任何管段发生事故时，可以用阀门关断事故管段而不中断供水，水流畅通，水头损失小，水质不因滞流而变质。因管道增长等原因管网造价较高。高层建筑、大型公共建筑和工艺要求不间断供水的工业建筑常采用这种方式，消防管网也要求环状式。其图式见图2-9（c）所示。

四、建筑室内排水工程系统分类及基本图式

1. 一般室内排水系统分类

人们需要水，但是有进有出，进室内后必须排出，所以一般室内排水系统与室内给水系统相互对应，按其用途主要分为三类：

（1）生活排水系统

供民用与工业建筑物内的饮用、盥洗等生活上用水的排出。

（2）生产排水系统

因各种生产工艺需要，如生产设备的冷却，原材料和产品等的洗涤用水的排出。

（3）雨水排水系统

供民用、工业建筑物及环境的雨水的排出。

2. 建筑室内排水系统的基本图式

室内排水系统也由6部分组成：污水收集器，如便器、洗涤器等用水设备；排水管网，排水立干管、横管、支管；透气装置，排（通）气管、透气管、透气帽；排水管网附件，存水弯、地漏；清通装置，地面扫除口、检查口、清通口；检查井等。基本图式见图2-10所示。因排水系统通气管的组成不同有不同的图式，下面分别叙述。

3. 室内排水系统的通气方式

排水管排水时，立管内的空气受到水流的压缩或抽吸，使管内气流产生正压或负压的变化，如果压力变化超过存水弯水封深度的能力就会破坏水封，产生倒流，不能正常使用。因此，室内污水管道系统必须设置与大气相连接的通气管道，以泄放正压或补给空

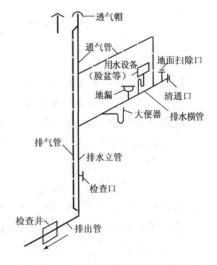

图2-10　室内排水系统图式

气减少负压，使管内气流保持接近大气压力。所以合理设置通气管不但能保持卫生器具的水封，还能使排水管道排水畅通和排出下水道产生的有害气体。排水管道及通气管道设置的方式不同，带来图式的差异。通常有以下几种：

（1）单立管排水系统

将排水立管顶部延伸出屋顶，通气效果靠排水立管的中心空间通气。这种以排水及通气合为一管的排水系统，适用于排水量小的十层以下的多层或低层建筑物的排水系统，也

是最为经济的排水系统，其图式见图 2-11（a）所示。

（2）有通气管的排水系统

排水立管和通气立管并列设置，两立管之间每隔 2～3 层设置连通管，以平衡立管中的气压。这种系统，适用于排水横管上不超过三个卫生器具的高层建筑的排水系统。如一般性的高层旅馆和高层住宅卫生间的排水系统。其图式见图 2-11（b）所示。

（3）环状通气排水系统

用连通管将排水横管和通气立管连接起来，实际上是排水立管、通气管及排水横管都连通的一种状态，这种系统通气效果良好。其图式见图 2-11（c）所示。

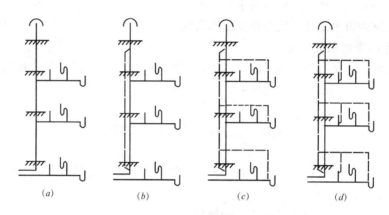

图 2-11　排水管道通气方式
（a）单立管排水系统；（b）有通气管的排水系统；
（c）环状通气排水系统；（d）卫生器具通气排水系统

（4）卫生器具通气排水系统

每个卫生器具都设置通气管，这种方式通气效果最好，尤其是能防止器具自虹吸破坏水封的作用，但是这种方式造价最高，器具的通气管道在建筑上的隐蔽处理较为困难，所以适用于标准较高的高层建筑。其图式见图 2-11（d）所示。

（5）共用通气管排水系统

将图 2-11 中的（b）系统与（c）系统组合，组成两根排水立管合用一根通气立管的三立管排水系统，它具有（b）系统和（c）系统的双重功能，还可以减少造价。

五、室内给水排水工程图的识读

建筑物室内给水排水工程图，一般有平面图、系统轴测图和详图三大类图。无论是平面图或系统轴测图都是非常重要的图样。特别是平面图，是在给定的建筑平面图上进行设备、管道布置而绘制出来的图样，所以与房屋建筑密不可分。为了突出系统且利于识图，对建筑物无论是主要或次要都用细实线绘制其主要轮廓，而管道则采用粗实线绘制，设备一般采用中粗实线绘制。

给水排水管道工程图的识图基本方法：无论是平面图、系统轴测图，给水管道从引入管开始，沿水在管内流动路程的顺序进行识读；排水管道从排出管开始，逆水流方向沿管路进行识读。

现今最常见的管道工程是卫生间和厨房的给水排水系统。下面识读某五层住宅楼卫生间和厨房的给水排水管道平面图和系统轴测图。该工程层高 3m，给水管道为热熔 FE 或 PP 材质的管道，排水为 PVC 承插管道，见图 2-12、图 2-13 和图 2-14 所示。

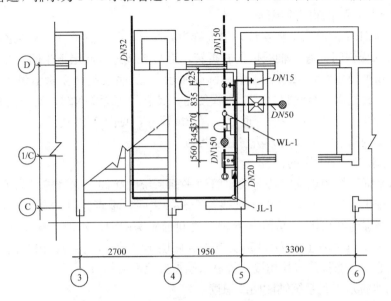

图 2-12 某住宅楼给水排水管道底层平面图

1. 室内给水排水工程平面图的识读

（1）平面图识读的主要内容

建筑室内给水和排水工程平面图，是施工图纸中最基本和最重要的图样，图纸比例常用 1∶100 和 1∶50 两种。它主要表明给水和排水管道及有关卫生器具或用水设备，在建筑物平面内的位置布置。这种布置图的图线都是示意性的，管道配件（如管道接头、活接头及补芯等）也不画出来，因此在识读的同时还必须熟悉给水排水管道的施工工艺和建筑物图样的一般识图知识。

室内给水排水工程平面图一般反映下列内容，也是识读后应掌握的主要内容：

1）整个管网系统的走向及与建筑物轴线的关系；

2）用水房间的名称、管网系统的编号、引入口、排除口的平面位置、立管位置与市政管网的连接情况；

3）支管或横管的走向、材质、管径变化情况、管段长度尺寸、管道连接方法及安装方式；

4）计量表计（水表）、用水设备（盆类、器类）、消火栓、升压设备（水泵、气罐、水箱）、各类阀门、给水配件及管道附件（清扫口、地漏、

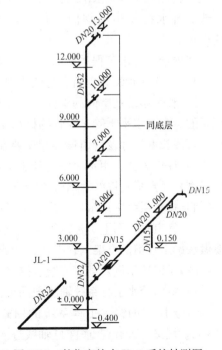

图 2-13 某住宅给水 JL-1 系统轴测图

13

除污器）等的安装位置、规格型号及数量。

（2）【识读举例】某五层住宅楼给水排水工程平面图的识读

1）室内给水工程平面图的识读

立管编号为 JL-1 的给水工程系统，引入管为 DN32，在 3 轴线与 4 轴线之间，垂直穿过 D 轴线，进入楼梯间，遇 C 轴线墙向右折转，沿 C 轴线进入底层卫生间，在 5 轴线与 C 轴线交叉的墙角处设置立管 JL-1（图中小圆圈所示）。从底层起在立管上设置横管，顺 5 轴线沿墙敷设，经过水表至洗脸盆，至座式便器，其管径均为 DN20，又至浴盆，继续至贮水池这一段管径为 DN15，各段管道标注有长度尺寸，见图 2-12 所示。

二层至五层的给水管道识读方法与底层相似。

2）室内排水工程平面图的识读

排水管道平面系统图识读方法与给水管道平面系统图相同。立管编号为 PL-1 的排水管道系统，其排出管为 DN150，在 4 轴线与 5 轴线之间，垂直穿过 D 轴线，沿 5 轴线顺墙敷设，首先浴盆与其相接，其后 5—6 轴线之间的厨房中的污水池及地漏与之相连，然后设置立管 PL-1。在立管上用 DN150 分支作为底层排水横管，实为排出管沿 5 轴线的延伸，坐便器、地漏、洗脸盆与其相接，管道末端设置地面清扫口。

2. 室内给水排水工程系统轴测图的识读

（1）系统轴测图识读的主要内容

识读室内给水排水系统图时，应首先识读系统轴测图，对系统有一个全貌后，再识读其他图，最容易读懂整个工程图。给水排水工程系统轴测图有正轴测图和斜轴测图两种。给水排水工程系统一般用 45°正面斜轴测图表示。给水排水工程系统以管道为主体，用轴测图即可表明整个系统的立体走向，通过系统轴测图能够看到系统的立体全貌。为了系统更清晰在系统轴测图上的卫生器具及各种用水设备，只需画出配水龙头、淋浴器莲蓬头、冲水箱及相应阀门等符号，用水设备只需画出示意性的立体图并标注文字说明即可。

室内给水排水工程系统轴测图一般反映下列内容，也是识读后应掌握的主要内容：

1）系统立管编号、引入管或排出管的埋深、坡度、标高及管径。

2）整个系统在空间的走向，立干管、水平干管或横管、支管在空间的走向；建筑物楼层的标高、水平干管、横管的标高、坡度或管道转折点的标高；管道的材质、管径的变化、管段长度尺寸及管道连接和安装方式。

3）计量表计、用水设备、升压设备、各类阀门、给水配件及管道附件等的空间位置、规格型号及数量；以及管道的连接方式等。

4）排水系统中承水弯形式、清通设备的设置情况、弯头及三通的选用等。

5）管道轴测图上不标注管道的支吊架，应注意楼层的标高，根据验收规范要求和习惯做法确定管道的支架（管卡、吊卡或钩钉）、吊架、托架的形式和位置。

（2）【识读举例】某住宅给水排水工程系统轴测图的识读

1）室内给水工程系统轴测图的识读

编号 JL-1 的给水工程系统的图式为直接给水方式。从该轴测图中看到，引入管为 DN32，埋深−0.4m，垂直 D 轴线进入 3—4 轴线之间的楼梯间，然后向右沿 C 轴线进入卫生间，在 C 轴线和 5 轴线交叉的墙角处设置立管 JL-1，在立管上安装一个控制阀门。然后在立管标高 1.00 处用 $DN20$ 管分支，作为底层横管，沿 5 轴线墙敷设，在横管上首先装水表及表前阀门，然后给洗脸盆供水，向下引 $DN15$ 标高 0.150 处给坐便器供水，继续又给浴盆供水，穿过 5 轴线向厨房的储水池供水。

二层至五层的供水横管在标高 4.000、7.000、10.000 及 13.000 处分支，识读方法与底层相同。

2）室内排水工程系统轴测图的识读

PL-1 排水工程系统轴测图。从排除口读起，排出管管径为 $DN150$，埋深 -0.400，与底层横管 $DN150$ 连通成一根管，坡向排除口其坡度为 $i=0.02$；排出管向上连接浴盆排水（S 存水弯），又用 $DN50$ 的支横管连接厨房污水池（S 存水弯）及地漏（P 存水弯），其管径均为 $DN50$；在排出管的延长管上（即底层横管）向上连接卫生间的坐便器（弯头）、地漏（S 存水弯）及洗脸盆（S 存水弯）的排水，管径均为 $DN50$；在横管末端设置地面清扫口管径 $DN150$。

在排出管与底层横管交接处设置排水立管，一直向上至通气管，直径全部为 $DN100$，立管总高度标高 16.20；在立管上的底层楼、第三层楼及第五层楼处设置检查口。

第二层楼的排出横管标高为 2.500，是在立管上用两个 $45°$ 斜弯头向两边分支而成，管径均为 $DN100$。右面横管连接厨房污水池（S 存水弯）及其地漏（P 存水弯）的排水，在横管末端设置清扫口，安装在第二层楼的顶棚下面，也称为清通口；左面横管连接坐便器、地漏及洗脸盆的排水；两边的横管均有坡度坡向立管，坡度为 $i=0.02$。

第三层楼至五层楼的排水横管，在立管标高 5.500、8.500 及 11.500 处用两个 $45°$ 斜弯头向两边分支，识读方法与第二层楼的读法相同，不赘述。

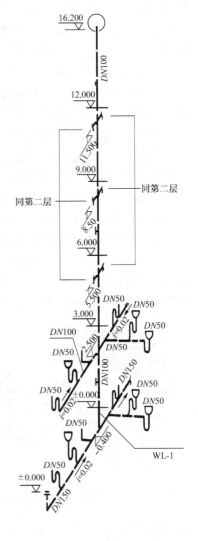

图 2-14　某住宅排水工程 WL-1 系统轴测

第三节　建筑室内热水供应工程图式

一、建筑室内热水供应系统的分类

热水供应系统，根据建筑类型及规模、热源情况、水质与水量、管网布置、热水循环方式，和选用的加热、加压和存储设备的不同，以及对环境安静的严格程度等的要求不同，所以热水供应系统的组成和形式也不同。如果用这些条件站在不同的角度，可以将热水供应系统分成很多类。为了更快掌握热水供应系统图式，我们这里只按热水供应方式来分类。即局部热水供应系统与集中热水供应系统两大类，其图式也按此表示。

1. 局部热水供应系统

局部热水供应系统，常用小型热水器来满足热水供应。小型热水器的种类很多，常用的有快速式煤气热水器、容积式燃气热水器、容积式电力热水器等。局部热水供应系统不仅适用于小型建筑，即使大型建筑中也适用。如在公寓住宅的厨房和浴室、办公楼的开水间等处可设置小型水加热器非常方便的就地供应热水。

2. 集中热水供应系统

集中热水供应系统，是对局部热水供应系统而言。集中供应热水可以大到城市或部分地区、或小区的热水供应，所以也称区域供热。它是将热电站、大型锅炉房或工业余热所产生的蒸汽、热水，经过集中热交换后，用管网向各用水点供应热水。

我们这里仅讨论在一个建筑物中，用设备将水加热并通过管网将热水输送到各用水房间的热水供应系统。按产生热水及输送热水设备的设置，可分为三类系统：锅炉直接系统、热交换系统、蒸汽喷射系统。按管网的布置不同，可分为：单管式系统、双管式系统。这些系统带来不同的热水供应图式。

二、按热水加热方法不同系统的图式

1. 锅炉直接加热供应系统图式。

这种系统加热的方法：是用锅炉将水加热后直接供应热水；或将水加热成蒸汽用多孔管将水箱中的水加热；或者用喷射器喷射蒸汽将水加热。

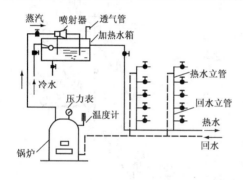

图 2-15 喷射器加热系统图式

如果按管网的配置不同，系统分为单管式或双管式，如图 2-15 所示为喷射器加热配有热水管和回水管的双管式热水系统图式。多孔管加热噪声大，必须采取隔声措施或者选用喷射器加热，所以一般不采用。直接加热系统的热媒水质影响热水的水质，但是这种系统设置较为简单，可用于公共浴室、工业企业的生活间、洗衣房等的热水供应。

2. 热交换器热水供应系统图式

热交换器系统，是将蒸汽或高温热水的热能，利用金属制成的热交换器传递给被要求加热的水进行热交换的一种系统。这是一种热媒（蒸汽或高温水）和被加热的水互不接触的热能交换过程，其优点是对锅炉的水质与热水水质互不影响。较为典型的热交换器热水系统图式，如图 2-16 所示。这种系统适用于旅馆、饭店、住宅、医院、公共浴室等公共建筑及工业企业生活间的热水供应。

这种系统主要由以下部分组成：热源，可以用煤、油或燃气锅炉的热能，工业余热、废热、地热及太阳能等能源；热交换器（水加热器）；管网；水箱；水泵；安全和控制装置等组成，见图 2-16 所示。

热交换器的用途很多，用于水加热的热交换器称为水加热器，如图 2-16 中的容积式水加热器。标准图中不称为水加热器而称为热交换器。热交换器有容积式热交换器（单孔、双孔，立式、卧式）和蒸汽—水快速热交换器（单管式、多管式）两大类。下面叙述这两种热交换器组成的图式。

（1）容积式水加热器热水供应系统图式

容积式水加热器，有立式与卧式之分，又分为单孔型和双孔型。如图 2-16 所示为卧式容积式水加热器。加热器上安装温度计、压力表、排气阀，下接冷水箱、回水管，上接热水管，中间接凝结水管和蒸汽管。容积式加热器供水温度均匀，水质不受热媒（蒸汽）的影响，凝结水可以回收；它既可加热也起储存热水的作用；因无噪声所以可设置在建筑物底层或地下室内。与直接加热系统比较，热水是通过热能量交换而得到的，所以热效率较低，还增加了设备和管道，因此造价较高，占地较大，维修管理较难。

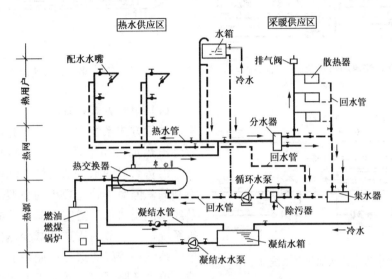

图 2-16　热交换器热水供应系统图式

（2）快速加热器热水供应系统图式

快速加热器，有多管式和单管式。其基本图式和组成，见图 2-17、图 2-18、图 2-19所示。特点是体积小而热交换面积大，所以产生热水的效率也大，但它不能储存热水，对热水用量的变化没有适应性，所以生活热水供应系统较少采用。为了解决这一不足点，可以采用热水储罐和自动温度调节器组合的形式，即能进行热水产量和热水用量之间的均衡调节，如图 2-17 所示。这样就能用于热水用量大又要求均匀的地方，如用于室内热水游泳池、热水采暖等的加热装置。由于快速加热器的阻力损失较大，热水罐和加热器之间必须设置循环水泵，加快循环。

三、按热水供应系统配管方式不同的图式

热水供应系统配管方式不同，就有不同的图式。热水供应系统中的管网，一般配两路循环管道，一是热媒循环管道；二是热水循环管道。其目的是为了保证热水水质在热交换中不与热媒（蒸汽或热水）接触，另一个是为了减少对热媒水质的软化处理成本。

1. 第一循环管道，即热媒循环管道。是连接发热器（如锅炉或水加热器等）和储水器（凝结水箱）等的管道。见图 2-16 中的锅炉→热媒（蒸汽）上升管→水加热器→热媒（凝结水）下降管→凝结水箱→凝结水泵→锅炉的循环管路。

2. 第二循环管道，即热水配水循环管道。连接水加热器或储水器、配水龙头等的管网。热水配水循环管道配管方式有：无回水管道的单管方式和有回水管道的双管方式，如图 2-16 所示；它们又分为下行上给式和上行下给式。在高层建筑中的热水系统，同给水系统一样，为了解决水压和水量不足的问题，也要作竖向分区供应系统的划分。

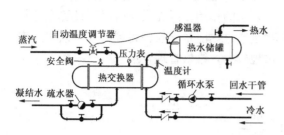

图 2-17　多管式快速加热器及温度自动调节器

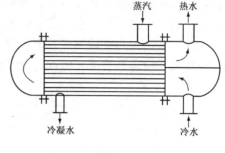

图 2-18　多管式快速加热器

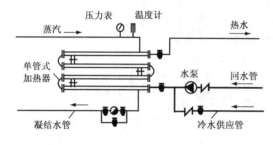

图 2-19　单管式快速加热器系统基本图式

（1）单管方式系统图式

单管方式系统中，用水时先流出冷水后才流出热水，如果系统的管径粗、管道长，就会浪费大量的水，从经济上和使用上都是不利的。但对于管道短小的小型热水系统以及经常使用热水的浴室、营业性的大型厨房等系统，为了节约管道和减少热损失，采用单管系统是较好的选择；如果加上循环水泵的总单管环路系统，适用于不超过五层建筑或超过五层定时热水供应的普通建筑单管环路热水系统。它分为上行式总管单循环系统和下行式总管单循环系统，其图式见图 2-20、图 2-21 所示。

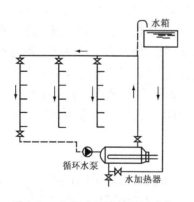

图 2-20　上行式总管单循环系统

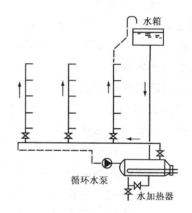

图 2-21　下行式总管单循环系统

（2）双管方式系统图式

双管方式系统中配置了回水管，使热水能在管网中循环，随时可得到热水，使用非常方便，与单管系统相比造价要高得多。双管方式中的下行上给式热水循环系统中，立管内流水方向总是向上的，流水方向和泄气方向一致，为了热水循环必须设置循环水泵。水加热器和循环水泵可以设置在系统的下部，也可设置在上部，热水系统为了保持热水温度均匀，在各立管上设置检修阀门，在回水立管上设置调节阀门，其图式见图 2-22 所示。

上行下给式热水循环系统中，配水立管水流方向向下和管内泄气方向相反，为了排泄空气，上部横管坡度不小于0.003，其图式见图2-23所示。

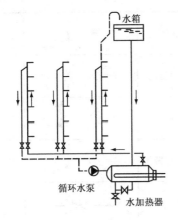

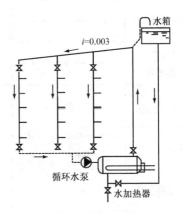

图2-22 下行上给式热水循环系统　　　　　图2-23 上行下给式热水循环系统

第四节　建筑消防工程给水系统图式

一、建筑消防工程给水系统的分类

建筑消防工程灭火主要用灭火剂，灭火剂有很多种类。常用的种类分为水、气体、泡沫及干粉等灭火剂进行灭火。用水灭火是世界上使用最广泛、最有效和最经济的一种灭火剂。当前建筑室内用水灭火有两种系统：一类是人工灭火系统，主要由给水管网和消火栓组成的消火栓灭火系统，见图2-24所示；另一类是自动水灭火系统，这种系统又分为自动喷水灭火系统、自动喷雾灭火系统两类。无论是人工用水或者是自动水灭火系统，它们都是用消防给水管网将消防设施连接起来而形成的消防灭火系统。

二、建筑消防工程给水系统的表示方法

1. 建筑消防工程图例

建筑消防工程中，如人工灭火系统中使用的消火栓、消防水泵接合器以及消防给水管网等的工程图，自动灭火系统中的各类喷淋头（喷洒头），各种报警阀（干式、湿式、预作用式及雨淋阀），水流指示器等的工程图，也是用图例符号来进行表示，常用的图例符号现摘录于表2-8中。

2. 建筑消防工程图例文字符号

消火栓给水管用XH表示，自动喷水灭火给水管用ZP表示，水幕灭火给水管用SM表示，雨淋灭火给水管用YL表示，水炮灭火给水管用SP表示，灭火的分区域管道用加角标的方式表示：如XH_1、XH_2、ZP_1、ZP_2……表示。见表2-8所示。

三、建筑消防工程给水管网的布置方式

建筑消防给水管网，无论是消火栓人工灭火系统给水管网，或者是自动灭火系统给水管网，为了满足消防不间断用水的功能。第一，管网一般都布置成环形状，其图式见图2-9（c）及图2-24所示；第二，无论水源是否充足，均要设置消防水池和消防水泵；第三，当水源不足或高层建筑的消防供水必须增设消防水箱，见图2-24和图2-25所示。

消防设施图例及消防给水管道文字符号表　　　　　　　　表 2-8

序号	名　称	图　例	备注	序号	名　称	图　例	备注
1	消火栓给水管	——XH——		8	湿式报警阀	平面 ● 系统	
2	自动喷水灭火给水管	——ZP——		9	干式报警阀	平面 ○ 系统	
3	室外消火栓			10	雨淋阀	平面 系统	
4	室内消火栓	单口 平面 系统 双口 平面 系统		11	预作用报警阀	平面 系统	
5	水泵接合器			12	遥控信号阀		
6	自动喷洒头	开式 平面 系统 闭式 平面 系统		13	末端测试阀		
7	水流指示器	—Ⓛ—		14	水力警铃		

四、消火栓灭火系统图式

9 层及 9 层以下和高度不超过 24m 的民用建筑、厂房、库房和单层公共建筑为低层建筑，低层建筑利用室外水源用消防车直接扑灭火灾。对于 10 层及 10 层以上及高度超过 24m 以上的建筑，不能以消防车直接灭火，以"自救"为主，其自救设备消火栓是其中之一。根据室外消防给水水源提供的水量、水压及建筑物的高度、层数，以及对消防的要求，室内消火栓给水系统有多种组合方式。室外水源满足消防要求时，不设置水泵和水箱只设置消火栓的给水系统；也可仅设置水箱的消火栓给水系统；安全可靠性高的系统设置水泵和水箱；高层建筑的消防给水管网也应竖向分区以保证消防供水系统的可靠性。图 2-24 所示为设置水箱和水泵的消火栓给水系统，系统组成有进水管、消防水池、消防水泵、管网、消火栓、消防水泵接合器、试验消火栓、高位水箱等。为了节约投资和集中管理，数栋建筑可共用一个水池和水泵房。

消火栓管网必须单独设置，除水箱和水池可以和生活给水系统共用外，不能和生活给水或自动喷水灭火系统管道共用，以免破坏消火栓的消防功能，所以消火栓管网一般布置成环形状，以满足消防不间断用水的要求，其图式如图 2-9（c）及图 2-24 所示。

五、自动喷水灭火系统图式

自动喷水灭火系统是世界上最普遍使用的固定式灭火系统。一般分为两大类：自动喷水灭火系统和自动水喷雾灭火系统。自动喷水灭火系统又分为湿式、干式、干湿两用式、雨淋式、预作用式、重复启闭预作用式和水幕灭火等系统。这两大类灭火系统一般由水池、水泵、水箱、管网、报警阀、灭火喷头、水流指示器、试验装置和供水设备等组成，其图式见图 2-25 所示。高度超过 24m 的高级住宅、旅馆、医院、百货楼、办公楼、图书馆、展览馆以及公共建筑均要求设置自动喷水灭火系统。高层建筑的自动水灭火系统，为了保证消防供水系统的可靠性，除竖向分区供水以外还要设置水箱和水泵以保证消防供水系统的可靠性。

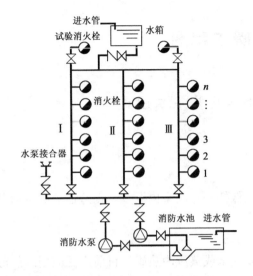

图 2-24　设置水箱水泵的消火栓灭火系统图式

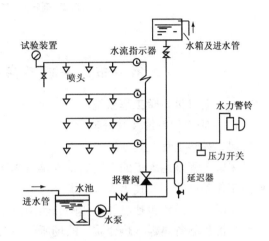

图 2-25　自动喷水灭火系统图式

第三章 采暖工程图

第一节 采暖系统分类及其基本图式

一、采（供）暖工程系统

1. 采暖工程系统及其分类

（1）采暖工程及其系统

采暖工程是用人工的方法向室内供给热能，保持一定的室内温度，创造适宜的生活条件或工作条件的一种技术。

采暖工程系统包括热源、热网和热用户三大部分。

热源是制备热媒（热介质）的场所，一般以热水或蒸汽为热媒。目前广泛应用的热源是以燃煤、燃油或燃气为能源的锅炉房和热电厂，此外还有电能、工业余热、核能、地热和太阳能等为采暖的热源。

热网是由热源向热用户输送和分配供热介质的管道系统。主要由管道和管件、阀门、补偿器、支座及相应器具等附件组成。

热用户是指从采暖系统中获得热能的用热装置，如散热器、热风机等。

（2）采暖工程系统的分类

采暖工程系统根据热源、管网、热媒的输送方式等不同，可分为很多类，这里以供热的方式来进行分类。

1）局部采暖系统，热源、管道系统和散热设备在构造上联成一个整体的采暖系统。如电热采暖和燃气采暖，以及火炉、火墙、火炕等。

2）集中采暖系统，锅炉设置在单独的锅炉房内，热量通过管道系统送至一幢或几幢建筑物的采暖系统。

3）区域采暖系统，在热电厂或区域性锅炉房或区域性热交换站加热，通过室外管网将热能输送至城市街坊、住宅小区各建筑物中采暖，或工厂企业生产之用。

2. 采暖工程图的表示方法

（1）采暖工程图例

1）水、汽管道和阀门及附件图例

按国家标准《暖通空调制图标准》GB/T 50114—2010 的要求，水、汽管道的图例和阀门及附件的图例，现摘录于后列表表示，相关的图例和文字符号请参阅《建筑给水排水制图标准》GB/T 50106—2010 给水排水系统图例，或参阅第二章相关图例。

2）采暖工程系统设备图例，见表 3-1 所示。相关设备请参阅通风空调工程相应图例。采暖工程常用的阀门有：角阀、节流阀、快放阀、止回阀、减压阀、安全阀、疏水器及自动排气阀等。管道系统的附件有：除污器、节流孔板、各种补偿器、软接头及各种支架等，其图例见表 3-2 所示。

采暖工程设备图例 表 3-1

序号	名　称	图　　　例	备注	序号	名　称	图　　　例	备注
1	散热器及手动放气阀	15 平面　15 剖面　15 系统图轴测图		3	阀门	法兰连接　焊接　轴测图	
2	散热器及温控阀	15　15 平面　剖面　15		4	疏水器		
				5	水泵	进水端　出水端	

管道附件图例 表 3-2

序号	名　　称	图　　　例	备注	序号	名　　称	图　　　例	备注
1	除污器过滤器			4	补偿器	弧形　球形	
2	自动排气阀			5	坡度及坡向	$i=0.003$ 或 $i=0.003$	
3	排气装置集气罐	平面　系统		6	介质流向	或	

（2）采暖工程图的文字代号

以汉语拼音字母作代号来表示水、汽管道。如 RG 表示采暖热水供水管、RH 表示采暖热水回水管，Z 表示蒸汽管，N 表示凝结水管，PZ 表示膨胀水管，BS 表示补给水管，X 表示循环水管，SR 表示软化水管等。

3. 室内采暖工程系统的划分

（1）按采暖系统的作用范围划分

1）局部采暖系统；

2）集中采暖系统；

3）区域采暖系统。

（2）按采暖的热媒划分

1）烟气采暖系统

以燃气燃烧时产生的烟气为热媒，把热量带给散热设备（如火坑、火墙等）的局部采暖系统。

2）热水采暖系统

以热水为热媒，把热量带给散热设备的采暖系统。热水采暖系统按热水温度的高低分为低温热水采暖系统和高温热水采暖系统。低温热水采暖系统供水温度一般为 95℃，回水为 70℃；高温热水采暖系统的供水温度高于 100℃。低温热水采暖在公共建筑和住宅建筑中广泛使用。

热水采暖系统，按热水在管网中循环的动力，可分为自然循环系统和机械循环系统两种。自然循环热水采暖系统又称为重力循环热水采暖系统，是依靠供水、回水温度不同而形成的重度差，来推动热水在系统中的循环，因为在系统中没有外加动力，所以称为自然循环或重力循环系统；机械循环系统是靠水泵来进行循环的系统。

3）蒸汽采暖系统

以蒸汽为热媒，把热量带给散热设备的采暖系统。蒸汽相对压力≤70kPa的，称为低压蒸汽采暖系统；蒸汽相对压力为70～300kPa的，称为高压蒸汽采暖系统；蒸汽相对压力小于大气压的，称为真空蒸汽采暖系统。蒸汽采暖系统适用于要求不高的建筑物。

4）热风采暖系统

是指将空气加热到适当的温度（一般为35～50℃）后直接送到房间的采暖系统。适用于热损失大的或空间大的或间歇使用的房间，以及有防火防爆要求的车间。热风采暖系统分为集中送风系统（此属于通风工程）和局部送风系统如用暖风机采暖。

室内采暖系统形式较多，一般依据热水（热介质）在管网的循环的方式和管网的布置方式来划分系统。按循环方式可以划分为自然循环式系统和机械循环式系统，应用最广的是机械循环式系统。若以管网布置方式来划分，可按热水立管的数量划分为双管系统和单管系统；按室内热水水平干管和回水水平干管对立管分配热水的方式，分为上供下回和下供上回式系统。在高层建筑中采暖系统的高度增加，底层散热器承受的压力加大，更容易产生竖向失调，所以将系统沿垂直方向分成高、中、低系统，或单管双管混合系统。这里叙述一些典型的系统图式。

二、室内采（供）暖系统的图式

室内采暖用管网输送热媒的系统，其基本组成有下列部分：入口装置、管网（主立管、水平干管、支立管、散热器横支管）、散热器、排气装置、阀门及附件等部分，这些就组成了基本图式，见图3-1所示。

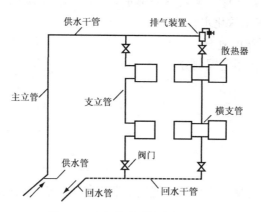

图3-1　室内采暖系统基本图式

以基本图式为基础，根据管网的布置方式和热媒在管网中流动方向的不同，以及热媒在管网中的循环动力不同，根据这些条件可以组成很多种图式，下面分别叙述这些图式中最常见的几种图式。

1. 上供下回式及上供上回式热水采暖系统图式

（1）上供下回式系统图式

上供下回式系统，管网可以布置成单立管式和双立管式，其热水可以用自然循环方式或机械循环方式。

1）单立管式

① 自然循环单管上供下回式系统图式

这种系统如图3-2所示。系统的热水干管布置在建筑物顶层的散热器之上，回水干管敷设在建筑物底层散热器下面，热水立管、回水立管和连接散热器的供水、回水支管均分开设置。这种系统依靠锅炉供应的热水和回水温度不同而形成的重度差，来推动系统中的热水从热水干管经过立管由上而下，流经各层散热器后，流回锅炉，水再经过加热后进入下一循环。

② 机械循环单管上供下回式系统图式

这种系统如图3-3所示。系统与自然循环系统组成相似，也是用管将散热器串联起来，故称单管串联式系统。锅炉的热水经过立管由上而下，流经各层散热器后冷却，最后用水泵将回水吸入锅炉内再次加热后进入下一次循环。在水泵吸入口前的立管顶端设置膨胀水箱，在系统的最高点设置集气罐一个。

这种单立管系统，无论是自然循环方式还是机械循环方式，其系统中的热水，全部从立管中顺次流入各层散热器，这种连续热水流，不能进行局部调节，是这种系统的最大缺点。

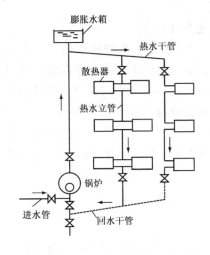

图3-2　自然循环单管上供下回式系统

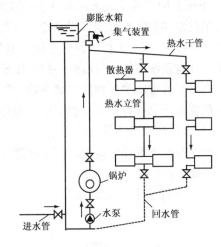

图3-3　机械循环单管上供下回式系统

2）双立管式

① 自然循环双管上供下回式系统图式，参照机械循环双管上供下回式系统，只是系统中不设置循环水泵而已，其图式不再叙述。

② 机械循环双管上供下回式系统图式

这种系统见图3-4所示。其系统形式与自然循环双管上供下回式基本相同，除膨胀水箱连接的位置不同外，还增加了循环水泵和排气装置集气罐。系统的特点是，各层散热器都并联在供水立管和回水立管之间，从上至下流经散热器，冷却后的水，则由回水支管经回水立管、回水干管流回锅炉。从上至下流经散热器因流量分配不均，出现上热下冷的现象，即所谓垂直失调。如果在散热器支管上设置控制阀门，各组散热器的温度就可以任意调节，即使上一层散热器坏了，也不影响下一层的采暖。与单管上供下回式系统比较这是优点。

（2）上供上回式系统图式

上供上回式系统，见图 3-5 所示。因为系统的水平供水干管和水平回水干管均敷设在建筑物顶层散热器上面，热水流向是自上而下，回水由下向上流，所以全靠机械循环。

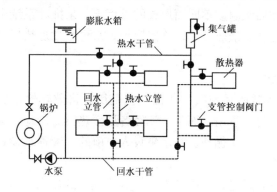

图 3-4　机械循环双管上供下回式系统　　　　图 3-5　机械循环双管上供上回式系统

2. 下供上回式及下供下回式热水采暖系统图式

这里仅叙述机械循环双管式系统，单管下式系统不再叙述。

1）机械循环双管下供上回式系统，其图式见图 3-6 所示。系统特点是，热水流向是自下而上，与系统内的空气流向一致，便于空气的排除；回水干管设在室内顶层散热器的上面，热水干管设在建筑物底层散热器下面，系统的无效热损失小；这种系统对于要求散热器面积较大，又能符合卫生要求的高温热水采暖系统最为合适。

2）机械循环双管下供下回式系统，其图式见图 3-7 所示。系统特点是，供水管与回水管均敷设在地下室或地沟内；因为水流方向与气流方向相反，系统中的空气通过最顶层散热器的放气阀排放。

3. 分户热计量采暖系统图式

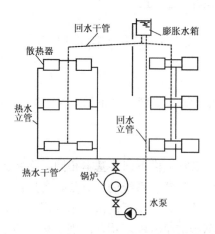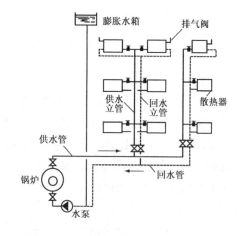

图 3-6　机械循环双管下供上回式系统　　　　图 3-7　机械循环双管下供下回式系统

在住宅、旅馆、医院、办公楼等建筑物的采暖中，要求分户计量和调节供热量；要求分室改变供热量，以满足不同的室温等要求。分户热计量采暖系统就能适应这些要求。分户热计量采暖系统的组成不同处，是在供水管上安装锁闭阀、热表、过滤器、调节阀、关断阀和分气（水）缸等；在回水管上安装锁闭阀、集水器等；在户内每组散热器上安装温控器，为了便于计量、调节和控制。这种系统的管道布置有多种方式，如水平单管系统、水平双管系统、水平放射式系统。这里主要叙述水平放射式系统图式，见图3-8所示。

分户水平放射式系统，是在每户的供热管道的入口处设置小型分水器和集水器，以此将散热器并联。从分水器引出的散热器支管呈辐射状并埋地敷设至散热器，这种布置方式也称为"章鱼式"。为了分计量、控制与调节在入口处还要安装热表、锁闭阀和调节阀等附件。这种系统图式适应于辐射式采暖系统。

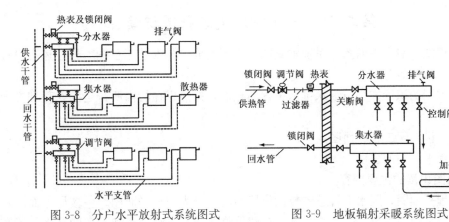

图 3-8　分户水平放射式系统图式　　　　图 3-9　地板辐射采暖系统图式

4. 辐射式采暖系统图式

辐射采暖，是依靠辐射面与围护结构、人体和家具的表面进行辐射热交换进行采暖的一种技术方法。辐射面是在围护结构中或地板内埋入热媒管、墙表面设置辐射板来实现。辐射采暖按供热路来实现，也可在顶棚面上按范围分为局部辐射采暖（如燃气具或电炉）和集中采暖；按温度可以分为高温、中温、低温辐射采暖；按热媒分为热水、蒸汽、空气和电辐射采暖。

辐射式采暖系统具有经济节能、空气清新、温度舒适宜人，可利用低温热源，又能实现按户计量、分室温度调节等优点，是一种十分理想的供暖方式。所以近年来我国越来越多地应用于住宅、别墅、宾馆、游泳池、车库等公共建筑，还广泛用于空间高大的厂房、场馆和对洁净度有特殊要求的场所。辐射采暖有多种形式，我们这里仅叙述低温热水地板辐射采暖系统图式。

（1）低温热水地板辐射采暖系统的特点

国外在20世纪30年代就进行了推广，特别是近二三十年来应用广泛。地板辐射采暖与传统的采暖方式相比具有更好的节能效果，低温热水地板辐射采暖是其中最好的一种形式，热水不超过55℃或60℃，换热效率非常高，而且利用热源广；能够满足人们对热舒适性高度的要求；寿命可达50年，运行费用低，无噪声；可以在不占有空间面积的同时增加房间美感等优点。所以在我国得到了快速的发展，广泛的应用。

（2）地板辐射采暖系统的组成及图式

地板辐射采暖系统的组成，见图3-9所示。每户安装锁闭阀、调节阀、关断阀、热表、过滤器、分水器、集水器、排气阀以及加热管。除加热管敷设在采暖房间地板内外，上述管道附件等，一般安装在楼梯间的管道竖井中或者每户入口处。锁闭阀由供暖部门启闭；调节阀由用户调节热水流量进行采暖温度调节；过滤器避免热水中杂质堵塞热表；关断阀用户用于启闭系统；热表用于热计量；分水器和集水器用于分配和收集各组加热管（热水管）中的热水和回水；加热管释放热能，现今大量应用 PEX、PP-C、XPAP、PB 等塑料或塑料复合管，在地板内弯曲成蛇形或廻形；管网热水立管和回水立管敷设在竖井中，热水由热水立管流经过滤器及热表后进入分水器，将热水分配到各组加热管中，放出热量后再由集水器、回水管流到竖井中的回水立管中，循环至锅炉，再进行下一次循环。

第二节　采（供）暖工程图识读

采暖工程图一般有平面图、系统轴测图及详图组成。与安装工程图一样，还有设计说明、主要设备材料表等。

采暖工程图的识读方法与给水排水工程图相似，按热媒在管内所行走的路程和方向进行识读。

一、采（供）暖工程平面图

采暖工程平面图的识读

1. 平面图识读的主要内容

采暖工程平面图，因水平管道的敷设位置不同，分为阁楼平面图、各楼层平面图及地沟平面等图。平面图主要表明供暖系统，在建筑物各楼层供暖管道和设备的平面位置布置及相互关系。平面图一般用1：100、1：200或1：50绘制。

识读的顺序，以热媒在管道内流动的方向作为顺序：热媒入口→供热干（立）管→干管（水平管)→各立管→各散热器支管→散热器→回水支管→回水立管→回水干管→热媒出口。

采暖工程平面图一般反映如下内容，也是识读后应掌握的主要内容：

（1）采暖系统的编号，整个管网系统走向，与建筑物轴线的关系，热媒来源、流向、参数，热媒引入口及回水口位置、敷设方式（地沟或直埋）、管径、埋深、标高、坡度，入口装置及其做法，与供热管网（或市政）的连接情况；

（2）立干管、水平干管、支管的位置、走向、管径变化和管段长度尺寸，室内地沟、过门地沟的位置、走向及尺寸，补偿器型号规格、固定支架位置；

（3）各立管编号、采暖房间名称、编号、散热器类型、安装位置、数量及安装方式；

（4）膨胀水箱、水泵、集气罐位置、规格型号，阀门、计量表计、疏水器、除污器等规格型号及数量和位置。

2. 【识读举例】某办公楼采暖工程平面图的识读。

某单位办公楼采暖工程，该建筑为砖混结构，共两层，层高3.6m。该地区气温不太低，采暖期短，用热水作为采暖热媒，从室外－1.40m供热管道地沟内的供热管网上直接接入室内。系统散热器采用铸铁四柱型，楼上散热器为有足，底层为无足，用拉杆或挂钩固定在墙上。管道 $DN15$ 用热镀锌钢管丝接,刷银粉漆两遍;$DN20$ 以上管道用焊接钢管焊接,刷红丹防锈漆一遍,银粉漆两遍。

首先概观系统轴测图,对系统有整体形象后,再识图读平面图,见图 3-10。也概观平面图看到:该工程为两层;从底层平面图看到系统热媒入口装置在⑤~⑥轴线处;各房间编号(如底层单圆圈 108 号房、第二层用 208 表示)、立管编号(如双圆圈的 7 号立管)、散热器数量(标注在散热器旁边,如 9 片)。有了概观形象后,细读平面图。

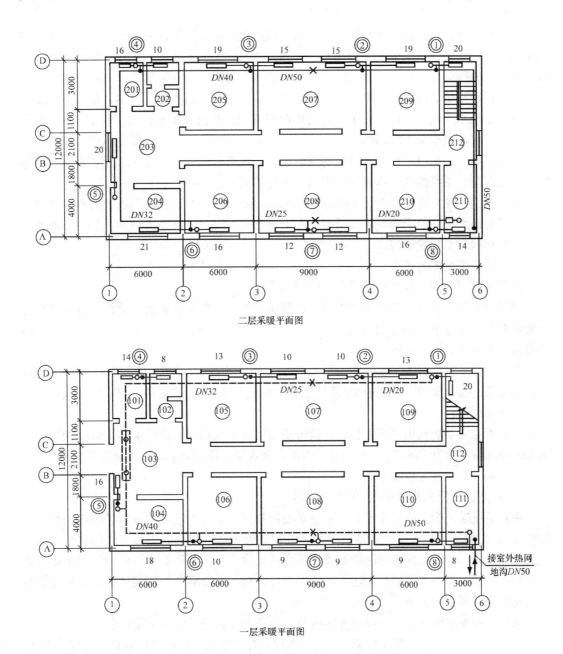

图 3-10 某办公楼采暖工程平面图

29

（1）底层平面图的识读

该办公楼采暖系统是重力自然循环式的采暖系统，所以底层水平干管为回水干管，用粗虚线表示；顶层为供水（汽）干管，用粗实线表示。

底层平面图识读方法有两种方式，一种是逆回水流识读，另一种是顺回水流识读。我们用第二种方式识读。

热媒入口在底层平面图的左下角⑥轴线处，入口总管道 $DN50$ 与回水出口总管道 $DN50$ 在同一地沟内敷设，并垂直于Ⓐ轴线入户，入户后热媒干管在Ⓐ轴线与⑥轴线交叉墙角处设立干管（图中黑点）至办公楼顶层。

第一组立管，在⑥轴线与①轴线交接的楼梯间处，编号用双圆圈 1 表示，用小黑点表示供水（汽）立管，用水平支管连接散热器 20 片，小圆圈表示回水立管，并流向水平回水干管 $DN20$；

沿①轴线至第二组立管，设置在④轴线与①轴线的交叉墙角处，与第一组立管相似用小黑点表示供水（汽）立管，回水立管用小圆圈表示，并流向水平回水干管 $DN20$，立管的右面 109 号房间连接 13 片散热器，立管的左面 107 房间连接 10 片散热器；

沿①轴线向左前进，在 107 号房间窗间墙处，设置有固定支架以×表示，至第三组立管，③轴线与①轴线的交叉墙角处，识读方法与前面两组相同；

继续识读，注意管径的变化 $DN25$、$DN32$、$DN40$、$DN50$；在①轴线处有一条过门地沟，顺着回水流向沿干管继续读至图的左下角，小圆圈为地面以下地沟内的一段回水立管，最后至回水总管或管网。

（2）顶层平面图的识读

顶层平面图的识读方法与底层平面图识读方法相似。

热媒干立管到顶层后变成水平干管，以粗实线表示。热媒干管沿⑥轴线至①轴线楼梯间处设置第一组立管，用小黑点表示供水（汽）立管，向散热器（20 片）供热，用小圆圈表示回水立管，向下回流；

第二组立管，设置在④轴线与①轴线的交叉墙角处，用小黑点表示供水（汽）立管，用水平支管连接右面 209 房间的 19 片散热器，向左连接 15 片散热器，用小圆圈表示回水立管，向下回流；

经过固定支架后到第三组立管，识读方法与前面两组相同。其后水平干管由 $DN50$ 变为 $DN40$，顺序变为 $DN32$、$DN25$ 及 $DN20$，至水平干管末端⑤轴线处设置集气罐。

二、采（供）暖工程轴测图

1. 采暖工程系统轴测图识读的主要内容

采暖系统轴测图与给水排水工程系统轴测图相似，也有正轴测图和斜轴测图两种。一般用 $45°$ 正面斜轴测图表示。采暖工程系统以管道为主体，用轴测图即可表明整个采暖系统的立体走向，通过系统轴测图能够看到系统的立体全貌。为了系统更清晰，对主要散热设备只画出示意性的立体图并标注文字说明即可，对阀门及附件、调控装置及各种仪表只需画出规定符号表示即可。

采暖工程系统轴测图一般反映如下内容，也是识读后应掌握的主要内容：

（1）系统编号，整个管网系统在空间的走向，热媒总引入口和总排除口的管径、坡度、坡向、标高、敷设方式（地沟或直埋），热源入口减压装置的组成，以及采用的标准图号；

（2）立干管、水平干管的管径、坡度、坡向、标高及管径的变化，各管段的长度尺寸，以及管道保温要求；

（3）各组立管的管径、标高，连接的散热设备种类、型号规格、数量以及安装方式（明装、暗装、半暗装）；

（4）干管上的阀件、补偿器、集气罐、疏水器及固定支架或附件的布置位置、型号及规格；

（5）查明膨胀水箱等设备的规格尺寸，以及使用的标准图号。

2.【识读举例】某办公楼采暖工程系统轴测图的识读。

从系统轴测图 3-11 可知，本系统为双管上供下回式采暖系统。

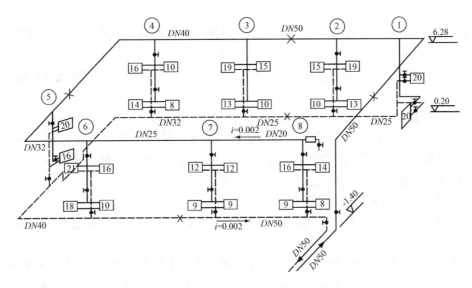

图 3-11　某办公楼采暖工程系统轴测图

识读顺序：热媒入口→供热水平干管→立管→散热器→回水干管。

系统引入管 $DN50$，敷设于地沟内标高为 -1.40，进入室内变成立管，立管上设置总控制阀门一个 $DN50$，在标高 $+6.28$ 处变成水平干管，经过固定支架后，转向左沿①轴线敷设。到第一组立管，即楼梯间采暖散热器组，每组安装四柱型散热器 20 片，热媒进出散热器均用水平支管 $DN15$ 连接并以阀门 $DN15$ 控制，底楼这一组散热器也是 20 片，其底标高为 $+0.02$，用回水立管（虚线）与回水水平干管相连，也即回水干管的起点，其管径为 $DN25$；

水平干管继续向左，到第二组立管，在供热立管上每组（每层楼）散热器前设置控制阀门 $DN15$ 一个，左面散热器 15 片（属 207 房间），右面 19 片（属 209 房间），底楼散热器左 10 片，右 13 片，回水立管经过控制阀门 $DN15$，然后进入回水水平干管；

经过固定支架后，到第三组立管，其识读方法与第二组相同，只是供热干管管径逐段变小，在第三组后变成 $DN40$，在五组后变成 $DN32$，在第六组后变成 $DN25$，第七组后变成 $DN20$，管道末端设置集气罐一个 $\phi150$ Ⅱ 型。回水干管管径变化的识读方法与供热干管相同，管段逐渐变大，最后成为总出口管径 $DN50$。注意供热干管及回水干管上固定支架及坡度 $i = 0.002$ 的变化标注。

第四章 通风空调工程图

第一节 通风空调工程系统及分类

一、通风空调工程及其系统分类

1. 通风空调工程

（1）通风工程，就是把室内被污染的空气直接或经处理后排至室外，把新鲜空气输入室内，改善生产和生活环节所需的空气，以造成安全、卫生的条件的一种工程技术。前者称为排风，后者称为送风或者进风。按所用的方法分为：自然通风和机械通风；局部通风和全面通风。

（2）空调工程，是空气调节的简称，是更高一级的通风。用人为的方法，即采用净化、排出或稀释的方法，控制室内空气的温度、湿度、洁净度和流动速度的一种工程技术。空气调节的目的，是为了保证环境空间具有良好的空气品质，满足生活的舒适和生产过程的要求，以改善生活与劳动卫生条件。

2. 通风空调工程系统

通风空调系统一般包括：新风部分；空气处理设备部分；风管或风道管网部分；送风分配或排风四大部分。

新风部分，新风口将新鲜空气吸入系统，如设置百叶窗式风口、新风管及控制阀等。

空气处理设备部分，是将新风口吸入的新空气进行除尘、加湿或减湿、加热或冷却、加压或净化等处理的设备。

风管管道网部分，是输送和分配处理后的空气或排出污浊废气的管道。一般有风管、风道及风管的管件、部件等。

送风口或排风口及排出口，送风口是将新风或处理后的风直接送给用户的部件；排风口是将不符合卫生标准的空气排入空气处理室再次处理的部件；排出口是将不符合卫生标准的空气排入大气的部件。

3. 通风空调工程系统的分类

（1）按对空气的需要不同，通风系统分为两大类：送风系统和排风系统。

（2）按通风系统的作用范围不同，可分为局部通风和全面通风两种方式。局部通风的作用范围仅限于房间的个别地点或局部区域。

（3）按通风系统的工作动力不同，可分为自然通风和机械通风。自然通风是借助于室外风力或室内外温差产生的密度差，即风压和热压的动力来使室内外的空气进行通风换气，可分为有组织的自然通风、管道式自然通风和渗透式通风；机械通风是依靠机械力进行有组织的通风换气，可分为局部机械通风（包括局部排风和送风）、全面机械通风（包括全面排风和送风）。充分合理的利用自然通风是一种既经济又有效的节能措施，但是当前机械通风大量应用，所以以机械通风为主进行叙述。

二、通风空调工程图的表示方法

1. 通风空调工程图例

通风空调工程图，按国家标准《暖通空调制图标准》GB/T 50114—2010 要求的图例和文字符号进行表示。

（1）风管及部件的图例

通风空调系统的风管，是输配气体的管网，一般用金属板材或非金属板材制作成矩形或圆形的管道称为风管，用砖石砌筑或混凝土浇筑而成的称为风道。在通风空调工程图中，风管按国家标准《暖通空调制图标准》GB/T 50114—2010 的要求，可以用粗实线或双实线表示。

消声器，是阻止噪声传播，允许气流顺利通过的装置。在通风空调系统中，一般安装在风机出口水平总风管上，也可安装在送风口前的弯头内，见表 4-1 图例所示。消声器的种类很多，如阻性、抗性、扩散、缓冲式等，以及干涉型和阻抗复合型等消声器。

风管、风阀及风口图例　　　　　　　　　　　　　　　表 4-1

序号	名称	图例	备注	序号	名称	图例	备注
1	带导流片的矩形弯头			8	软接头		
2	消声器消声弯头	消声器　消声弯头		9	风口	方形　圆形　条缝型　矩形	
3	天圆地方	矩形风管　圆形风管		10	气流方向	通用　送风　回风	
4	蝶阀			11	防雨百叶		
5	对开多叶调节风阀			12	矩形风管圆形	矩形 宽×高(mm)　圆形 直径(mm)	
6	三通调节阀			13	风管向上		
7	防火阀排烟阀	***　***	***表示排烟及防火阀名称代号	14	风管向下		

风阀，是气体输配管网的控制、调节机构装置，基本功能是截断或开通气体流通的管路，调节或分配管路的流量。风阀很多，一般分两大类：一类是具有控制和调节功能的插板阀、蝶阀、对开多叶调节阀等；另一类只有控制功能的如止回阀、防火阀、排烟阀等。均见表 4-1 所示。

风口，其基本功能是将气体吸入或排出管网。按具体功能分为新风口、排风口、送风口、回风口等。常用的风口有格栅、百叶、条缝、孔板、散流器及喷口等风口。见表 4-1 所示。

（2）主要设备及仪表图例

　　1）通风机，它是把气体压力提高后进行气体输送的机械。按输送气流与风机叶轮轴的关系分为两大类：一是离心式风机，二是轴流式风机；按风机进口与出口风压的差值分为高压、中压和低压三种风机；按用途又可分为一般、排尘、防爆、防腐、防排烟、屋顶及射流风机等；按制作的材料可分为金属风机（碳钢、不锈钢、合金钢等）与非金属风机（塑料、玻璃钢等）。图例只画出两大类风机，即轴流式风机与离心式风机，在工程图中用文字符号标注风压、材质、规格及型号等。见表 4-2 所示。

　　2）空气加热器、冷却器，是"热交换器"（亦称换热器）的一种，它们是热交换器按使用目的所划分的称谓，即加热器、冷却器和冷凝器等。加热器是用以加热流体（如空气）的设备。

通风空调主要设备图例
表 4-2

序号	名　　称	图　　例	备注	序号	名　　称	图　　例	备注
1	轴流风机			6	电加热器		
2	离心风机			7	变风量末端		
3	空气加热器冷却器	单加热　单冷却　双功能		8	空调器	室内　室外 窗式　分体式	
4	板式换热器			9	风机盘管	立式明装　卧式明装 立式暗装　卧式暗装	
5	空气过滤器	粗效　中效　高效					

　　通风空调系统中加热空气的热源，通常用蒸汽、热水、热泵和电力为热源；冷却器是一种冷却流体（如空气）的一种设备，冷源通常用冷水机组通过制冷工质，如氨、无氟冷剂等进行制冷，或者用深井水作为冷源。用江河湖泊的水进行冷热交换的水源热泵技术，不污染水源及环境，它是现今大力推广的通风空调系统最环保又节能的一种技术。通风空调系统中一般用管壳式、套管式、板式及转轮式热交换器进行冷热交换，空气加热器、冷却器的图例见表 4-2 所示。

　　3）空气过滤器，是将悬浮于气体中的固体颗粒分离出来的一种设备。过滤器按性能分为粗效、中效、高中效、亚高效和高效过滤器。用木材、镀锌钢板、不锈钢板、铝合金型材或纸板材料制成框架，将无纺布、超细玻璃纤维滤纸或丙纶纤维滤纸等滤料固定在框架上，安装在空气过滤室内进行空气过滤。其结构有板式、折叠式、袋式、管式、卷绕式和楔形组合式等。图例只表示低效、中效、高效过滤器，其余用文字在工程图中表示，图例见表 4-2 所示。

4）空气加湿器，空气的加湿或减湿，根据需要可以在空气处理室中集中进行，也可以在空调房间里局部处理。加湿或减湿可以用加湿器或喷水室（喷淋室）达到目的，加湿器图例见表4-2所示。

空气加湿分为两大类：一是用空气本身的热量即显热变成潜热使水蒸发而加湿的加湿器，如压缩空气喷雾器、高压喷水加湿器、超声波加湿器、离心式加湿器等；二是用外界热量加热使水蒸发的加湿器，如干蒸汽加湿器、电热式加湿器、电极式加湿器、PTC蒸汽加湿器、红外线加湿器等，加热器及加湿器见图4-5及图4-6中所示。减湿设备，有冷冻减湿机、氯化锂转轮除湿机、三甘醇除湿机等，固体除湿在空调中常用硅胶和氯化钙作为除湿吸附剂。空调系统若用喷水室，不仅可进行加湿、减湿、加热、冷却多种处理过程，还能对空气进行净化。其缺点是占地面积大、水质要求高、水泵耗能大。故民用建筑少用，一般用于以湿度调节为主的空调系统中。喷水室有卧式或立式、单级和双级、低速和高速之分。喷水室的前端和后端设置挡水板，图例见表4-2及图4-6所示。

（3）主要控制装置及仪表

通风空调系统控制装置一般有两种：传感器和执行器。

传感器，也可称为"变送器"。它是将物理量、化学量转变成电信号的一种装置。传感器种类繁多，在通风空调中主要有温度、湿度、压力、压差、风速和空气质量等传感器。图例见表4-3所示。

控制仪表图例　　　　　　　　　　　　　　　表4-3

序号	名　称	图　例	备注	序号	名　称	图　例	备注
1	传感器 烟感器 流量开关 控制器	温度 T　　流量 F 湿度 H　　烟感器 S 压力 P　　流量开关 FS 压差 ΔP　　控制器 C		3	记录仪	〜	
				4	流量计	F.M	
				5	能量计	E.M	
2	执行机构	重力　浮力 弹簧　气动　电动（调节） 电动（双位）　电磁（双位）		6	温度计		
				7	压力表		

执行器，也称为"执行机构"。它得到传感器的信号后，直接对被控制的设备发生作用的装置。如对回风阀、排风阀、三通阀、蝶阀、百叶窗和变风量装置（VAV）进行控制。执行器可以用气动、电动或液压等传递执行。图例见表4-3所示。

仪表，通风空调通常使用温度计、流量计、压力表等仪表，见表4-3所示，或见给水排水、采暖供热的相关图例。

2. 通风空调工程图的文字代号

（1）管道代号

LG表示空调冷水供水管，LH表示空调冷水回水管，LRG表示空调冷/热水供水管，

LRH 表示空调冷/热水回水管，LQG 表示空调冷却水供水管，LQH 表示空调冷却水回水管，KRG 表示空调热水供水管，KRH 表示空调热水回水管，N 表示空调冷凝水管等。

（2）风道代号

SF 表示送风管，XF 表示新风管，HF 表示回风管，PF 表示排风管，PY 表示消防排烟风管等。

（3）系统代号

K 表示空调系统，J 表示净化系统，C 表示除尘系统，S 表示送风系统，X 表示新风系统，H 表示回风系统，P 表示排风系统，PY 表示排烟系统，JY 表示加压送风系统。L 表示制冷系统，R 表示热力系统，N（室内）表示供暖系统、P（PY）表示排风兼排烟系统，RS 表示人防送风系统，RP 表示人防排风系统。

相关文字代号，参阅给水排水管道图例及文字代号。

第二节　通风空调工程系统的基本图式及工程图的组成

一、通风工程系统基本图式

通风有自然通风与机械式通风两大类，这里以机械式通风图式为主叙述。机械式通风，依靠风机的动力克服空气在风管中流动的阻力和房间空气的压力，使空气沿风管流动，通过风阀和风口将空气分配到各用风点。机械式通风系统又分为机械式送风系统和机械式排风系统两类，下面分别叙述其图式。

1. 机械式送风工程系统基本图式

机械式送风系统基本图式由三部分组成：新风部分；空气处理部分；送风管道或用风部分。

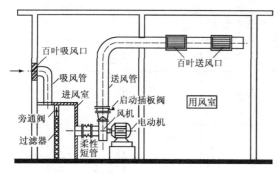
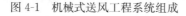
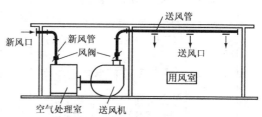

图 4-1　机械式送风工程系统组成　　　　图 4-2　机械式送风系统基本图式

为了获得新鲜空气，在系统前设置新风口，新风口前设有百叶窗，以遮挡雨、雪、昆虫，随后设置新风阀，如密闭阀或其他类型风阀，以保护空气处理室设备；空气通过新风管进入空气处理室，根据空气用户对空气卫生标准的要求，对空气可进行过滤、加湿和加热等处理；然后通过风机的动力用送风管将处理后的空气输送到送风口，通过风口将风散流到用风房间。其机械式送风系统基本图式见图 4-2 所示，请对比参阅图 4-1 。

2. 机械式排风工程系统基本图式

机械式排风系统图式也由三部分组成，对空气的排风及吸风部分；除尘或净化处理部分；空气排入大气的排出管道及相关部件部分。

排风系统的前端设置排（吸）气罩、柜，控制含尘气体、余热、余湿、毒气及油烟等的扩散；用排（吸）风机的动力，顺着排风管吸入除尘器、净化器进行除尘或净化，通过排出管和风帽排入大气。其系统基本图式见图4-4所示，排风系统组成请对比参阅图4-3。

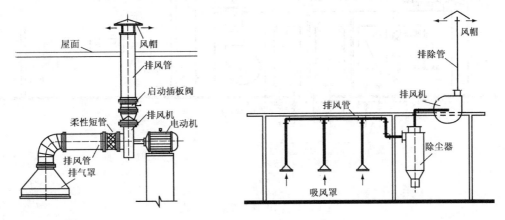

图 4-3　机械式排风工程系统组成　　　　　图 4-4　机械式排风系统基本图式

二、空调工程系统基本图式

空调，即空气调节的简称。用机械设备或设置使室内空气的温度、相对湿度、速度、洁净度的"四度"达到卫生要求，或对噪声及压力等参数要求保持在一定范围内的一种工程技术。空调工程系统图式由四部分组成：新风输入部分；冷源与热源等动力部分；空气处理部分；空气分配使用部分。

为了获得新鲜空气，系统的前端仍然设置百叶窗式新风口以及新风阀；为了达到"四度"的要求，空气处理的设备是关键，空气温度的调节用电能或者蒸汽等能源加热；空气的相对湿度是接上给水管用喷淋器进行调节；空气的冷却，用压缩机压缩制冷剂通过蒸发器或者其他方法将空气冷却。经过处理的空气，用送风管将风分配到各用风室，再经过送风口（格栅式、百叶式及散流式等）散入空调房间，进行室内空气调节，其基本图式见图4-6与图4-7，空调工程系统组成请对比参阅图4-5。

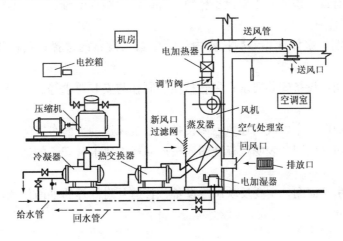

图 4-5　空调工程系统组成

37

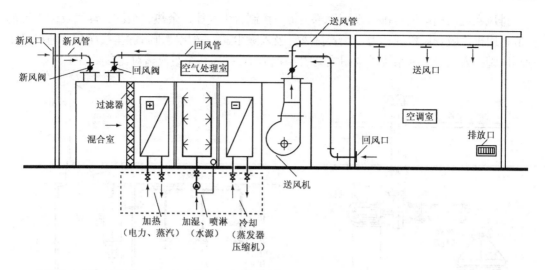

图 4-6　空调工程系统基本图式

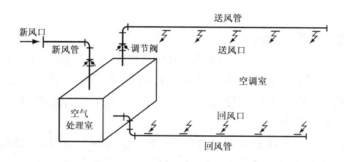

图 4-7　空调工程系统轴测图

三、通风空调工程图的组成

通风空调工程图，一般由平面图、剖面图、系统轴测图、原理图和详图组成。与安装工程图一样，还有设计说明、主要设备材料表等的内容组成部分。

1. 图纸说明

（1）设计说明：室外计算参数；室内计算参数；设备的选择；负荷指标；噪声的控制等。

（2）施工说明：设备安装要求；风管材质、制作与安装要求等。

2. 平面图

（1）系统平面图，主要表明通风空调设备和系统风道的平面布置。

（2）空调机房平面图，表明按标准图或按产品样本要求，安装的通风空调设备平面位置及定位尺寸。

（3）制冷机房平面图，主要反映制冷设备、管道及附件等的平面位置，以及相互之间的关系及定位尺寸。

3. 剖面图

（1）空调系统剖面图，与平面图相互对应用双线表示的风道、设备及零部件或附件的位置尺寸、标高、空气流向等内容的图。

（2）空调机房剖面图，与机房平面图对应，表明通风机、电动机、过滤器、加热器、表冷器或喷水室、消声器、百叶窗新风口、回风口以及各种阀门部件的竖向位置尺寸、标高等。

4. 系统图

系统图，风管用单线绘制，设备用实线画出轮廓，其主要表明风管系统在空间的曲折和交叉走向、风管规格尺寸、标高；以及管件的相对位置；设备及部件的名称、编号、型号等。

5. 原理图

一般包括空调原理图和制冷原理图。表明整个系统的原理与工作流程。主要内容包括空调房间的设计参数、冷热源、空气处理、输送方式、控制系统以及相互之间的关系等。

6. 详图

详图较多，一般有两大类：如设备及部件的安装详图，另一类是部件的制作及加工详图等，大多有标准图供选用。

第三节　通风空调工程系统图的识读

一、通风空调工程图识读的一般方法

1. 识读的一般方法

对系统而言，识读顺序可按空气流向进行。

（1）送风系统

进风口→进风管道→通风机→主风管→分支风管→送风口。

（2）排风系统

排气（尘）罩→吸气管道→排风机→立风管→风帽。

（3）空气空调系统

新风口→新风管道→空气处理设备→送风机→送风干管→送风支管→送风口→空调房间→回风口→回风机→回风管道→一、二次回风管→空气处理设备。

2. 识读后应掌握的内容

通风空调工程图一般反映的内容与识读后应掌握的主要内容，见本章第二节通风空调工程组成所述内容。

二、【识读举例】某工厂3号厂房通风空调工程图的识读

1. 图纸说明的识读

（1）建筑工程情况

3号厂房为现浇框架结构，开间6m，宽度12m，层高5.2m，楼层顶板底标高5m，共三层。

该空调工程在厂房底层⑧～⑫轴线之间，风管系统安装在3.5m高的吊顶内，用吊架吊挂在楼层顶板下面。

（2）空调设备组成

空调设备为ZK-1型金属叠加式空气调节器，分6个段室：风机段、喷淋段、过滤段、加热段、空气冷处理段和中间段；外形尺寸为3342×1620×2190，共重1200kg；供风量为 8000~12000m³/h（制冷系统、供热系统未举例）。

（3）风管及部件的要求

风管系统用镀锌钢板（厚度 1mm）制作，新风口为铝合金百叶窗，用铝合金方形直流片式散流器，向房间均匀送风；碳钢三通阀；风管用铝箔玻璃棉毡绝热，厚度 100mm。

2. 系统轴测图的识读

有系统轴测图时，应首先识读这种图，若没有时才识读平面图。因为系统轴测图是具有空间形象特性的一种图，能够一览系统全貌。系统轴测图读懂后借此对应识读系统平面图、剖面图。

见图 4-8 系统轴测图。首先，从空气处理室读起，空气处理室外形尺寸为 3342×1620×2194，风量为 8000~12000m³/h，其余数据应从设计说明中或从产品样本说明中得到。

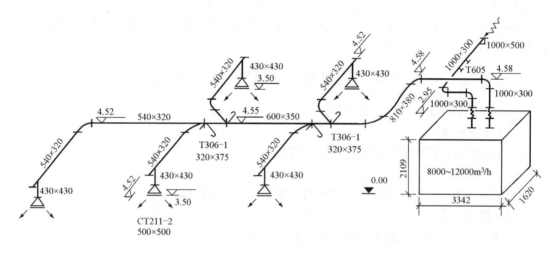

图 4-8　某工厂 3 号厂房空调工程系统轴测图

又从图的右上角看起，即从新风口开始。有波纹式的箭头即新风方向，新风对准新风口——百叶窗，其尺寸为 1000×500，沿新风管（断面尺寸 1000×300）进入空气处理室。其中经过检查孔、测温孔，标注的 T605 为两个孔的标准图编号，再经过两个弯头，通过波纹形符号（软接头）进入处理室。

再识读主风管，由处理室出发，经软接头，沿主风管 1000×300 向上至弯头顶部，标高 4.58，沿图左行，过弯头后风管断面变为 810×380，到第一个分支点，标注 T306-1 320×375，是三通阀的标准图编号及阀的规格尺寸，经过三通阀通过弯头进入第一条分支管 540×320（图的上方），到分支管终端，标高 4.52，向下用风管 430×430 连接铝合金方形直流片式散流器，其规格为 500×500，标准图编号 CT211-2 型，散流器底面标高为3.50，用这种方法一直读完整个系统轴测图。注意，其他散流器的标高和规格型号是否相同。

读完系统轴测图后，我们知道了该系统空气处理室情况、风管材质及断面尺寸的变化、新风口百叶窗、分支风管的规格尺寸及长度，还有三通阀规格型号相同共计 4 个、方形散流器的规格型号相同共计 5 个，以及各相关标高尺寸。

3. 系统平面图的识读

系统轴测图识读后，对于系统平面图最易于识读，平面图主要反映设备和风管的位置布置尺寸。识读顺序，首先从机房开始，沿气流流动方向进行起读。系统平面图中机房部分应与单独的机房平面图结合识读。机房在Ⓑ～Ⓒ轴线与⑪～⑫轴线之间，从空气处理室的新风口为起读点，新风管垂直于Ⓒ轴线进入机房，新风管宽度1000，在主风管下面进入处理室，新风管的边沿与⑫轴线距离不小于3600；主风管宽度1000×高300，出机房后，用弯头转向，沿⑪轴线设置，风管宽度为810，其边沿距离⑪轴线不小于540，至Ⓑ轴线后，用弯头转向一直沿Ⓑ轴线设置，过⑪轴线之后主风管开始向两边分支，注意前4个分支管与房屋柱轴线距离为3000。各分支风管末端垂直向下连接一个散流器，散流器中心线与墙体轴线距离为3000，末支中心线为2500。通风系统平面图见图4-9。

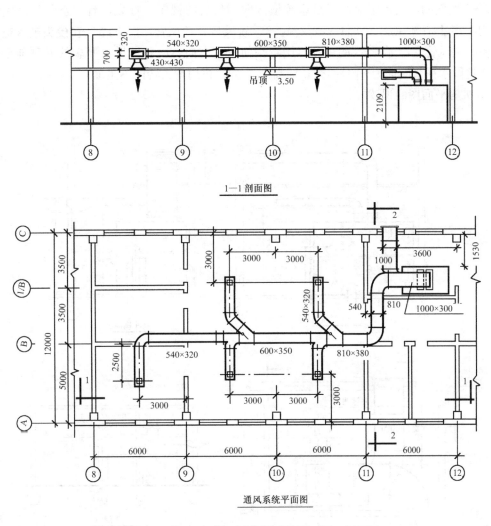

1—1 剖面图

通风系统平面图

图4-9　某工厂3号厂房空调系统平面图、剖面图

4. 系统剖面图的识读

系统剖面图见图4-10，其中有两个图，1—1剖面图与2—2剖面图。应与平面图对应

识读。

1—1 剖面图，沿主风管系统全长度方向剖切，这种是系统重要的图纸之一，因为也能比较全面表现系统的情况。该剖面图从⑫轴线的机房读起，看到空气处理室高度2109，在处理室上面向左设置新风管，布置在房间吊顶下面；主风管断面尺寸 1000×300 设置在处理室上面并穿过吊顶，布置在吊顶内，用吊架吊挂在房间顶板下，过弯头后穿过⑪轴线，这段风管断面尺寸为 810×380。方框涂有对角黑线的符号表示第二条分支风管被剖切的断面，也表示风向流向读者面；下面设置散流器，气流方向用波纹箭头表示；其后主风管断面尺寸变为 600×350；穿过⑩轴线，第四分支管表示相同，其后主风管用异径管（大小头）将断面变为 540×320；穿过⑨轴线，风管末端标注有两个尺寸，即风管高度 320，700 表示向下连接散流器短风管的长度，短风管断面为 430×430。

2—2 剖面图，表示用剖切面沿系统横方向剖切后的视图。首先，看到空气处理室高度2109，其上有新风进入方向（波纹箭头）、新风口、新风管，向下经过软接头进入空气处理室。主风管穿过 3.50 高的吊顶，用弯头向图右方向转向并穿过 1/B 轴线并延伸至Ⓑ轴线，这段水平管断面为 810×380，标高为 4.58，再用弯头转向书里面。

5. 机房平面图的识读

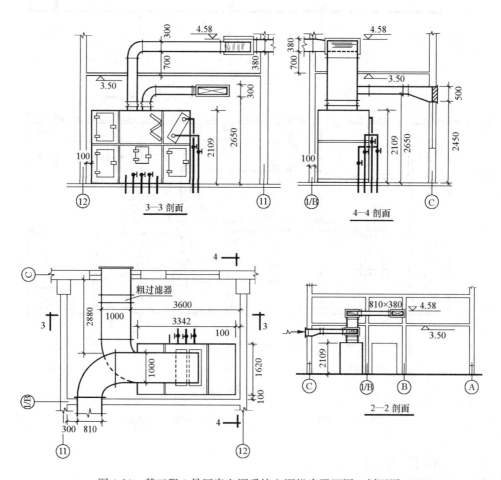

图 4-10 某工程 3 号厂房空调系统空调机房平面图、剖面图

空气处理室平面尺寸长度 3342×宽度 1620，距离⑫轴线和 1/B 轴线墙面距离不小于 100。主风管一边距离Ⓒ轴线墙面不小于 2880，主风管用弯头转向沿⑪轴线设置，风管边距离⑪轴线墙面不小于 300。在空气处理室边长 3342 尺寸旁边，标注有管道和阀门符号，是喷淋段、加热段的冷水、蒸汽的进入和流出的管道及其控制阀门。新风管在主风管下面，风管宽度 1000，在百叶窗与弯头之间设置粗效过滤器。

6. 机房剖面图的识读

机房有两个剖面图，3—3 剖面图及 4—4 剖面图，应与机房平面图对应识读。

3—3 剖面图，首先，看空气处理室，由 6 个功能段重叠而成，它距⑫轴线墙面 100，为了识读处理室各段画上了图例符号，未用文字标注，如上层中间为风机和粗过滤段；上层右边为冷处理段；下层中间为喷淋段；其余为过滤段、加热段和中间段。处理室上安装有管道和阀门，新风管水平段风管底面距地 2650，风管断面高度 300，用弯头将风管转向读者（风管断面里画×形交叉线）；主风管穿过吊顶水平管与吊顶高 700，风管断面高 300，管顶标高为 4.58，用弯头转向书里面。

4—4 剖面图，是机房 1/B 轴线～Ⓒ轴线之间的剖面图。从侧面看空气处理室为两层重叠而成，高度 2109，距 1/B 轴线墙面 100。其上新风管底面高度 2650，与Ⓒ轴线墙上的百叶窗连接，百叶窗高度 500，窗底距地面 2450。主风管穿过吊顶用弯头进入书里面，风管顶面标高 4.58，风管又向左穿过 1/B 轴线，并变化断面高度为 380，风管底面距吊顶面 700。

第五章　建筑电气工程图

第一节　建筑电气工程及建筑电气工程图

一、电气工程及建筑电气工程

1. 电气工程

电气工程，是指发电、变电、输电、配电以及将电能转换成其他形式能量的用电设备，以及用布线系统组合成的、满足预期功能和安全要求的一种工程技术。电气工程在国民经济中的各个生产部门和为生产服务的流通部门，无论是作为动力、生产、管理及控制等的工作系统，都缺少不了电气工程，它是现代机械化和自动化以及信息化的基础。

2. 建筑电气工程

建筑电气工程，是指为了实现一个或几个具体目的且特性相配合的，由电气装置、布线系统和用电设备电气部分的一种组合。这种组合能满足建筑物预期的使用功能和建筑物的及人的安全要求的一种工程技术。

电气深入到生产和生活领域中的各个角落，因其使用的不同，有很多种分类和称谓，如机床电气、家用电器、汽车电气、工业电气、电信电气、建筑电气以及其他电气工程。我们这里以建筑电气为主进行叙述，在《建筑工程施工质量验收统一标准》GB 50300—2001 中，将建筑电气工程划分为 7 个子分部工程：室外电气、变配电、供电干线、电气动力、电气照明、备用和不间断电源、防雷及接地等安装工程。

二、电气工程图及建筑电气工程图

1. 电气工程图

电气工程图，是电气技术领域内的共同语言，是阐述电气工程的工作原理，描述电气产品的构成和功能，提供装接方法以及使用信息，根据《电气技术用文件的编制》GB/T 6988 系列标准的规定和要求而绘制的一种图，是进行思想表达和交流的重要工具和手段。

2. 我国电气工程图的发展简况

由于电气发展迅速，为了在国际上进行技术交流，我国相关部门结合国情，在国际电工委员会 IEC 发布的系列标准基础上，经过了 3 个阶段的不断努力转化，我国有了一套适应与国际进行技术交流的国家电气工程系列统一标准。

第一阶段。20 世纪 60 年代，参照 IEC 标准修订原有标准，从此有了统一的电气图形符号标准，对相应的行业标准以及电气设计提供了依据和标准化水平；

第二阶段。20 世纪 80 年代，国家标准局以 IEC 60617、IEC 113、IEC 60750 等系列标准和相关文件为主，根据国内情况加入了一些 IEC 标准中没有的符号。这套标准为我国改革开放和"四个现代化"的建设提供了技术支持，为提高电气技术信息交流的速度和质量发挥了重要作用。

第三阶段。20 世纪 90 年代，科学技术越发展，系统和设备越来越复杂，功能越来越完善，人们为了快速和正确的掌握操作以及维修方法，要求信息的表达具有全局的观念，文件系统层次清晰而完整，符号代号清楚，能快速检索和查询。IEC又修订IEC 113、IEC 60750等系列标准，发布了新的系列标准，如IEC 61082、IEC 61346等标准和文件，满足国际需要。我国也随之修改了标准，于2003发布了《电气技术用文件的编制》GB/T 6988系列标准，主要内容有：一般要求、功能性简图、接线图与接线表、位置文件和安装文件等几大部分。

3. 电气工程图的基本表达形式

根据《电气技术用文件的编制》GB/T 6988系列标准的规定，电气图的基本表达形式有4种：

（1）图

图，是用图示法的各种表达形式的统称。亦可定义为用图的形式来表述信息的一种技术文件。图的概念是广泛的，不仅指投影法绘制的图，也包括图形符号绘制的图，以及其他图示法绘制的图。

（2）简图

简图，是用图形符号、带注释的围框或简化外形表示系统，以及设备中各个组成部分之间相互关系及其连接关系的一种图。他不是"略图"。在电气图中，如系统图、电路图、逻辑图和接线图等均属于简图。

（3）表图

表图，是表示两个或两个以上变量、动作或状态之间关系的一种图。如模拟电路各点的波形图、数字电路的时序图等。

（4）表格

表格，是将数据等内容按纵横排列的一种表达形式，用来说明系统、成套装置或设备中各组成部分相互关系或连接关系，并可提供工作参数的表。如设备元件表、接线表等。

第二节　建筑电气工程图的表示方法

建筑电气工程，主要涉及变配电、动力、照明、布线以及防雷接地保护等安装工程，其电气工程图都用图形符号和文字代号来表示。现从国家标准《电气简图用图形符号》GB/T 4728.11—2008中，摘录一些建筑电气工程图常用的图形符号，以及必须标注的文字代号和标注方法，在下面分别叙述。

一、建筑电气工程图常用图形符号

建筑电气主要功能是将电能进行分配和控制，一般用于动力和照明，所以在国家标准《电气简图用图形符号》GB/T 4728.11—2008中摘录常用的布线系统、电源插座、灯具开关、灯具的符号列于表5-1中。

二、高压一次电气设备图形符号及文字代号

电能从电源传输到用电设备所经过的电路，称为一次回路，电路上连接的设备，称为一次设备，这些设备有电源、控制和保护设备，表示他们的图形符号和文字符号，见表5-2所示。电源如变压器，无论电力及特种变压器、油浸式及干式等变压器均用此图符，其文字符号为T。作为通断负荷和保护用的高压配电装置，如断路器QF、负荷开关QL、隔离开关QS、熔断器FU、接触器QC、电流及电压互感器TA及TV、避雷器F以及移相电容 C 等图例符号与文字代号，见此表所示。

三、常用的电气图形符号及文字代号

常用的电气种类比较多，但表示的图形符号形式较为接近，为了进行区别，必须标注文字代号，其标注方法见表 5-3 所示。

四、电力设备的图例符号及标注方法

照明与动力设备，如用电的设备（电动机等）、控制用的箱柜屏盒、照明灯具、线路线缆等设备在电气平面图中，除按《电气技术用文件的编制》GB/T 6988 系列标准绘制出图例符号外，还需要标注文字代号，标注方法见表 5-4 所示。

五、建筑灯具安装方式的文字代号

建筑灯具种类很多，安装方式也很多。根据照明需要，可以用吊、吸附、嵌入及支撑等方式安装在建筑物的各个部位上，只能用文字符号来说明，见表 5-5 所示用文字代号进行标注的方法。

《电气简图用图形符号》GB/T 4728.11—2008 摘录　　　　　　　　　表 5-1

图形符号	名称及说明	图形符号	名称及说明
	中性线		配电中心，示出五路馈线
	保护线		（电源）插座，一般符号
	保护线和中性线共用线	形式1 形式2	（电源）多个插座，示出三个
	示例： 具有中性线和保护线的三相配线		带保护接点（电源）插座
	向上配线 若箭头指向图纸的上方，向上配线		带护板的（电源）插座
	向下配线 若箭头指向图纸的下方，向下配线		带单极开关的（电源）插座
			带连锁开关的（电源）插座
	垂直通过配线		具有隔离变压器的插座示例： 电动剃刀用插座
	盒（箱）一般符号		电信插座的一般符号 根据有关的 IEC 或 ISO 标准，可用以下的文字或符号区别不同插座： TP—电话　　　FM—调频 FX—传真　　　TV—电视 M—传声器　　　TX—电传 ◁—扬声器
	连接盒、接线盒		
	用户端 供电输入设备，示出带配线		

续表

图形符号	名称及说明	图形符号	名称及说明
	开关,一般符号		荧光灯,一般符号 发光体,一般符号 示例: 三管荧光灯 五管荧光灯
	带指示灯的开关		投光灯,一般符号
	单极限时开关		聚光灯
	双极开关		泛光灯
	多拉单极开关(如用于不同照度)		气体放电灯的辅助设备
	两路单极开关		在专用电路上的事故照明灯
	中间开关等效电路图		自带电源的事故照明灯
	调光器		热水器,示出引线
	单极拉线开关		风扇,示出引线
	按钮		时钟 时间记录器
	带有指示灯的按钮		电锁
	防止无意操作的按钮(例如借助打碎玻璃罩等)		对讲电话机,如入户电话
	限时设备 定时器		直通段一般符号
	定时开关		组合的直通段(示出由两节装配的段)
	钥匙开关 看守系统装置		末端盖
	照明引出线位置,示出配线		弯头
	在墙上的照明引出线,示出来自左边的配线		T形(三路连接)
	灯,一般符号		十字形(四路连接)

续表

图形符号	名称及说明	图形符号	名称及说明
	不相连接的两个系统的交叉,如在不同平面中的两个系统		外壳膨胀单元此单元可适应外壳或支架的机械运动
	彼此独立的两个系统的交叉		导线膨胀单元此单元可适应导线的热膨胀
	在长度上可调整的直通段		外壳和导线的扩展单元,此单元可供外壳或支架和导线的机械运动和膨胀
	内部固定的直通段		

高压一次电气设备图形符号及文字代号　　　　　表 5-2

设备元件名称	图形符号	文字符号	设备元件名称	图形符号	文字符号
变压器		T	热继电器		KB
断路器		QF	电流互感器		TA
负荷开关		QL	电压互感器		TV
隔离开关		QS	避雷器		F
熔断器		FU	移相电容		C
接触器		QC			

常用电气的图形符号及文字代号　　　　　表 5-3

序　号	图形符号	说　　明	项目种类	文字符号
1		配电中心的一般符号,示出了 5 路馈线。在符号就近标注种类代号"★",表示设计的配电柜、屏、箱、台	动力配电箱	AP
			应急动力配电箱	APE
			照明配电箱	AL
			应急照明配电箱	ALE
2		灯具的一般符号,如需要指出灯具的种类,在"★"位置处标出表示灯具的文字符号	壁　　灯	W
			吸 顶 灯	C
			筒　　灯	R
			密 闭 灯	EN
			防 爆 灯	EX
			圆 球 灯	G
			吊　　灯	P
			花　　灯	L
			局部照明灯	LL
			安全照明灯	SA
			备用照明灯	ST

续表

序　号	图形符号	说　　明	项目种类	文字符号
3		(电源)插座和带保护接点(电源)插座的一般符号。根据需要可在"★"处用文字符号区别不同的插座	单相电源插座	1P
			三相电源插座	3P
			单相暗敷插座	1C
			三相暗敷插座	3C
			单相防爆插座	1EX
			三相防爆插座	3EX
			单相密闭插座	1EN
			三相密闭插座	3EN
4		电信插座的一般符号,可用文字符号区别不同的插座	电话插座	TP
			传　真	FX
			传声器	M
			电　视	TV
			信　息	TO
5	★	导线的一般符号,可用文字区别不同的用途	电力干线	WP
			常用照明干线	WL
			事故照明干线	WEL
			封闭母线槽	WB
			滑触线	WT
			信号线路	WS
			保护接地线	E
			避雷线、避雷带、避雷网	LP

电力设备平面图的文字代号标注　　　　　　　　　　表 5-4

序　号	项目种类	标注方式	说　　明	示　　例
1	用电设备的标注	$\dfrac{a}{b}$	a—设备编号或设备位号, b—额定功率(kW 或 kV·A)	$\dfrac{\text{P01B}}{37\text{kW}}$ P01B 热媒泵的位号,容量为 37kW
2	概略图的电气箱(柜、屏)标注	$-a+\dfrac{b}{c}$	a—设备种类代号, b—设备安装位置代号, c—设备型号	—AP1+1·B6/X121—15 —AP1 动力配电箱种类代号, +1·B6 位置代号即安装在第一层 B、6 轴线上, X121—15 型号

续表

序号	项目种类	标注方式	说　　明	示　　例
3	平面图的电气箱（柜、屏）标注	$-a$	a—设备种类代号	—AP1 动力配电箱，在不引起混淆时可取消前缀"—"，即可表示为 AP1
4	控制变压器照明、安全、控制变压器的标注	$a\dfrac{b}{c}d$	a—设备种类代号，b/c——一次电压/二次电压，d—额定容量	TEL 220/36V 500V·A TEL 照明变压器，变比 220/36V，额定容量为 500V·A
5	照明灯具的标注	$a-b\dfrac{c\times d\times L}{e}f$	a—灯具数量 b—灯具型号或编号 c—每盏灯具的灯泡数量 d—灯泡的容量 e—灯泡的安装高度，m，"—"表示吸顶安装 f—安装方式 L—光源种类	$5-BYS80\dfrac{2\times40\times FL}{3.5}CS$ 5 盏 BYS—80 型灯具，2 根 40W 荧光灯管，安装高度距地面 3.5m，灯具为链吊式安装
6	线路的标注	$ab-c(d\times e+f\times g)i-jh$	a—线缆编号， b—线缆型号， c—线缆根数， d—线缆线芯数， e—线缆线芯截面，mm²， f—PE、N 线芯数， g—线芯截面，mm²， i—线缆敷设方式， j—线缆敷设部位， h—线缆敷设高度，m， 上述文字符号无内容时则省略该部分	WP201YJV—0.6/1kV—2(3×150+2×7)SC80—WS3.5 电缆编号为 WP201，电缆型号、规格为 YJV—0.6/1kV—2(3×150+2×7)，2 根电缆并联连接，电缆敷设方式为穿 DN80 焊接钢管沿墙明敷，电缆敷设高度距地面 3.5m，
7	电缆桥架的标注	$\dfrac{a\times b}{c}$	a—电缆桥架宽度，mm， b—电缆桥架高度，mm， c—电缆桥架安装高度，m	600×150/3.5 电缆桥架宽度 600mm，电缆桥架高度 150mm，桥架安装高度距地面 3.5m
8	电缆与其他设施交叉点的标注	$\dfrac{a-b-c-d}{e-f}$	a—保护管根数， b—保护管直径，mm， c—保护管长度，m， d—地面标高，m， e—保护管埋设深度，m， f—交叉点坐标	6-DN100-1.1m-0.3 -1m-17.2(24.6) 电缆与设备交叉，交叉点 A 坐标为 17.2，B 坐标为 24.6，埋设 6 根 DN100 焊接钢管，长度 1.1m，埋设深度—1m，地面标高为—0.3m

序 号	项目种类	标注方式	说 明	示 例
9	电话线路的标注	$a-b(c\times2\times d)e-f$	a—电话线缆编号， b—型号， c—线缆对数， d—线缆截面，mm， e—敷设方式和管径，mm， f—敷设部位	W1—HPVV（$25\times2\times0.5$） M—MS W1 为电话电缆编号， 电话电缆的型号规格为 HPVV（$25\times2\times0.5$）， 敷设方式为钢索敷设， 敷设部位沿墙敷设
10	电话分线盒、交接箱的标注	$\dfrac{a\times b}{c}d$	a—编号， b—型号， c—线序， d—用户数	$\dfrac{\#3\times NF-3-10}{1\sim12}6$ $\#3$电话分线盒，其型号规格 为 NF—3—10， 接线序为 $1\sim12$， 用户数为 6 户
11	断路器整定值的标注	$\dfrac{a}{b}c$	a—脱扣器额定电流， b—脱扣整定电流值， c—短延时整定时间，(瞬间断定不标注)	$\dfrac{500A}{500A\times3}0.2s$ 断路器脱扣器额定电流 为 500A， 动作整定值为 500A×3， 短延时整定值为 0.2s

建筑灯具安装方式文字代号　　　　　　　　　　　　表 5-5

序 号	名 称	标注文字符号 新标准	标注文字符号 旧标准	序 号	名 称	标注文字符号 新标准	标注文字符号 旧标准
1	线吊式	SW	WP	7	顶棚内安装	CR	无
2	链吊式	CS	C	8	墙壁内安装	WR	无
3	管吊式	DS	P	9	支架上安装	S	无
4	壁装式	W	W	10	柱上安装	CL	无
5	吸顶式	C	—	11	座 装	HM	无
6	嵌入式	R	R	12	台上安装	T	无

第三节　建筑电气工程图的基本图式及建筑电气工程图的组成

一、建筑电气工程图的基本图式

1. 变配电系统的基本图式

变配电系统的基本图式，一般称为变配电系统主接线图或一次接线图。他是由开关电器、电力变压器、母线、电力电缆或导线、移相电容器、避雷器等电气设备，按一定规律相连接的接受和分配电能的一种电路图。仍然用《电气简图用图形符号》GB/T 4728 标准的图形符号来表示。主接线基本图式与变压器的台数及进线方式不同其接线图式有所不同。主接线图有两种画法，即单线图法和多线图法。最常用的是单线图法，这种方法对线路结构组成能一目了然，所以是最常用的一种基本图式。下面介绍电压 6～10kV 变压器容量在 1250kVA 以内的变配电系统，用架空进线或电缆进线连接一台变压器的主接线图式，如图 5-1 所示。

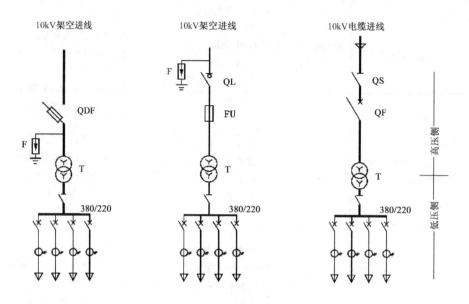

图 5-1　变配电系统主接线图基本图式

从图式中看到，变压器 T 的高压侧，电压 10kV，由母线、电缆，熔断器（户外式 QDF、户内式 FU），负荷开关 QL、隔离开关 QS、断路器 QF，避雷器 F 等组成；变压器 T 的低压侧，电压 380V/220V，由母线、电缆，低压断路器，电流互感器等组成。

2. 低压配电系统的基本图式

建筑电气工程低压配电系统，一般由配电装置和配电线路按一定的规律连接而成的系统。低压配电系统中常用的低压配电装置有：断路器、隔离开关、负荷开关、熔断器等单独的电器；为了安装和加工生产，以及为了使用的安全，将这些单个电器按照一定的接线方案，配以控制设备、保护电器、监测仪表等，组装而成低压配电箱、柜或屏、盘等系列成品。若是将这些单独的或者成品的配电装置，按电气工程设计的配电线路连接起来的系统，并用《电气简图用图形符号》GB/T 4728 标准规定的图形符号画成的图，即可组成一些低压配电系统的基本图式。根据线路连接的方式有放射式、树干式和混合式等基本图式，见图 5-2 所示。建筑物楼层与楼层之间的主干线系统或者每个楼层的基本图式的平面配电线路系统都可按此图式设置配电线路。

二、建筑电气工程图的组成

建筑电气工程要进行施工安装，必须要有建筑电气工程图。它表明建筑物电气工程的构成规

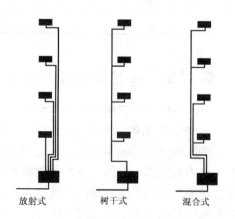

图 5-2　低压配电系统的基本图式

模和功能，详细描述电气装置的工作原理，提供安装技术的数据和使用维护方法的一种图。因为建筑电气工程与其他建筑安装工程相比有其自身的特点，所以建筑电气工程施工图的组成，与本书第一章第一节所述建筑安装工程图的组成相比较，有很多相同处，也有许多不同之处，建筑电气工程图主要有下列 5 类图组成：

1. 说明性文件

说明性文件由下列内容组成：

①图纸目录；②设计说明（施工说明）；③图例；④设备、材料、零件表。

2. 概略图

概略图，我国习惯称为系统图、主接线图或一次接线图。它是用图形符号、文字符号或带注释的框，概略的表示系统或分系统的基本组成、相互关系及其主要特征的一种简图。如变配电系统图、动力系统图、照明系统图、火灾自动报警及消防联动系统图等。其用途是：为了进一步编制详细的技术文件提供依据；另一作用是供操作时和维修时参考。

系统图可以用两种表示方法。常用单线表示法，即两根或两根以上的连接导线，用一根图线表示。如变配电的主接线图，见图 5-1 所示；另一种是多线表示法，每根导线均用一根图线来表示的方法。这种方法多用于变配电的二次回路图或控制回路图，他更能表示电气原理。

3. 电路图

采用图形符号，并按照工作顺序排列，详细表示电路、设备或成套装置的全部组成和连接关系，而不考虑实际位置的一种简图。其用途是：便于详细理解道路、设备或成套装置及其组成部分的作用原理；为了电路测试和寻找故障提供信息；另外是作为编制接线图的依据。在电器系统实际施工时，是电气工程技术人员安装、调试和运行管理需作为主要依据的一种图，所以我国习惯上称电路图为电气原理图。

无论什么电气工程，其最大的特点就是线路系统必须构成闭合回路，当电路形成闭合回路时，电流方能流通，电气设备才能正常工作。电路组成不外乎有四个基本要素，就是电源、用电设备、导线和开关控制设备，缺一不可。

4. 电气平面图

电气平面图也称电气平面位置图。它反映电气设备、电气装置在建筑平面上的安装位置；标注线路的规格、型号，敷设方式，线路在建筑平面上的走向等的一种图。电气系统固定或敷设在建筑结构上，所以电气设备和电气线路的布置和走向均与建筑结构密切相关。其用途是：将电气设备、装置和线路安装在建筑结构的具体位置上。电气平面图只能反映电气设备等在建筑平面上的安装位置，不能反映安装高度，其高度必须通过文字标注或说明以及用其他方式进行了解。常用的电气平面图有：变配电所平面图、动力平面图、照明平面图、接地平面图、电视与广播平面图等。

5. 电气接线图

电气接线图，也称电气安装配线图。表示电气设备、成套装置或电气元件与线路相互连接的配线方式、接线方式、安装位置以及配线场所等特征的一种图。一般与概略图、电路图和电气平面图等配套使用。

第四节　建筑电气工程图的识读

电气工程图的识读比管道工程和通风空调工程图难，因为管道和通风空调工程图有一个空间走向的系统轴测图，而电气图一般用单线连接电器符号组成，其空间概念和专业知识要求更强。识读时注意：图中一根单线实际是两股线，一相线（火线）一零线，否则不成为回路；另一是熟记图例符号和文字符号，才便于识读。现以某学校教学楼电气工程为示例进行识读。

一、【识读举例】某学校教学楼电气工程图的内容

1. 设计说明

（1）工程概况

某中学教学楼，总建筑面积为 8522m²，层高 3.2m，主体框架结构现浇楼板，现浇桩基础，加气混凝土填充墙，聚乙烯板节能墙面。地上共 5 层，局部 4 层，其中第一层设置门厅、传达室、办公室和教室；第二、第三和第四层为教室、实验室及实验仪器室；第五层为教室。教学楼平面为 Π 字形，分为三段，每段之间设有沉降缝。

（2）供电电源

由学校配电房引来三路电源进入教学楼，供电制式为 TN-C-S 系统，电源电压 380/220V。第一路电源 WL1 与第二路电源 WL2 均用 YJV-(4×25＋1×16) 电缆进线，室外部分直接埋地敷设，进户穿 DN100 钢管保护；第三路电源 WL3 用 YJV-(4×50＋1×25) 电缆进线，敷设方式与 WL1 和 WL2 相同。进户处做重复接地，接地电阻不大于 10Ω。

（3）线路敷设

照明和插座线路分别采用铜芯塑料线 BV，穿钢管暗敷设，导（线）管水平部分暗敷在现浇楼板内，首层暗敷在地坪内，垂直部分导管暗敷在墙体内。插座回路除注明者外，配线均为 BV (3×2.5)，其中一根为 PE 线。导线绝缘层颜色应符合现行规范要求。

（4）设备安装

照明配电箱嵌入墙体暗装，底边距地面 1.8m，所有插座暗装，距地面 0.3m，照明开关和电风扇开关暗装，距地面 1.4m。教室照明光源荧光灯，照明灯具与学生主视线相平行，安装在课桌通道的上方，与课桌的垂直距离不小于 1.7m。黑板照明用斜照式黑板专用投光灯，距离黑板面 0.70m。单相插座选用 250V10A，三相插座选用 500V15A。

（5）设备材料表

开关、插座用 86 系列；照明配电箱型号 XRM5 系列，型号 XRM5-9，规格 550×450×125，门厅 15 套吸顶式花灯，规格 800×800。

2. 配电系统图

WL1 配电系统与 WL2 配电系统相同相互对称，他们各自控制 4 间教室及相连接的走道、楼梯间与卫生间的照明及插座，见图 5-3 所示。WL3 配电系统控制门厅、传达室、办公室，以及相连教室的照明与插座，其图（略）。

3. 照明及插座平面图

该楼每层楼均有照明平面图及插座平面图，现只识读第一层照明平面图，见图 5-4 所示，教室插座平面图（略）。

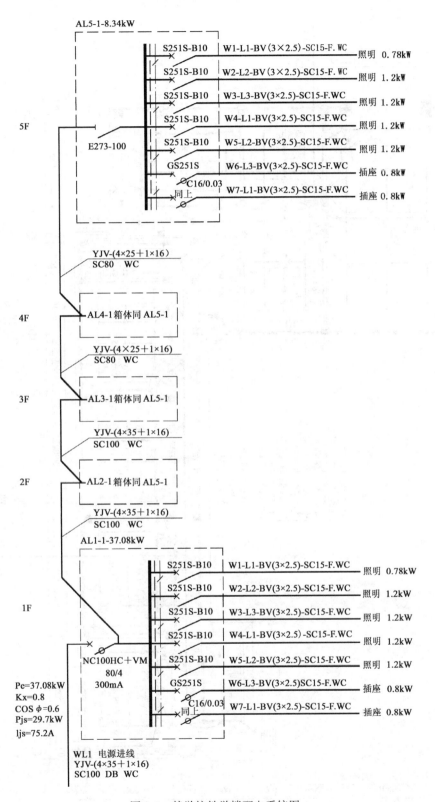

图 5-3 某学校教学楼配电系统图

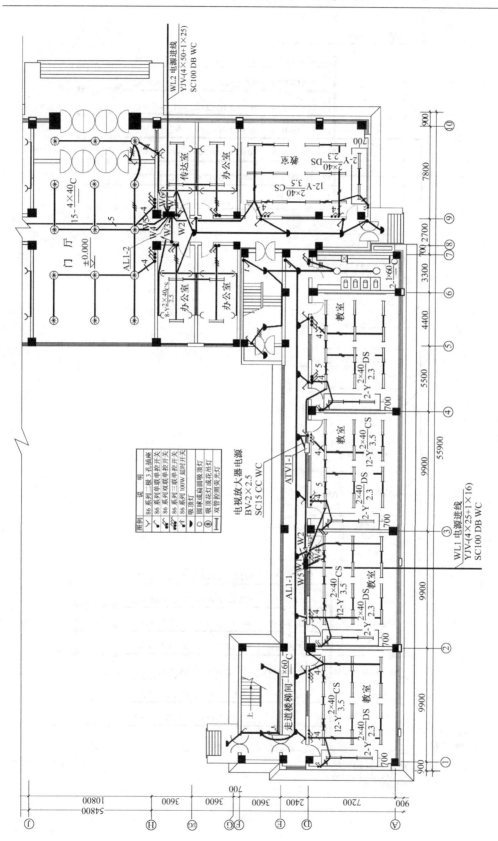

图 5-4　教学楼照明平面图

二、【识读举例】某学校教学楼电气工程图的识读

1. 设计说明的识读

建筑都有各自的功能，电气工程是体现建筑功能最重要工程之一。教学楼体现为教学服务的要求，配电系统的照明功能和用电安全最为重要，这些要求在设计说明中可以看到。

（1）识读工程概况注意

该Π字形教学楼分为三段，每段之间设置沉降缝，从平面图中可以看出沉降缝在Ｆ～Ｇ轴线之间，以及在⑦～⑧轴线之间，也即在楼梯间和办公室之间，楼梯间和门厅走道之间。若电气管线穿过沉降缝必须进行穿过沉降缝的处理。

（2）识读供电电源注意

供电制式为 TN-C-S 系统。进户处做重复接地，接地电阻不大于 10Ω，重复接地在进户总配电箱中设置，中性线 N 和金属箱体做可靠接地，并设置 PE 保护线。

（3）线路施工要求

除本章第四节所述内容外，注意导线绝缘层色彩要求。为了安装和今后维护便于识别导线顺序，不至于发生导线错接产生事故，应按《建筑电气工程施工质量验收规范》GB 50303—2002 的规定进行线路配线：保护地线 PE——黄绿相间色；零线 N——淡蓝色；A相——黄色，B相——绿色，C相——红色。

（4）设备安装要求及设备材料表

注意设备安装高度，管线敷设要求。见第五章第二节相关内容。

2. 配线系统图的识读

识读顺序：入户线缆→总配电箱→连接的管线、敷设方式→各楼层分配电箱。

识读内容：进户电缆规格型号、敷设方式，总配电箱与各楼层配电箱连接方式、连接线路的规格型号、敷设方式，各楼层配电箱规格型号及安装方式。

WL1配电系统，用交联聚乙烯绝缘聚乙烯护套电力电缆 YJV-(4×35＋1×16)-SC100-DB. WC，垂直于Ａ轴线进户。(4×35＋1×16) 表示电缆为 5 芯铜芯电缆；室外部分直接埋地方式（DB）；穿钢管（SC）DN100 入户，然后在墙内敷设（WC）。进入总照明配电箱 AL1-1 或称为第一层（1F）配电箱（配电箱用方框形虚实线表示），这里起总箱的作用。

进户电缆与总箱 AL1-1 的主控制开关（带漏电流保护的低压断路器）连接，其规格型号为 NC100HC＋VM 80/4 300mA。AL1-1 箱内装有 7 个低压断路器，控制 WI～W7 共 7 个回路。规格型号为 S251S-B10 的断路器，控制 W1～W5 5 个回路的照明，每个回路标注 BV(2×2.5)-SC15-F. WC，即用塑料绝缘铜芯线（BV）穿钢管（SC）DN15 在地面、地板（F）或墙内（WC）暗敷设。另外两个回路 W6、W7，用带漏电流保护的低压断路器进行控制，其规格型号为 GS251S C16/0.03 控制插座电路，这两支回路线管规格型号方式与照明回路相同，不同的是导线为 3 根 BV-2.5 的铜芯线，其中一根为相线、一根为零线、一根为接地保护线 PE。

在 AL1-1 或 AL5-1 照明配电箱中（虚实线方框）看到竖直的粗黑线，表示配电箱中各开关的电源连接母线，竖直的虚线表示中性线 N，竖直带短画的虚线表示接地保护线 PE。

从配电系统图可知，第二、三、四层楼的照明配电箱规格型号与第五层楼相同。AL5-1 箱与 AL1-1 箱除主控开关不同以外，其余回路开关、管线以及控制的照明灯具和插座均相同。其主开关规格型号为 E273-100 的隔离开关。

配电系统用树干式连接楼层配电箱，1F→2F→3F 的连接电缆用 YJV-(4×35＋1×16)-SC100-WC 敷设；3F→4F→5F 的连接电缆用 YJV-(4×25＋1×16)-SC80-WC 敷设。

WL2 配电系统识读的方法相同，其图（略）。

3. 平面图的识读

识读顺序：首层平面图，入户线缆→总配电箱→楼层配电箱→各回路。楼层，楼层配电箱→各回路。

识读内容：楼层配电箱编号、各回路控制的房间、线路供电的对象（照明、插座、设备等）、线路规格型号、线路敷设方式等。

某学校教学楼首层照明平面图的识读。

(1) WL1 配电系统平面图的识读

入户线缆见前叙述，从楼层配电箱 AL1-1 起读，该箱在②～③轴线之间的①轴线墙上嵌入安装，底边距地高度为 1.8m。从设计说明可知型号为 XRM5-9，规格 550×450×125 分出 9 个回路，下面依序识读 9 个回路。

W1 回路，控制走道、两楼梯间及卫生间的照明，共控制 18 盏灯，其中吸顶灯 16 盏，卫生间防水灯 2 盏，控制开关 86 系列，安装高度距地 1.4m，其中在楼梯间安装两个 100W 延时开关。在③～④轴线之间从该线路上，接出 BV（2×1.5）线，用钢管 DN15 沿顶板（CC）和墙面（WC）敷设，进入电视放大器箱（ATV1-1）作为电源。AL1-1 的右边向上箭头表示向上层（第二层）引线缆，进入 AL2-1 配电箱，见配电系统图。

W2 回路，沿①轴线经过③及④轴线，进入④～⑥轴线之间的教室，在④轴线门的侧面①轴线墙上，设置 3 个单联单控开关，用 4 根线（图中用短线标注 4）控制讲台前面的 6 盏荧光灯。为了控制教室后面的 6 盏荧光灯，电源进入⑥轴线门边墙上的 3 个单联单控开关，用 4 根线进行控制。教室共设置 12 盏荧光灯，每盏荧光灯两根 40W 灯管组成（2×40），链吊式安装（CS），灯具安装高度距地 3.5m；在④轴线的墙上设置两个单联单控开关，控制斜照式黑板专用投光灯，管吊方式安装，高度 2.3m，距离黑板面 700。全部开关 86 系列安装高度距地 1.4m。

W3 回路，在③轴线处进入③～④轴线之间的教室，识读方法与 W1 回路相同。

W4 回路，直接进入②～③之间的教室，识读方法与 W1 回路相同。

W5 回路，沿①轴线向左设置至②轴线进入教室，识读方法与 W1 回路相同。

W6 回路、W7 回路是插座回路，识读方法与 W1 回路相同，图（略）。

W8、W9 回路为预留线路，系统图未表示。

上述 W1～W7 回路的管线均为 BV（2×1.5)-SC15-F. WC，见图 5-3 配电系统图。

(2) WL2 配电系统平面图的识读

WL2 配电系统于教学楼大门⑭轴线处进户，用电力电缆 YJV-(4×50＋1×25) SC100

DB WC穿过传达室，进入⑨轴线传达室室内墙上的AL1-2照明配电箱内，该配电箱分出9个回路，其中有两个备用回路，下面分别叙述。

W1回路，控制传达室及相邻办公室的照明，各两盏单管40W荧光灯，链吊式，高度距地2.5m；又连接走道照明的吸顶灯4盏；又连接传达室对面的两间办公室的照明，为4盏单管40W链吊式荧光灯，安装高度距地2.5m。

W2回路，沿⑨轴线进入教室，控制12盏双管2×40W链吊式荧光灯，安装高度3.5m；还控制两盏斜照式黑板专用投光灯，见WL1配电系统图的叙述。

W3回路，穿过走道，在⑪轴线墙向下控制两间办公室的8个86系列两极3孔插座，插座安装高度距地0.3m。

W4回路，用6个单极开关控制门厅12盏吸顶式花灯，规格800×800；进厅处安装两个单极双控开关，其中一个安装在传达室内。

W5回路，用5根线穿过大厅进入门厅对称的另一侧办公室、走道的照明和插座的控制（略）。

W6回路，是传达室及相邻办公室的8个86系列两极3孔插座的控制，与W3回路相同。

W7回路，进入电视放大器箱（ATV1-2）的电源进线。

W8、W9回路，作为备用回路。

第六章　安装工程预算定额

第一节　安装工程预算定额概述

一、建设工程预算定额分类

建设工程预算定额是由国家授权机构组织编制、颁布实施的具有法律性的工程建设标准。该定额可按照生产要素、编制程序和建设用途、费用性质、专业性质以及管理权限进行分类。如图 6-1 所示。

按生产要素可分为劳动消耗定额、材料消耗定额和机械台班消耗定额三种。

按定额的编制程序和用途可分为施工定额、预算定额、概算定额、投资估算指标、万元指标、工期定额等。

按投资的费用性质可分为建筑工程定额、设备安装工程定额、建筑安装工程费用定额（包括直接费、其他直接费、间接费等）、工器具和生产家具定额以及工程建设其他费用定额等。

按专业性质可分为通用定额（如全国统一安装工程预算定额、地区统一预算定额）、行业通用定额（如各行业统一使用的定额）和专业专用定额等。

按管理权限可分为全国统一定额、行业统一定额、地区统一定额、企业定额和补充定额等。

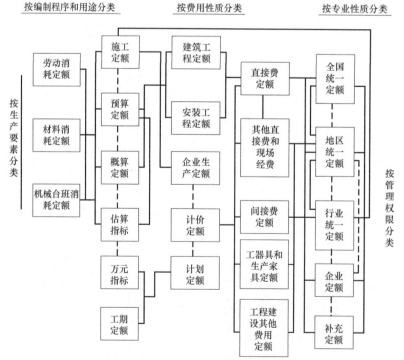

图 6-1　建设工程预算定额分类

二、安装工程预算定额

1. 安装工程预算定额的概念

安装工程预算定额指由国家或授权单位组织编制并颁发执行的具有法律性的数量指标。它反映出国家对完成单位安装产品基本构造要素（即每一单位安装分项工程）所规定的人工、材料和机械台班消耗的数量额度。

2. 全国统一安装工程预算定额的种类

目前，由前建设部批准，机械工业部主编，2000 年 3 月 17 日颁布的《全国统一安装工程预算定额》共分 12 册：

第一册　机械设备安装工程 GYD-201—2000；

第二册　电气设备安装工程 GYD-202—2000；

第三册　热力设备安装工程 GYD-203—2000；

第四册　炉窑砌筑工程 GYD-204—2000；

第五册　静置设备与工艺金属结构制作安装工程 GYD-205—2000；

第六册　工业管道工程 GYD-206—2000；

第七册　消防及安全防范设备安装工程 GYD-207—2000；

第八册　给水排水、采暖、燃气工程 GYD-208—2000；

第九册　通风空调工程 GYD-209—2000；

第十册　自动化控制仪表安装工程 GYD-210—2000；

第十一册　刷油、防腐蚀、绝热工程 GYD-211—2000；

第十二册　通信设备及线路工程 GYD-212—2000（另行发布）。

此外，还有《全国统一安装工程施工仪器仪表台班费用定额》GFD-201—1999 和《全国统一安装工程预算工程量计算规则》GYD_{GZ}-201—2000 作为第一册～第十一册定额的配套使用。

3. 安装工程预算定额的组成

全国统一安装工程预算定额通常由以下内容组成：

（1）册说明

介绍关于定额的主要内容、适用范围、编制依据、适用条件、工作内容以及工料、机械台班消耗量和相应预算价格的确定方法、确定依据等。

（2）目录

目录是为查、套定额提供索引。

（3）各章说明

介绍本章定额的适用范围、内容、计算规则以及有关定额系数的规定等。

（4）定额项目表

它是每册安装定额的核心内容。其中包括：分节工作内容、各分项定额的人工、材料和机械台班消耗量指标以及定额基价、未计价材料等内容。

（5）附录

一般置于各册定额表的后面，其内容主要有材料、元件等质量表、配合比表、损耗率表以及选用的一些价格表等。

4. 安装工程预算定额编制原则

为了确保定额的质量，发挥其作用，在编制工作中应遵循如下原则：

（1）社会平均水平确定预算定额水平的原则

由于预算定额是确定和控制建筑安装工程造价的主要依据，因此，它必须遵循价值规律的客观要求，即按照生产过程中所消耗的社会必要劳动时间来确定定额水平。换言之，是在现有的社会正常生产条件下，在社会平均的劳动熟练程度和劳动强度下创造某种使用价值所必需的劳动时间来确定定额水平。所以，安装工程预算定额的水平是在正常的施工条件下，合理组织施工，在平均劳动熟练程度和劳动强度下，完成单位分项工程基本构造要素所需的劳动时间。

预算定额水平是以施工定额水平为基础。预算定额反映的是社会平均水平，施工定额反映的是社会平均先进水平，所以，预算定额水平要低于施工定额水平。

（2）简明适用原则

这是从预算定额的可操作性考虑，在编制定额时，通常采用"细算粗编"的方法，从而减少定额的换算，少留定额"活口"，即简明适用的原则。

（3）坚持统一性和差别性相结合原则

所谓统一性，是从全国统一市场规范计价行为出发，计价定额的编制和组织实施由国务院建设行政主管部门归口，并负责全国统一定额制定或修订，颁发有关工程造价管理的规章制度办法等。从而利于通过定额和工程造价管理实现建筑安装工程价格的宏观调控。通过编制全国统一定额，使建筑安装工程具有一个统一的计价依据，同时可使考核设计和施工的经济效果具有一个统一的尺度。

所谓差别性，是在统一性基础上，各部门和省、自治区、直辖市主管部门根据部门和地区的具体情况，制定部门和地区性定额，补充性制度和管理办法。

5. 预算定额的编制方法

编制预算定额的方法主要有：调查研究法、统计分析法、技术测定法、计算分析法等。采用计算分析法编制预算定额的具体步骤为：

（1）根据安装工程（电气、管道）施工及验收规范、技术操作规程、施工组织设计和正确的施工方法等，确定定额项目的施工方法、质量标准和安全措施。依据编制定额方案规定的范围、内容，对定额项目（子目）进行工序划分。

（2）制定材料、成品、半成品施工操作中的损耗率表。

（3）选择有代表性的施工图纸，计算各工序的工程量，并确定定额综合内容以及所包括的工序含量和比重。

（4）根据定额的工作内容以及建筑安装工程统一劳动定额，计算完成某一工程项目的人工和施工机械台班用量。采用理论计算法，计算材料、成品、半成品消耗量，从而确定完成定额规定计量单位所需要的人工、材料、机械台班消耗量的指标。

6. 预算定额的作用

（1）预算定额是编制施工图预算、确定和控制建筑安装工程造价的基础。施工图预算是施工图设计文件之一，是控制和确定建筑安装工程造价的必要手段，同时，预算定额对建筑安装工程直接费影响很大，按照预算定额编制施工图预算，对于确定建筑安装工程费用起着极其重要的作用。

（2）预算定额是对设计方案进行技术经济比较、技术经济分析的依据。设计方案在设计工作中居核心地位，并且方案的选择需要满足功能、符合设计规范。如要求技术先进、经济合理，则需要采用预算定额对方案进行多方面的技术经济比较，分析对工程造价产生的影响，从技术和经济相结合的角度考虑方案采用后的可行性和经济效益。

（3）预算定额是施工企业进行经济活动分析的依据。企业实行经济核算的最终目的，是采用经济的手段促使企业在确保质量和工期的前提下，消耗较少的劳动量获取最大的经济效益。因此，企业必须以预算定额作为衡量企业工作的重要标准。从而提高企业的市场竞争能力。

（4）预算定额是编制标底、投标报价的基础。这是在市场经济体制下，预算定额作为编制标底的依据和施工企业报价的基础性作用所决定的，亦是由其自身的科学性和权威性所决定的。

（5）预算定额是编制概算定额和概算指标的基础。概算定额和概算指标是在预算定额基础上经过综合、扩大编制而成的。

7. 预算定额的特点

（1）科学性

预算定额的科学性有两重含义，其一，指定额与生产力发展水平相适应，反映了工程建设中生产消耗的客观规律。其二，指定额管理在理论、方法和手段上适应现代科学技术和信息社会发展的需要。定额是在尊重客观实际、适应市场运行机制的需要的基础上而制定的。

（2）系统性

预算定额具有相对的独立性，拥有鲜明的层次性和明确的目标。这是由工程建设的特点所决定的。根据系统论的观点，工程建设是庞大的实体系统。而预算定额正是服务于该实体的。

（3）统一性

预算定额的统一性，是由国家经济发展的有计划宏观调控职能所决定的。在工程建设全过程中，采用统一的标准，对工程建设实行规划、组织、调节和控制，有利于项目决策、方案比选和成本控制等工作的进行。

（4）权威性

预算定额拥有很大权威，并且在一定条件下具有经济法规的性质。这种权威性反映统一的意志和要求，同时，亦反映了信赖的程度和定额的严肃性。

（5）稳定性和时效性

预算定额的相对稳定性和时效性，表现在定额从颁布使用到结束历史使命，通常维持在 5～10 年的时期。

第二节 安装工程预算定额消耗量指标的确定

一、定额人工消耗量指标的确定

安装工程预算定额人工消耗量指标，是在劳动定额基础上确定的完成单位分项工程必须消耗的劳动量。其表达式如下：

分项工程定额人工消耗量＝基本用工＋其他用工

$$＝（技工用工＋辅助用工＋超运距用工）×（1＋人工幅度差率）$$

（6-1）

式中，技工用工指某分项工程的主要用工；辅助用工指现场材料加工等用工；超运距用工指材料运输中，超过劳动定额规定距离外增加的用工；人工幅度差率指预算定额所考虑的工作场地的转移、工序交叉、机械转移以及零星工程等用工。国家规定在 10% 左右。

二、定额材料消耗量指标的确定

在进行安装工程施工时，设备安装需要消耗材料，有些安装工程就是由施工加工的材料组装而成的。构成安装工程主体的材料称为主要材料，其次要材料则称为辅助材料（或计价材料）。完成定额分项工程必须消耗的材料可以按下述方法计算：

$$分项工程定额材料消耗量 = 材料净用量 + 材料损耗量 = 材料净用量 \times (1 + 损耗率)$$

$$= 材料净用量 \times 损耗系数 \tag{6-2}$$

式中

$$损耗率 = \frac{材料损耗量}{材料净用量} \times 100\% \tag{6-3}$$

$$损耗系数 = \frac{1}{1 - 损耗率} \tag{6-4}$$

材料净用量是构成工程实体必须占用的材料，而损耗量则包括施工操作、场内运输、场内堆放等材料损耗量。

三、定额机械台班消耗量指标的确定

安装工程定额中的机械费通常指配备在作业小组中的中、小型机械，与工人小组产量密切相关，可按下式确定，不考虑机械幅度差。

$$定额机械台班消耗量 = \frac{分项定额计量单位值}{小组总产量} \tag{6-5}$$

第三节　安装工程预算定额单价的确定

一、人工费

人工费计算公式如下：

$$人工费 = \sum (工日消耗量 \times 日工资单价) \tag{6-6}$$

公式（6-6）主要适用于施工企业投标报价时自主确定人工费，也是工程造价管理机构编制计价定额、确定定额人工单价或发布人工成本信息的参考依据。

$$日工资单价 = \frac{生产工人平均月工资(计时、计件) + 平均月(奖金 + 津贴补贴 + 特殊情况下支付的工资)}{年平均每月法定工作日}$$

$$\tag{6-7}$$

$$人工费 = \sum (工程工日消耗量 \times 日工资单价) \tag{6-8}$$

日工资单价指施工企业平均技术熟练程度的生产工人在每工作日（国家法定工作时间内）按规定从事施工作业应得的日工资总额。

公式（6-8）适用于工程造价管理机构编制计价定额时确定人工费，是施工企业投标报价的参考依据。

工程造价管理机构在确定日工资单价时，是通过市场调查，根据工程项目的技术要求，参考实物工程量人工单价综合分析确定的，最低日工资单价不得低于工程所在地人力资源和社会保障部门所发布的最低工资标准：普工 1.3 倍、一般技工 2 倍、高级技工 3 倍。

二、定额材料预算价格的确定

1. 概念

材料预算价格是指材料由发货地运至现场仓库或堆放场地后的出库价格。材料从采购、运输到保管，在使用前所发生的全部费用构成了材料预算价格。其表达式如下：

（1）材料费

$$材料费＝\sum（材料消耗量×材料单价）\tag{6-9}$$

$$材料单价＝（材料原价＋运杂费）×[1＋运输损耗率（\%）]×[1＋采购保管费率（\%）]\tag{6-10}$$

（2）工程设备费

$$工程设备费＝\sum（工程设备量×工程设备单价）\tag{6-11}$$

$$工程设备单价＝（设备原价＋运杂费）×[1＋采购保管费率（\%）]\tag{6-12}$$

2. 价格确定方法

（1）原价的确定：原价根据材料的出厂价、进口材料货价或市场批发价等确定。同种材料由于产地、供货渠道不一会出现几种原价，其综合原价可按照供应量的比例，加权平均计算。

（2）运杂费

运杂费是指由产地或交货地点运至现场仓库，所发生的车船费用等之总和。

1）材料运输流程图如图 6-2 所示。

2）计算表达式：

$$运杂费＝运输费＋调车（船）费＋装卸费＋附加工作费＋保险费＋囤存费＋运输损耗费\tag{6-13}$$

3）运费标准依据：铁路按铁道部门规定，水运按海港局或港务局的规定，公路按各省、市运输公司规定执行。

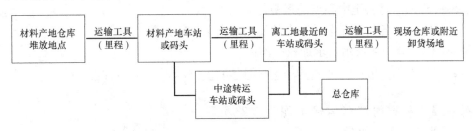

图 6-2 材料运输流程图

4）运费计算方法

① 直接计算法：如三材、安装工程的主材可按质量直接计算运费。

② 间接计算法：对一般材料采用测定一个运费系数来计算运费。

③ 平均计算法：这是对材料因多个地点交货、多种工具运输，而一个地区又是多个施工地点使用的情况，故一个地区的材料运杂费必须采用加权平均的方法计算。其计算表达式为：

$$C=\frac{T_1Q_1＋T_2Q_2＋\cdots＋T_nQ_n}{Q_1＋Q_2＋\cdots＋Q_n}\tag{6-14}$$

式中　　　　　　　C——加权平均运费；

T_1、$T_2 \cdots T_n$——各点运费；

Q_1、$Q_2 \cdots Q_n$——各点至供应点的材料供应数量。

【**例 6-1**】 甲、乙、丙分别为铁路运输钢材，运至工地采用汽车。运距、运价和供货比重如图 6-3 所示，求钢材每吨运价。

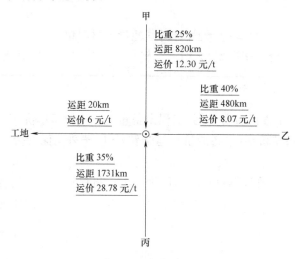

图 6-3　钢材运输图

【**解**】　$C = \dfrac{12.30 \times 25\% + 8.07 \times 40\% + 28.78 \times 35\%}{100\%} + 6 = 22.38$ 元/t

同理，平均运距计算表达式为：

$$S = \frac{S_1 Q_1 + S_2 Q_2 + \cdots + S_n Q_n}{Q_1 + Q_2 + \cdots + Q_n} \tag{6-15}$$

式中　　　　S——加权平均运距；

S_1、$S_2 \cdots S_n$——材料至中心点的运距；

Q_1、$Q_2 \cdots Q_n$——各货源点至用料点的使用量占某材料比重。

【**例 6-2**】 如图 6-4 所示，求加权平均运距。

【**解**】　$S = \dfrac{820 \times 25\% + 480 \times 40\% + 1731 \times 35\%}{100\%} + 20 = 1022.85$ km

【**例 6-3**】 某省内汽车运输水泥为 0.22 元/(t·km)，求平均运距，如图 6-4 所示。

【**解**】　$S = \dfrac{156 \times 40\% + 157 \times 35\% + 504 \times 25\%}{100\%}$

　　　　$= 243.35$ km

$C = 243.35 \times 0.22 = 53.54$ 元/t

5）运输损耗费的确定

材料运输损耗费＝（材料原价＋装卸费＋运输费）×

　　　　运输损耗率　　　　（6-16）

（3）采购及保管费

采购及保管费指在组织材料供应中发生的采

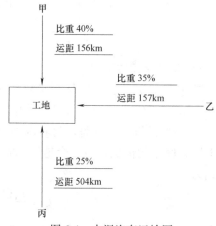

图 6-4　水泥汽车运输图

购和保管库存损耗等费用。其内容包括工地仓库以及材料管理人员采购、运输、保管、公务等人员的工资和辅助工资。还有职工福利费、办公费、差旅和交通费、固定资产使用费、工具用具使用费、劳动保护费、检验试验费以及材料存储损耗等。其计算公式为：

$$材料采购及保管费＝(原价＋运杂费)×采购保管费率 \tag{6-17}$$

采购保管费率通常规定为 $2.2\%\sim3\%$ 。

三、定额施工机具使用费的确定

定额机械台班单价指一台施工机械，在正常运转条件下一个工作班总共发生的全部费用。它包括 7 项内容：

（1）折旧费：是指施工机械在规定使用年限内，陆续收回其原值以及购置资金的时间价值。

（2）大修理费：是指施工机械按规定的大修间隔台班进行必需的大修，用以恢复其正常功能所需要的全部费用。

（3）经常修理费。是指施工机械除大修理以外的各级保养和临时故障排除所需的费用。包括为保障机械正常运转所需替换设备与随机配备工具附具的摊销和维护费用，机械运转中日常保养所需润滑与擦拭的材料费用以及机械停滞期间的维护和保养费用等。

（4）安拆费及场外运费

1）安拆费：指机械在施工现场进行安装、拆卸所需人工、材料、机械和试运转费用，包括机械辅助设施（基础、底座、固定锚桩、行走轨道、枕木等）的折旧、搭设、拆除等费用。

2）场外运费：是指施工机械整体或分体自停置地点运到现场或从某一工地运至另一施工地点的运输、装卸、辅助材料以及架线等费用。

（5）人工费：是指机上司机（司炉）和其他操作人员的工作日人工费及上述人员在施工机械规定的年工作台班以外的人工费。

（6）燃料动力费：是指机械在运转作业中所消耗的固体燃料（煤炭、木材）、液体燃料（汽油、柴油）及水、电等费用。

（7）养路费及车船使用税：是指施工机械按照国家和有关部门规定应交纳的养路费、车船使用税、保险费及年检费等。

上述费用中，折旧费、大修理费、经常修理费、安拆及场外运费，是属于分摊性质的费用，称为第一类费用，亦称不变费用。而燃料动力费、人工费、养路费以及车船使用税属于支出性质的费用，称为第二类费用。

此外，在机械台班单价的测算中，其影响因素有机械价格、使用年限、使用效率以及政府税费政策等。

$$施工机械使用费＝\sum(施工机械台班消耗量×施工机械台班单价) \tag{6-18}$$

$$施工机械台班单价＝台班折旧费＋台班大修理费＋台班经常修理费＋$$

台班安拆费及场外运费＋台班人工费＋台班燃料动力费＋台班养路费及车船使用税

$$\tag{6-19}$$

工程造价管理机构在确定计价定额中的施工机械使用费时，依据《建筑施工机械台班费用计算规则》结合市场调查编制施工机械台班单价。施工企业可参考工程造价管理机构发布的台班单价，自主确定施工机械使用费的报价，如租赁施工机械，公式为：

$$施工机械使用费＝\sum(施工机械台班消耗量×机械台班租赁单价) \tag{6-20}$$

仪器仪表使用费公式为：

$$仪器仪表使用费＝工程使用的仪器仪表摊销费＋维修费 \tag{6-21}$$

第四节 安装工程预算定额基价的确定

一、预算定额基价

预算定额基价指预算定额中确定消耗在工程基本构造要素上的人工、材料、机械台班消耗量，在定额中以价值形式反映，其组成有三部分，即：

1. 定额人工费

定额人工费指直接从事建筑安装工程施工的生产工人开支的各项费用（含生产工人的基本工资、工资性补贴、辅助工资、职工福利费以及劳动保护费）。表达式为：

$$定额人工费＝分项工程消耗的工日总数×相应等级日工资标准 \tag{6-22}$$

日工资标准应根据目前《全国统一建筑工程基础定额》中规定的完成单位合格的分项工程或结构构件所需消耗的各工种人工工日数量乘以相应的人工工资标准确定。但在具体执行中要注意地方规定，尤其是地区调整系数的处理。

2. 定额材料费

定额材料费指施工过程中耗用的构成工程实体的原材料、辅助材料、构配件、零件、半成品的费用和周转材料的摊销费，即按相应的价格计算的费用之和。

安装工程材料分计价材料和未计价材料，定额材料费表达式如下：

$$定额材料费＝计价材料费＋未计价材料费 \tag{6-23}$$

式中：

$$计价材料费＝\sum 分项工程计价材料消耗量×相应材料预算价格 \tag{6-24}$$

$$未计价材料费＝分项工程未计价材料消耗量×相应材料预算价格 \tag{6-25}$$

3. 定额机械台班费

定额机械台班费指使用施工机械作业所发生的机械使用费以及机械安拆和进出场费用。其表达式为：

$$定额机械台班费＝\sum 分项工程机械台班消耗量×相应机械台班单价 \tag{6-26}$$

所以，安装工程预算定额基价的表达式为：

$$预算定额基价＝人工费 ＋材料费 ＋机械台班费 \tag{6-27}$$

二、单位估价表

执行预算定额地区，根据定额中三个消耗量（人工、材料、机械台班）标准与本地区相应三个单价相乘计算得到分项工程（子目工程）预算价格称为"估价表单价"或工程预算"单价"。若将以上单价、基价等列入定额项目表中，并且汇总、分类成册，即为单位估价表。

预算定额与单位估价表的关系是，前者为确定三个消耗量的数量标准，是执行定额地区编制单位估价表的依据，后者则是"量、价"结合的产物。

第五节 安装工程预算定额的应用

一、材料与设备的划分

安装工程材料与设备界线的划分，国家目前尚未正式规定，通常凡是经过加工制造，由多种材料和部件按各自用途组成独特结构，具有功能、容量及能量传递或转换性能的机器、容器和其他机械、成套装置等均称为设备。但在工艺生产过程中不起单元工艺生产作用的设备本体以外的零配件、附件、成品、半成品等均称为材料。

二、计价材料和未计价材料的区别

计价材料是指编制定额时，把所消耗的辅助性或次要材料费用，计入定额基价中，主要材料是指构成工程实体的材料，又称为未计价材料，该材料规定了其名称、规格、品种及消耗数量，它的价值是根据本地区定额，按地区材料预算单价（即材料预算价格）计算后汇总在工料分析表中。计算公式为：

$$某项未计价材料数量＝工程量×某项未计价材料定额消耗量\qquad (6-28)$$

未计价材料定额消耗量通常列在相应定额项目表中。而未计价材料费用的计算式为：

$$某项未计价材料费＝工程量×某项未计价材料定额消耗量×材料预算价格\qquad (6-29)$$

三、运用系数计算的费用

在安装工程预算定额的编制中，有些系数在费用定额中不便列出，要经过定额规定的系数来计算，并且是在原定额基础上乘以一个规定系数计算，计算后属于直接费系数的有章节系数、子目系数、综合系数三种。该类系数列在定额的"册说明"或"章说明"中。

1. 章节系数

有些子目（分项工程项目）需要经过调整，方能符合定额要求。其方法是在原子目基础上乘以一个系数即可。该系数通常放在各章说明中，称为章节系数。

2. 子目系数

子目系数是费用计算中最基本的系数，又是综合系数的计算基础，也构成直接费，子目系数由于工程类别不同，各自的要求亦不同，列在各册说明中。如高层建筑工程增加系数、单层房屋工程超高增加系数以及施工操作超高增加系数等。计取方法可按地方规定执行。

3. 综合系数

综合系数列入各册说明或总说明内，通常出现在计费程序表中，如脚手架搭拆系数、采暖与通风工程中的系统调整计算系数、安装与生产同时进行时的降效增加系数、在有害健康环境中施工时的降效增加系数以及在特殊地区施工时的施工增加系数等。此项费用计算结果仍然构成直接费。

4. 子目系数与综合系数的关系

子目系数作为综合系数的计算基础，两者之间的关系可采用以下计算式表达：

综合系数计算费用＝（分部分项全部人工费＋全部子目系数费中的人工费）×综合系数

在定额运用时，由于以上两种系数是根据各专业安装工程施工特点制定的，因此，对于各册定额所列入的子目系数和综合系数不可以混用。

5. 子目系数和综合系数的计算

（1）采用子目系数计算的方法

1）高层建筑增加费、单层建筑超高增加费的计算公式为：

$$高层建筑增加费＝\sum 分部分项全部人工费×高层建筑增加费率\qquad (6-30)$$

2）施工操作超高增加费的计算公式为：

$$操作超高增加费＝操作超高部分全部人工费或各定额册规定的计算基数×$$
$$操作超高增加系数\qquad (6-31)$$

（2）采用综合系数计算的方法

1）脚手架搭拆费的计算公式为：

$$脚手架搭拆费＝\sum(分部分项全部人工费＋全部子目系数费中的人工费)\times$$
$$脚手架搭拆费系数 \tag{6-32}$$

2）系统调整费的计算

运用综合系数计算系统调整费用，在安装工程中通常有采暖工程系统调整费（不包括热水供应系统）和通风工程系统调整费。两者都可按照以下计算式进行计算：

$$系统调整费＝\sum(分部分项全部人工费＋全部子目系数费中的人工费)\times$$
$$系统调整费系数 \tag{6-33}$$

3）当安装施工过程中发生以下费用时，通常在定额的总说明中查找到相应系数，然后列入措施项目清单计价表中加以计算：

① 与主体配合施工的增加费；

② 安装施工与生产同时进行的增加费；

③ 在有害环境中施工的增加费；

④ 在洞库内安装施工的增加费等。

（3）子目系数和综合系数在综合单价分析表和措施项目分析表中的编制方法见表6-1。

子目系数和综合系数在综合单价分析表中的编制　　　　表6-1

清单项目编码或措施项目编码	清单项目名称或措施项目名称	单位	工程数量	单价	合价	人工费	材料费	机械费	列入
	分部分项分析完后合计				Z_0	R_0	M_0	J_0	
子目系数	高（或单）层建筑增加费：$A＝R_0\times$高层增加系数 其中人工工资： $R_A＝A\times$各册(篇)规定系数				A	R_A		J_A	措施表
子目系数	施工操作超高增加费： $B＝$超高部分人工费或定额各册(篇)规定$\times$操作超高增加系数 其中人工工资： $R_B＝B$				B	R_B			措施表
综合系数	脚手架搭拆费： $C＝(R_0＋R_A＋R_B)\times$脚手架搭拆增加系数 其中人工工资： $R_C＝C\times$各册(篇)规定系数				C	R_C	M_C		措施表
综合系数	系统调整费： $D＝(R_0＋R_A＋R_B)\times$系统调整费增加系数 其中人工工资： $R_D＝D\times$各册(篇)规定系数				D	R_D	M_D		分部分项表
综合系数	按照综合系数计算的其他增加费用								分部分项表
	合计				Z	R	M	J	

分析计算子目系数和综合系数时，要将操作超高增加费、脚手架搭拆费、安装与生产同时进行费、有害健康环境内施工增加费、洞库内施工增加费等项目列入"措施项目费用综合单价分析表"中进行分析。采暖系统调整费、通风空调调整费按照工程量清单要求进行编码后，再列入"分部分项综合单价分析表"中进行分析。对于采用子目系数和综合系数计算的费用，除了操作超高增加费以及高层建筑增加费全部为人工费以外，其他运用系数计算的费用包括了人工费、材料费和机械费，各册专业定额只是规定了人工费的比例，就是 R_A、R_B、R_C、R_D 等，其余部分所包含的材料费、机械费定额未界定分配比例，在具体运用时，通常把高层、单层超高增加费的这部分归入机械费 J_A；脚手架搭拆、系统调整费的其余部分归入材料费 M_C、M_D 中去，详见表6-1。其子目系数和综合系数计算费用如下：

单位工程直接工程费：$Z=Z_0+A+B+C+D$

单位工程人工费：$R=R_0+R_A+R_B+R_C+R_D$

单位工程材料费：$M=M_0+M_C+M_D$

单位工程机械台班费：$J=J_0+J_A$

四、安装工程预算定额表的查阅

预算定额表的查阅，就是指定额的使用方法，即熟练套用定额。其步骤为：

（1）确定工程名称，要与定额中各章、节工程名称相一致。

（2）根据分项工程名称、规格，从定额项目表中确定定额编号。

（3）按照所查定额编号，找出相应工程项目单位产品的人工费、材料费、机械台班费和未计价材料数量。

在查阅定额时，应注意除了定额可直接套用外，定额的使用中还存在定额的换算问题。安装工程中如出现换算定额时，一般有定额的人工、材料、机械台班及其费用的换算，多数情况下采用乘以一个系数的办法解决。但各地区可根据具体情况酌情处理。

（4）将套用的单位产品的人工费、材料费、机械台班费、未计价材料数量和定额编号，按照施工图预算表的格式及要求，填写清楚。

至于定额表中查阅不到的项目，业主和施工方可根据工艺和图纸的要求，编制补充定额，双方必须经当地造价部门仲裁后方可执行。

五、定额各册的联系和交叉性

1. 第二册没有的项目应执行其他册定额

（1）金属支架除锈、刷油、防腐蚀执行第十一册《刷油、防腐蚀、绝热工程》中第一章、第二章、第三章定额有关子目。

（2）火灾自动报警系统中的探测器、报警控制器、联动控制器、报警联动一体机、重复显示器、警报装置、远程控制器、火灾事故广播、消防通信、报警备用电源安装等执行第七册《消防及安全防范设备安装工程》中第一章定额有关子目。水灭火系统、气体灭火系统和泡沫灭火系统分别执行第七册第二章、第三章、第四章相应子目。自动报警系统装置、水灭火系统控制装置、火灾事故广播、消防通信等系统调试可套用第七册第五章定额相应子目。

（3）设备安装用的地脚螺栓按土建预埋考虑，不包括二次灌浆。

2. 第二册与其他册定额的分界

（1）与第一册《机械设备安装工程》定额的分界

1）各种电梯的机械设备部分主要指轿厢、配重、厅门、导向轨道、牵引电机、钢绳、滑轮、各种机械底座和支架等，均执行第一册有关子目。而电气设备安装主要指线槽、配管配线、电缆敷设、电机检查接线、照明装置、风扇和控制信号装置的安装和调试，均执行第二册《电气设备安装工程》定额。

2）起重运输设备的轨道、设备本体、各种金属加工机床等的安装均执行第一册《机械设备安装工程》定额有关子目。而其中的电气盘箱、开关控制设备、配管配线、照明装置以及电气调试执行第二册定额相应子目。

3）电机安装执行第一册定额有关子目，电机检查接线则执行第二册定额相应子目。

（2）与第六册《工业管道工程》定额的分界

大型水冷变压器的水冷系统，以冷却器进出口的第一个法兰盘划界。法兰盘开始的一次阀门以及供水母管与回水管的安装执行第六册《工业管道工程》定额有关子目。而工业管道中的电控阀、电磁阀等执行第六册定额，至于其电机检查接线、调试等项目，分别执行第二册、第七册以及第十册定额相应子目。

3. 注意定额各册之间的关系

在编制单位工程施工图预算中，除需要使用本专业定额及有关资料外，还涉及其他专业定额的套用。在具体应用中，当不同册定额所规定的费用等计算有所不同时，应该如何解决这一类问题呢？原则上按各册定额规定的计算规则计算工程量及有关费用，并且套用相应定额子目。如果定额各册规定不一样，此时要分清工程主次，采用"以主代次"的原则计算有关费用。比如主体工程使用的是第二册《电气设备安装工程》定额，而电气工程中支架的除锈、刷油等工程量需要套用第十一册《刷油、防腐蚀、绝热工程》中的相应子目，所以只能按第二册定额规定计算有关费用。

思　考　题

1. 工程建设定额分哪五类？

2. 什么是安装工程预算定额？

3. 预算定额的编制方法有哪些？

4. 预算定额的作用有哪些？

5. 预算定额的特点有哪些？

6. 定额中人工、材料、机械台班消耗量指标是怎样确定的？

7. 定额中日工资单价、材料预算价格和机械台班单价是怎样确定的？

8. 什么是预算定额基价？

9. 简述预算定额和单位估价表之间的关系。

10. 简述预算定额基价的组成。

11. 什么是计价材料？什么是未计价材料？

12. 简述章节系数、子目系数、综合系数的含义和应用方法？

第七章 建筑安装工程费用（预算造价）

第一节 总费用构成

一、工程造价的理论构成

价格是以货币形式表现的商品价值。价值是价格形成的基础。商品的价值是由社会必要劳动所耗费的时间决定的。商品生产中社会必要劳动时间消耗越多，商品中所含的价值量就越大；反之，商品中凝结的社会必要劳动时间就越少，商品的价值量就越低。

（1）建设工程物质消耗转移价值的货币表现。包括建筑材料、燃料、设备等物化劳动和建筑机械台班、工具的消耗。

（2）建设工程中，劳动工资报酬支出即劳动者为自己的劳动创造的价值的货币表现。包括劳动者的工资和奖金等费用。

（3）盈利即劳动者为社会创造价值的货币表现。如设计、施工、建设单位的利润和税金等。理论上工程造价的基本构成如图 7-1 所示。

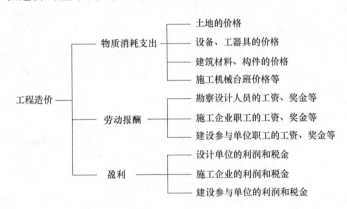

图 7-1 理论上工程造价的基本构成

二、我国现行建设项目总投资与工程造价构成

建设项目总投资包括固定资产投资和流动资产投资两部分，建设项目总投资中的固定资产投资与建设项目的工程造价在量上相等，具体内容如图 7-2 所示。

我国现行工程造价的构成主要划分为：设备及工器具购置费用、建筑安装工程费用、工程建设其他费用、预备费、建设期贷款利息等。其中设备及工器具购置费用是指业主购置设备的原价及运杂费和工器具的购置费用。建筑安装工程费用是业主支付给承包商的全部生产费用，包括建筑物或构筑物的建造及相关准备、清理工程的费用、设备的安装费用等。工程建设其他费用系指工程建设期间为确保工程顺利进行，未纳入上述两项的有关费用，主要包含三类：第一类是土地使用费；第二类是与工程建设有关的其他费用；第三类是与企业未来生产经营有关的其他费用。工程造价中的预备费在世界银行和国际咨询工程师联合会中将其称为"应急费"。我国规定的预备费主要由基本预备费和涨价预备费两项构成。基本预备费是指因设计发生重大变更、一般性自然灾害或对隐蔽工程进行必要的修复及挖掘造成损失等所增加的费用；涨价预备费则是在建设期间因价格变化所引起的工程造价增减的预测预留费用。例如：人工、设备、材料、机械台班的价差费，建安工程费用及工程建设其他费用的调整，利率、汇率等的调整所增加的费用。建设期贷款利息指项目在建设期间借贷工程建设资金所产生的全部利息总和，可按规定的利率进行计算。固定资产投资方向调节税，是为了引导投资方向，调节投资结构，对国内进行固定资产投资的单位和个人征收的固定资产投资方向调节税（目前暂时停止征收）。

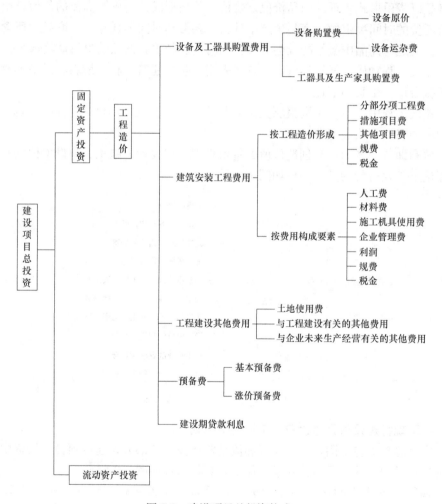

图 7-2　建设项目总投资构成

第二节　建筑安装工程费用项目组成

关于建筑安装工程费用项目组成，我国规定应按照住房城乡建设部、财政部颁布的建标〔2013〕44 号文《建筑安装工程费用项目组成》通知中的内容规定进行各相关费用的计算。

一、关于《费用项目组成》的调整

为了适应建设工程造价计价改革工作的需要，按照国家有关法律、法规，并参照国际惯例，在总结原建设部、财政部关于印发《建筑安装工程费用项目组成》的通知（建标〔2003〕206 号文）执行情况的基础上，住房城乡建设部、财政部对《建筑安装工程费用项目组成》进行了修订（以下简称《费用项目组成》）。并要求各地区、各部门认真做好颁发后的贯彻实施工作。现将《费用项目组成》调整的主要内容和贯彻实施有关事项分述如下：

1. 《费用项目组成》调整的主要内容

（1）建筑安装工程费用项目按费用构成要素划分为人工费、材料费、施工机具使用费、企业管理费、利润、规费和税金。

（2）为指导工程造价专业人员计算建筑安装工程造价，将建筑安装工程费用按工程造价形成顺序划分为分部分项工程费、措施项目费、其他项目费、规费和税金。

（3）按照国家统计局《关于工资总额组成的规定》，合理调整了人工费构成及内容。

（4）依据国家发展改革委、财政部等 9 部委发布的《标准施工招标文件》的有关规定，将工程设备费列入材料费；原材料费中的检验试验费列入企业管理费。

（5）将仪器仪表使用费列入施工机具使用费；大型机械进出场及安拆费列入措施项目费。

（6）按照《社会保险法》的规定，将原企业管理费中劳动保险费中的职工死亡丧葬补助费、抚恤费列入规费中的养老保险费；在企业管理费中的财务费和其他中增加担保费、投标费、保险费。

（7）按照《社会保险法》、《建筑法》的规定，取消原规费中危险作业意外伤害保险费，增加工伤保险费、生育保险费。

（8）按照财政部的有关规定，在税金中增加地方教育附加。

2. 贯彻实施有关事项

（1）为指导各部门、各地区按照本通知开展费用标准测算等工作，我们对原《通知》中建筑安装工程费用参考计算方法、公式和计价程序等进行了相应的修改完善，统一制定了《建筑安装工程费用参考计算方法》和《建筑安装工程计价程序》。

（2）《费用组成》自 2013 年 7 月 1 日起施行，原建设部、财政部关于印发《建筑安装工程费用项目组成》的通知（建标〔2003〕206 号文）同时废止。

二、建筑安装工程费用项目组成

1. 按费用构成要素的费用项目组成

建筑安装工程费按照费用构成要素由人工费、材料（包含工程设备，下同）费、施工机具使用费、企业管理费、利润、规费和税金组成。其中人工费、材料费、施工机具使用费、企业管理费和利润包含在分部分项工程费、措施项目费、其他项目费中。

（1）人工费：是指按工资总额构成规定，支付给从事建筑安装工程施工的生产工人和附属生产单位工人的各项费用。内容包括：

1）计时工资或计件工资：是指按计时工资标准和工作时间或对已做工作按计件单价支付给个人的劳动报酬。

2）奖金：是指对超额劳动和增收节支支付给个人的劳动报酬。如节约奖、劳动竞赛奖等。

3）津贴补贴：是指为了补偿职工特殊或额外的劳动消耗和因其他特殊原因支付给个人的津贴，以及为了保证职工工资水平不受物价影响支付给个人的物价补贴。如流动施工津贴、特殊地区施工津贴、高温（寒）作业临时津贴、高空作业津贴等。

4）加班加点工资：是指按规定支付的在法定节假日工作的加班工资和在法定日工作时间外延时工作的加点工资。

5）特殊情况下支付的工资：是指根据国家法律、法规和政策规定，因病、工伤、产假、计划生育假、婚丧假、事假、探亲假、定期休假、停工学习、执行国家或社会义务等原因按计时工资标准或计件工资标准的一定比例支付的工资。

（2）材料费：是指施工过程中耗费的原材料、辅助材料、构配件、零件、半成品或成品、工程设备的费用。内容包括：

1）材料原价：是指材料、工程设备的出厂价格或商家供应价格。

2）运杂费：是指材料、工程设备自来源地运至工地仓库或指定堆放地所发生的全部费用。

3）运输损耗费：是指材料在运输装卸过程中不可避免的损耗。

4）采购及保管费：是指在采购、供应和保管材料、工程设备的过程中所需要的各项费用。包括采购费、仓储费、工地保管费、仓储损耗。

工程设备是指构成或计划构成永久工程一部分的机电设备、金属结构设备、仪器装置及其他类似的设备和装置。

（3）施工机具使用费：是指施工作业所发生的施工机械、仪器仪表使用费或其租赁费。

1）施工机械使用费：以施工机械台班耗用量乘以施工机械台班单价表示，施工机械台班单价应由下列七项费用组成：

① 折旧费：指施工机械在规定的使用年限内，陆续收回其原值的费用。

② 大修理费：指施工机械按规定的大修理间隔台班进行必要的大修理，以恢复其正常功能所需的费用。

③ 经常修理费：指施工机械除大修理以外的各级保养和临时故障排除所需的费用。包括为保障机械正常运转所需替换设备与随机配备工具附具的摊销和维护费用，机械运转中日常保养所需润滑与擦拭的材料费用及机械停滞期间的维护和保养费用等。

④ 安拆费及场外运费：安拆费指施工机械（大型机械除外）在现场进行安装与拆卸所需的人工、材料、机械和试运转费用以及机械辅助设施的折旧、搭设、拆除等费用；场外运费指施工机械整体或分体自停放地点运至施工现场或由一施工地点运至另一施工地点的运输、装卸、辅助材料及架线等费用。

⑤ 人工费：指机上司机（司炉）和其他操作人员的人工费。

⑥ 燃料动力费：指施工机械在运转作业中所消耗的各种燃料及水、电等费用。

⑦ 税费：指施工机械按照国家规定应缴纳的车船使用税、保险费及年检费等。

2）仪器仪表使用费：是指工程施工所需使用的仪器仪表的摊销及维修费用。

（4）企业管理费：是指建筑安装企业组织施工生产和经营管理所需的费用。内容包括：

1）管理人员工资：是指按规定支付给管理人员的计时工资、奖金、津贴补贴、加班加点工资及特殊情况下支付的工资等。

2）办公费：是指企业管理办公用的文具、纸张、账表、印刷、邮电、书报、办公软件、现场监控、会议、水电、烧水和集体取暖降温（包括现场临时宿舍取暖降温）等费用。

3）差旅交通费：是指职工因公出差、调动工作的差旅费、住勤补助费，市内交通费和误餐补助费，职工探亲路费，劳动力招募费，职工退休、退职一次性路费，工伤人员就医路费，工地转移费以及管理部门使用的交通工具的油料、燃料等费用。

4）固定资产使用费：是指管理和试验部门及附属生产单位使用的属于固定资产的房屋、设备、仪器等的折旧、大修、维修或租赁费。

5）工具用具使用费：是指企业施工生产和管理使用的不属于固定资产的工具、器具、家具、交通工具和检验、试验、测绘、消防用具等的购置、维修和摊销费。

6）劳动保险和职工福利费：是指由企业支付的职工退职金、按规定支付给离休干部的经费，集体福利费、夏季防暑降温、冬季取暖补贴、上下班交通补贴等。

7）劳动保护费：是企业按规定发放的劳动保护用品的支出。如工作服、手套、防暑降温饮料以及在有碍身体健康的环境中施工的保健费用等。

8）检验试验费：是指施工企业按照有关标准规定，对建筑以及材料、构件和建筑安装物进行一般鉴定、检查所发生的费用，包括自设试验室进行试验所耗用的材料等费用。不包括新结构、新材料的试验费，对构件做破坏性试验及其他特殊要求检验试验的费用和建设单位委托检测机构进行检测的费用，由建设单位在工程建设其他费用中列支。但对施工企业提供的具有合格证明的材料进行检测不合格的，该检测费用由施工企业支付。

9）工会经费：是指企业按《工会法》规定的全部职工工资总额比例计提的工会经费。

10）职工教育经费：是指按职工工资总额的规定比例计提，企业为职工进行专业技术和职业技能培训、专业技术人员继续教育、职工职业技能鉴定、职业资格认定以及根据需要对职工进行各类文化教育所发生的费用。

11）财产保险费：是指施工管理用财产、车辆等的保险费用。

12）财务费：是指企业为施工生产筹集资金或提供预付款担保、履约担保、职工工资支付担保等所发生的各种费用。

13）税金：是指企业按规定缴纳的房产税、车船使用税、土地使用税、印花税等。

14）其他：包括技术转让费、技术开发费、投标费、业务招待费、绿化费、广告费、公证费、法律顾问费、审计费、咨询费、保险费等。

（5）利润：是指施工企业完成所承包工程获得的盈利。

（6）规费：是指按国家法律、法规规定，由省级政府和省级有关权力部门规定必须缴纳或计取的费用。包括：

1）社会保险费

① 养老保险费：是指企业按照规定标准为职工缴纳的基本养老保险费。

② 失业保险费：是指企业按照规定标准为职工缴纳的失业保险费。

③ 医疗保险费：是指企业按照规定标准为职工缴纳的基本医疗保险费。

④ 生育保险费：是指企业按照规定标准为职工缴纳的生育保险费。

⑤ 工伤保险费：是指企业按照规定标准为职工缴纳的工伤保险费。

2）住房公积金：是指企业按照规定标准为职工缴纳的住房公积金。

3）工程排污费：是指按规定缴纳的施工现场工程排污费。

其他应列而未列入的规费，按实际发生计取。

（7）税金：是指国家税法规定的应计入建筑安装工程造价内的营业税、城市维护建设税、教育费附加以及地方教育附加。

2. 按工程造价形成的费用项目组成

建筑安装工程费按照工程造价形成由分部分项工程费、措施项目费、其他项目费、规费、税金组成，分部分项工程费、措施项目费、其他项目费包含人工费、材料费、施工机具使用费、企业管理费和利润。

（1）分部分项工程费：是指各专业工程的分部分项工程应予列支的各项费用。

1）专业工程：是指按现行国家计量规范划分的房屋建筑与装饰工程、仿古建筑工程、通用安装工程、市政工程、园林绿化工程、矿山工程、构筑物工程、城市轨道交通工程、爆破工程等各类工程。

2）分部分项工程：指按现行国家计量规范对各专业工程划分的项目。如房屋建筑与装饰工程划分为土石方工程、地基处理与桩基工程、砌筑工程、钢筋及钢筋混凝土工程等。

各类专业工程的分部分项工程划分见现行国家或行业计量规范。

（2）措施项目费：是指为完成建设工程施工，发生于该工程施工前和施工过程中的技术、生活、安全、环境保护等方面的费用。内容包括：

1）安全文明施工费

① 环境保护费：是指施工现场为达到环保部门要求所需要的各项费用。

② 文明施工费：是指施工现场文明施工所需要的各项费用。

③ 安全施工费：是指施工现场安全施工所需要的各项费用。

④ 临时设施费：是指施工企业为进行建设工程施工所必须搭设的生活和生产用的临时建筑物、构筑物和其他临时设施费用。包括临时设施的搭设、维修、拆除、清理费或摊销费等。

2）夜间施工增加费：是指因夜间施工所发生的夜班补助费、夜间施工降效、夜间施工照明设备摊销及照明用电等费用。

3）二次搬运费：是指因施工场地条件限制而发生的材料、构配件、半成品等一次运输不能到达堆放地点，必须进行二次或多次搬运所发生的费用。

4）冬雨期施工增加费：是指在冬期或雨期施工需增加的临时设施、防滑、排除雨雪，人工及施工机械效率降低等费用。

5）已完工程及设备保护费：是指竣工验收前，对已完工程及设备采取的必要保护措施所发生的费用。

6）工程定位复测费：是指工程施工过程中进行全部施工测量放线和复测工作的费用。

7）特殊地区施工增加费：是指在沙漠或其边缘地区、高海拔、高寒、原始森林等特殊地区施工增加的费用。

8）大型机械设备进出场及安拆费：是指机械整体或分体自停放场地运至施工现场或由

一个施工地点运至另一个施工地点，所发生的机械进出场运输及转移费用及机械在施工现场进行安装、拆卸所需的人工费、材料费、机械费、试运转费和安装所需的辅助设施的费用。

9）脚手架工程费：是指施工需要的各种脚手架搭、拆、运输费用以及脚手架购置费的摊销（或租赁）费用。

措施项目及其包含的内容详见各类专业工程的现行国家或行业计量规范。

（3）其他项目费

1）暂列金额：是指建设单位在工程量清单中暂定并包括在工程合同价款中的一笔款项。用于施工合同签订时尚未确定或者不可预见的所需材料、工程设备的采购，施工中可能发生的工程变更、合同约定调整因素出现时的工程价款调整以及发生的索赔、现场签证确认等的费用。

2）计日工：是指在施工过程中，施工企业完成建设单位提出的施工图纸以外的零星项目或工作所需的费用。

3）总承包服务费：是指总承包人为配合、协调建设单位进行的专业工程发包，对建设单位自行采购的材料、工程设备等进行保管以及施工现场管理、竣工资料汇总整理等服务所需的费用。

（4）规费：定义同住房或城乡建设部44号文附件1。

（5）税金：定义同住房或城乡建设部44号文附件1。

第三节　建筑安装工程费用计算方法

按照住房城乡建设部、财政部颁发的建标〔2013〕44号文《建筑安装工程费用项目组成》中的内容规定，建筑安装工程费用计算方法，分为按各费用构成要素的费用计算方法和按建筑安装工程计价的费用计算方法。

一、按各费用构成要素的费用计算方法

1. 人工费

（1）人工费计算公式

$$人工费 = \sum(工日消耗量 \times 日工资单价) \tag{7-1}$$

公式（7-1）主要适用于施工企业投标报价时自主确定人工费，也是工程造价管理机构编制计价定额确定定额人工单价或发布人工成本信息的参考依据。

公式（7-2）适用于工程造价管理机构编制计价定额时确定定额人工费，是施工企业投标报价的参考依据。

$$人工费 = \sum(工程工日消耗量 \times 日工资单价) \tag{7-2}$$

（2）日工资单价计算公式

日工资单价是指施工企业平均技术熟练程度的生产工人在每工作日（国家法定工作时间内）按规定从事施工作业应得的日工资总额。其计算公式如下所示：

$$日工资单价 = \frac{生产工人平均月工资(计时、计件) + 平均月(奖金 + 津贴补贴 + 特殊情况下支付的工资)}{年平均每月法定工作日}$$

$$\tag{7-3}$$

工程造价管理机构确定日工资单价应通过市场调查，根据工程项目的技术要求，参考实物工程量人工单价综合分析确定，最低日工资单价不得低于工程所在地人力资源和社会保障部门所发布的最低工资标准的：普工 1.3 倍、一般技工 2 倍、高级技工 3 倍。

工程计价定额不可只列一个综合工日单价，应根据工程项目技术要求和工种差别适当划分多种人工单价，确保各分部工程人工费的合理构成。

2. 材料费

(1) 材料费

1) 材料费计算公式如下所示：

$$材料费＝\sum（材料消耗量×材料单价）\tag{7-4}$$

2) 材料单价计算公式如下所示：

$$材料单价＝\{（材料原价＋运杂费）×[1＋运输损耗率（\%）]\}×[1＋采购保管费率（\%）]\tag{7-5}$$

(2) 工程设备费

1) 工程设备费计算公式如下所示：

$$工程设备费＝\sum（工程设备单价×工程设备量）\tag{7-6}$$

2) 工程设备单价计算公式如下所示：

$$工程设备单价＝（设备原价＋运杂费）×[1＋采购保管费率（\%）]\tag{7-7}$$

3. 施工机具使用费

(1) 施工机械使用费

1) 施工机械使用费计算公式如下所示：

$$施工机械使用费＝\sum（施工机械台班单价×施工机械台班消耗量）\tag{7-8}$$

2) 施工机械台班单价计算公式如下所示：

$$施工机械台班单价＝台班折旧费＋台班大修理费＋台班经常修理费＋台班安拆费及场$$
$$外运费＋台班人工费＋台班燃料动力费＋台班车船税费\tag{7-9}$$

3) 租赁施工机械使用费计算公式如下所示：

$$施工机械使用费＝\sum（施工机械台班租赁单价×施工机械台班消耗量）\tag{7-10}$$

工程造价管理机构在确定计价定额中的施工机械使用费时，应根据《建筑施工机械台班费用计算规则》结合市场调查编制施工机械台班单价。施工企业可以参考工程造价管理机构发布的台班单价，自主确定施工机械使用费的报价。

(2) 仪器仪表使用费

仪器仪表使用费计算公式如下所示：

$$仪器仪表使用费＝工程使用的仪器仪表摊销费＋维修费\tag{7-11}$$

4. 企业管理费

企业管理费费率，可以分别按以下的公式计算：

(1) 以分部分项工程费为计算基础

计算公式如下所示：

$$企业管理费费率（\%）＝\frac{生产工人年平均管理费}{年有效施工天数×人工单价}×人工费占分部分项工程费比例（\%）\tag{7-12}$$

(2) 以人工费和机械费合计为计算基础

计算公式如下所示：

$$企业管理费费率(\%)=\frac{生产工人年平均管理费}{年有效施工天数\times(人工单价+每一工日机械使用费)}\times100\% \quad (7-13)$$

（3）以人工费为计算基础

计算公式如下所示：

$$企业管理费费率(\%)=\frac{生产工人年平均管理费}{年有效施工天数\times人工单价}\times100\% \quad (7-14)$$

上述企业管理费费率计算公式，主要适用于施工企业投标报价时自主确定管理费，是工程造价管理机构编制计价定额、确定企业管理费的参考依据。

工程造价管理机构在确定计价定额中企业管理费时，应以定额人工费或（定额人工费＋定额机械费）作为计算基数，其费率根据历年工程造价积累的资料，辅以调查数据确定，列入分部分项工程和措施项目中。

5. 利润

（1）施工企业根据企业自身需求并结合建筑市场实际自主确定，列入报价中。

（2）工程造价管理机构在确定计价定额中利润时，可分别按以下公式计算：

1）以定额人工费作为计算基数，其计算公式如下所示：

$$利润 =\sum(定额人工费)\times利润率 \quad (7-15)$$

2）以定额人工费和定额机械费之和作为计算基数，其计算公式如下所示：

$$利润 =\sum(定额人工费+定额机械费)\times利润率 \quad (7-16)$$

利润率由各地工程造价管理机构，根据历年工程造价积累的资料，并结合建筑市场实际确定，以单位（单项）工程测算，利润在税前建筑安装工程费的比重可按不低于5%且不高于7%的费率计算。利润应列入分部分项工程和措施项目中。

6. 规费

（1）社会保险费和住房公积金

社会保险费和住房公积金应以定额人工费为计算基础，根据工程所在地省、自治区、直辖市或行业建设主管部门规定费率计算。

$$社会保险费和住房公积金=\sum(工程定额人工费\times社会保险费和住房公积金费率) \quad (7-17)$$

上式中，社会保险费和住房公积金费率可以每万元发承包价的生产工人人工费和管理人员工资含量及工程所在地规定的缴纳标准综合分析取定。

（2）工程排污费

工程排污费等其他应列而未列入的规费应按工程所在地环境保护等部门规定的标准缴纳，按实计取列入。

7. 税金

（1）税金计算

税金计算公式如下所示：

$$税金=税前工程造价\times综合税率(\%) \quad (7-18)$$

（2）综合税率（%）

1）纳税地点在市区的企业，其综合税率计算公式如下所示：

$$综合税率(\%)=\frac{1}{1-3\%-(3\%\times7\%)-(3\%\times3\%)-(3\%\times2\%)}-1 \quad (7-19)$$

2）纳税地点在县城、镇的企业，其综合税率计算公式如下所示：

$$综合税率(\%)=\frac{1}{1-3\%-(3\%\times5\%)-(3\%\times3\%)-(3\%\times2\%)}-1 \qquad (7\text{-}20)$$

3）纳税地点不在市区、县城、镇的企业，其综合税率计算公式如下所示：

$$综合税率(\%)=\frac{1}{1-3\%-(3\%\times1\%)-(3\%\times3\%)-(3\%\times2\%)}-1 \qquad (7\text{-}21)$$

4）实行营业税改增值税的，按纳税地点现行税率计算。

二、按建筑安装工程计价的费用计算方法

1. 分部分项工程费

分部分项工程费计算公式如下所示：

$$分部分项工程费=\sum(分部分项工程量\times综合单价) \qquad (7\text{-}22)$$

上式中，综合单价包括人工费、材料费、施工机具使用费、企业管理费和利润以及一定范围的风险费用（下同）。

2. 措施项目费

（1）国家计量规范规定应予计量的措施项目，其计算公式为：

$$措施项目费=\sum(措施项目工程量\times综合单价) \qquad (7\text{-}23)$$

（2）国家计量规范规定不宜计量的措施项目，其计算方法如下：

1）安全文明施工费计算公式如下所示：

$$安全文明施工费=计算基数\times安全文明施工费费率(\%) \qquad (7\text{-}24)$$

计算基数应为定额基价（定额分部分项工程费＋定额中可以计量的措施项目费）、定额人工费或（定额人工费＋定额机械费），其费率由工程造价管理机构根据各专业工程的特点综合确定。

2）夜间施工增加费计算公式如下所示：

$$夜间施工增加费=计算基数\times夜间施工增加费费率(\%) \qquad (7\text{-}25)$$

3）二次搬运费计算公式如下所示：

$$二次搬运费=计算基数\times二次搬运费费率(\%) \qquad (7\text{-}26)$$

4）冬雨期施工增加费计算公式如下所示：

$$冬雨期施工增加费=计算基数\times冬雨期施工增加费费率(\%) \qquad (7\text{-}27)$$

5）已完工程及设备保护费计算公式如下所示：

$$已完工程及设备保护费=计算基数\times已完工程及设备保护费费率(\%) \qquad (7\text{-}28)$$

上述2）～5）项措施项目的计费基数应为定额人工费或（定额人工费＋定额机械费），其费率由工程造价管理机构根据各专业工程特点和调查资料综合分析后确定。

3. 其他项目费

（1）暂列金额由建设单位根据工程特点，按有关计价规定估算，施工过程中由建设单位掌握使用，扣除合同价款调整后如有余额，归建设单位。

（2）计日工由建设单位和施工企业按施工过程中的签证计价。

（3）总承包服务费由建设单位在招标控制价中根据总包服务范围和有关计价规定编制，施工企业投标时自主报价，施工过程中按签约合同价执行。

4. 规费和税金

建标［2013］44号文规定，建设单位和施工企业均应按照省、自治区、直辖市或行业建设主管部门发布标准计算规费和税金，不得作为竞争性费用。

5. 相关问题的说明

（1）各专业工程计价定额的编制及其计价程序，均按本通知实施。

（2）各专业工程计价定额的使用周期原则上为5年。

（3）工程造价管理机构在定额使用周期内，应及时发布人工、材料、机械台班价格信息，实行工程造价动态管理，如遇国家法律、法规、规章或相关政策变化以及建筑市场物价波动较大时，应适时调整定额人工费、定额机械费以及定额基价或规费费率，使建筑安装工程费能反映建筑市场实际。

（4）建设单位在编制招标控制价时，应按照各专业工程的计量规范和计价定额以及工程造价信息编制。

（5）施工企业在使用计价定额时除不可竞争费外，其余仅作参考，由施工企业投标时自主报价。

三、建筑安装工程费用项目组成及费用计算表

1. 按费用构成要素的费用项目组成及计算表

按费用构成要素的费用项目组成及计算表，详见表7-1。

按费用构成要素的费用项目组成及计算表　　　　　　　表7-1

费　用　项　目		计　算　方　法
建筑安装工程费用	人　工　费 1. 计时工资或计件工资 2. 奖金 3. 津贴补贴 4. 加班加点工资 5. 特殊情况下支付的工资	1. 公式1:(主要适用于施工企业投标报价时自主确定人工费)人工费 =∑(日工资单价×工日消耗量) 2. 公式2:(主要适用于工程造价管理机构编制计价定额时确定定额人工费)人工费 =∑(日工资单价×工程工日消耗量)
	材料费 1. 材料原价 2. 运杂费 3. 运输损耗费 4. 采购及保管费	1. 材料费 =∑(材料单价×材料消耗量) 材料单价 ={(材料原价+运杂费)×[1+运输消耗率(%)]}×[1+采购保管费率(%)] 2. 工程设备费 =∑(工程设备单价×工程设备量)工程设备单价 =(设备原价+运杂费)×[1+采购保管费率(%)]
	施工机具使用费 1. 施工机械使用费 (1)折旧费 (2)大修理费 (3)经常修理费 (4)安拆费及场外运费 (5)人工费 (6)燃料动力费 (7)车船税费 2. 仪器仪表使用费	1. 施工机械使用费 =∑(施工机械台班单价×施工机械台班消耗量) 　施工机械台班单价 =台班折旧费+台班大修理费+台班经常修理费+台班安拆费及场外运费+台班人工费+台班燃料动力费+台班车船税费 　如采用租赁施工机械:施工机械使用费 =∑(施工机械台班租赁单价×施工机械台班消耗量) 2. 仪器仪表使用费 =工程使用的仪器仪表摊销费+维修费

费 用 项 目		计 算 方 法
建筑安装工程费用	企业管理费	1. 管理人员工资 2. 办公费 3. 差旅交通费 4. 固定资产使用费 5. 工具用具使用费 6. 劳动保险和职工福利费 7. 劳动保护费 8. 检验试验费 9. 工会经费 10. 职工教育经费 11. 财产保险费 12. 财务费 13. 税金 14. 其他费用	1. 以分部分项工程费为计算基础 　企业管理费费率(%)=生产工人年平均管理费×人工费占分部 　　　　　　　　　分项工程费比例(%)/(年有效施工天数 　　　　　　　　　×人工单价) 2. 以人工费和机械费合计为计算基础 　企业管理费费率(%)=生产工人年平均管理费×100(%)/[年有 　　　　　　　　　效施工天数×(人工单价+每一工日机械 　　　　　　　　　使用费)] 3. 以人工费为计算基础 　企业管理费费率(%)=生产工人年平均管理费×100(%)/(年有 　　　　　　　　　效施工天数×人工单价)
	利润		按税前建筑安装工程费的5%~7%的费率计算,并应列入分部分项工程和措施项目中
	规费	1. 社会保险费 (1)养老保险费 (2)失业保险费 (3)医疗保险费 (4)生育保险费 (5)工伤保险费 2. 住房公积金 3. 工程排污费	1. 社会保险费和住房公积金应以定额人工费为计算基础,并根据工程所在地省、自治区、直辖市或行业建设主管部门规定的费率计算。 　社会保险费和住房公积金 =∑(工程定额人工费×社会保险费和住房公积金费率) 2. 工程排污费(未列入规费)应按工程所在地环境保护部门规定的标准缴纳,并按实计取列入规费中
	税金	1. 营业税 2. 城市维护建设费 3. 教育费附加 4. 地方教育附加	1. 税金 =税前工程造价×综合税率(%) 　综合税率:按纳税地点在市区的企业,在县城、镇的企业,不在市区、县城、镇的企业所规定的不同综合税率进行计算; 2. 实行营业税改增值税的,按纳税地点现行税率计算

2. 按工程造价形成的费用项目组成及计算表

按工程造价形成的费用项目组成及计算表,详见表7-2。

按工程造价形成的费用项目组成及计算表　　　　　　　　　表7-2

费 用 项 目		计 算 方 法
建筑安装工程费用	分部分项工程费	1. 房屋建筑和装饰工程 (1)土石方工程 (2)桩基工程 …… 2. 仿古建筑工程 3. 通用安装工程 4. 市政工程 5. 园林绿化工程 6. 矿山工程 7. 构筑物工程 8. 城市轨道交通工程 9. 爆破工程 ……	1. 分部分项工程费 : 　分部分项工程费 =∑(综合单价×分部分项工程量) 2. 综合单价: 　综合单价包括人工费、材料费、施工机具使用费、企业管理费和利润以及一定范围的风险费用。即: 　综合单价 =人工费+材料费+施工机具使用费+企业管理费+利润+风险费用

续表

费 用 项 目		计 算 方 法

建筑安装工程费用	措施项目费	1. 安全文明施工费
		2. 夜间施工增加费
		3. 二次搬运费
		4. 冬雨季施工增加费
		5. 已完工程及设备保护费
		6. 工程定位复测费
		7. 特殊地区施工增加费
		8. 大型机械进出场及安拆费
		9. 脚手架工程费
		……
			1. 国家计量规范规定应予计量的措施项目，其计算公式如下：
			  措施项目费 ＝∑（综合单价×措施项目工程量）
			2. 国家计量规范规定不宜计量的措施项目，其计算方法如下：
			  （1）安全文明施工费 ＝计算基数×安全文明施工费费率(%)
			  （2）夜间施工增加费 ＝计算基数×夜间施工增加费费率(%)
			  （3）二次搬运费 ＝计算基数×二次搬运费费率(%)
			  （4）冬雨季施工增加费 ＝计算基数×冬雨季施工增加费费率(%)
			  （5）已完工程及设备保护费 ＝计算基数×已完工程及设备保护费费率(%)
			3. 上述（2）～（5）项措施项目的计算基数应为定额人工费或（定额人工费＋定额机械费），其费率由工程造价管理机构根据各专业工程特点和调查资料综合分析后确定

	其他项目费	1. 暂列金额 2. 计日工 3. 总承包服务费 ……	1. 暂列金额由建设单位根据工程特点，按有关规定估算，施工过程中 由建设单位掌握使用，扣除合同价款调整后如有余额，归建设单位； 2. 计日工由建设单位和施工企业按施工过程中的签证计价； 3. 总承包服务费由建设单位在招标控制价中根据总包服务范围和有关计价规定编制，施工企业投标时自主报价，施工过程中按签约合同价执行

	规费	1. 社会保险费
		  （1）养老保险费
		  （2）失业保险费
		  （3）医疗保险费
		  （4）生育保险费
		  （5）工伤保险费
		2. 住房公积金
		3. 工程排污费
			规费和税金：
			  建设单位和施工企业均应按照省、自治区、直辖市或行业建设主管部门发布的标准计算规费和税金，不得作为竞争性费用。

	税金	1. 营业税 2. 城市维护建设费 3. 教育费附加 4. 地方教育附加	

第四节 建筑安装工程费用标准和计算程序

一、建筑安装工程费用标准

建筑安装工程费用标准，在住房城乡建设部、财政部颁布建标〔2013〕44号文以后，各地区都依据该文件的规定重新对费用计算标准进行了调整，可详见各地区的相关规定。

二、建筑安装工程计价程序

根据住房城乡建设部、财政部颁布的建标〔2013〕44号文《建筑安装工程费用项目组成》的内容规定，其建筑安装工程（费用）计价程序，分为建设单位工程招标控制价计价程序、施工企业工程投标报价计价程序和竣工结算计价程序，现将上述 3 种计价程序及计价程序表分述如下：

1. 建设单位工程招标控制价计价程序

招标控制价计价是以综合单价分别乘以相应的分部分项工程量后得到分部分项工程费，将各分部分项工程费合计汇总后，按计价规定的费率标准分别计算出措施项目费（包括安全文明施工费），并按计价规定估算其他项目费（包括估算暂列金额、计日工等），再按计价规定的标准、税率分别计算规费和税金，然后将其相加即是工程招标控制价合计。工程招标控制价计价程序详见表 7-3。

2. 施工企业工程投标报价计价程序

工程投标报价计价是以综合单价分别乘以相应的分部分项工程量后得到分部分项工程费，将各分部分项工程费合计汇总后，按计价规定自主报价计算出措施项目费（包括安全文明施工费），并按计价规定自主报价计算其他项目费（包括计日工等费用），再按计价规定的标准、税率分别计算规费和税金，然后将其相加即是工程投标报价计价合计。工程投标报价计价程序详见表 7-4。

3. 竣工结算计价程序

竣工结算计价是以综合单价分别乘以相应的分部分项工程量后得到分部分项工程费，将各分部分项工程费合计汇总后，按合同约定计算出措施项目费（包括安全文明施工费），并按合同约定和现场签证计算其他项目费（包括专业工程计价、计日工、施工索赔等费用），再按计价规定的标准、税率分别计算规费和税金，然后将其相加即是工程竣工结算计价合计。工程竣工结算计价程序详见表 7-5。

建设单位工程招标控制价计价程序　　　　　　　　　　表 7-3

工程名称：　　　　　　　　　　　　标段：

序号	内　　　容	计 算 方 法	金额(元)
1	分部分项工程费	按计价规定计算	
1.1			
1.2			
1.3			
1.4			
1.5			
2	措施项目费	按计价规定计算	
2.1	其中:安全文明施工费	按规定标准计算	
3	其他项目费		
3.1	其中:暂列金额	按计价规定估算	
3.2	其中:专业工程暂估价	按计价规定估算	
3.3	其中:计日工	按计价规定估算	
3.4	其中:总承包服务费	按计价规定估算	
4	规费	按规定标准计算	
5	税金(扣除不列入计税范围的工程设备金额)	(1＋2＋3＋4)×规定税率	
	招标控制价合计＝1＋2＋3＋4＋5		

施工企业工程投标报价计价程序

表 7-4

工程名称： 标段：

序号	内　　容	计 算 方 法	金额(元)
1	分部分项工程费	自主报价	
1.1			
1.2			
1.3			
1.4			
1.5			
2	措施项目费	自主报价	
2.1	其中:安全文明施工费	按规定标准计算	
3	其他项目费		
3.1	其中:暂列金额	按招标文件提供金额计列	
3.2	其中:专业工程暂估价	按招标文件提供金额计列	
3.3	其中:计日工	自主报价	
3.4	其中:总承包服务费	自主报价	
4	规费	按规定标准计算	
5	税金(扣除不列入计税范围的工程设备金额)	(1＋2＋3＋4)×规定税率	

投标报价合计＝1＋2＋3＋4＋5

竣工结算计价程序

表 7-5

工程名称： 标段：

序号	汇 总 内 容	计 算 方 法	金额(元)
1	分部分项工程费	按合同约定计算	
1.1			
1.2			
1.3			
1.4			
1.5			

序号	汇总内容	计算方法	金额(元)
2	措施项目费	按合同约定计算	
2.1	其中:安全文明施工费	按规定标准计算	
3	其他项目费		
3.1	其中:专业工程结算价	按合同约定计算	
3.2	其中:计日工	按计日工签证计算	
3.3	其中:总承包服务费	按合同约定计算	
3.4	索赔与现场签证	按发承包双方确认数额计算	
4	规费	按规定标准计算	
5	税金(扣除不列入计税范围的工程设备金额)	$(1+2+3+4)×$规定税率	
竣工结算总价合计=1+2+3+4+5			

第五节　施工图预算的计价

一、施工图预算的计价

1. 施工图预算的概念

以施工图为依据，按现行预算定额、费用定额、材料预算价格、地区工资标准以及有关技术、经济文件编制的确定工程造价的文件称为施工图预算。

2. 施工图预算的作用

在社会主义市场经济条件下，施工图预算的主要作用有:

(1) 根据施工图预算调整建设投资

施工图预算是根据施工图和现行预算定额等规定编制的，所确定的单位工程造价是该工程的计划成本，投资方或业主按照施工图预算调整筹集建设资金，并控制资金的合理使用。

(2) 根据施工图预算确定标底

对于采用施工招标的工程，施工图预算是编制标底的依据，亦是承包企业投标报价的基础文件。

(3) 根据施工图预算拨付和结算工程价款

业主向银行贷款、银行拨款、业主同承包商签订承包合同，双方进行工程结算、决算等均要依据施工图预算。

(4) 施工企业根据施工图预算进行运营和经济核算

施工企业进行施工准备，编制施工计划和建筑安装工作量的统计工作，进行经济内部核算，其主要的依据便是施工图预算。

3. 计价依据

建筑与安装工程施工图预算的计价依据主要有：

（1）经会审后的施工图纸（包含施工说明书）；

（2）现行建筑和安装工程预算定额和配套使用的各省、市、自治区的单位计价表；

（3）地区材料预算价格；

（4）费用定额，亦称为安装工程取费标准；

（5）施工图会审纪要；

（6）工程施工及验收规范；

（7）工程承包合同或协议书；

（8）施工组织设计或施工方案；

（9）国家标准图集和相关技术经济文件、预算或工程造价手册、工具书等。

4. 计价条件

建筑与安装工程施工图预算的计价条件主要有：

（1）施工图纸已经会审；

（2）施工组织设计或施工方案已经审批；

（3）工程承包合同已经签订生效。

5. 计价步骤

建筑与安装工程施工图预算的计价步骤主要有：

（1）熟悉施工图纸（读图）；

（2）熟读施工组织设计或施工方案；

（3）熟悉工程合同所划分的内容及范围；

（4）按照施工图纸计算工程量（列项）；

（5）汇总工程量，套用相应定额（填写工、料分析表）；

（6）计算分部分项工程费用；

（7）计算措施项目费；

（8）计算其他项目费；

（9）计算规费；

（10）计算税金；

（11）计算相关技术、经济指标（如单方造价：元/m^2，单方消耗量：钢材 t/m^2、水泥 kg/m^2、原木 m^3/m^2）；

（12）写编制说明（内容包括本单位工程施工图预算编制依据、价差的处理、工程图纸中存在的问题等）；

（13）对施工图预算进行校核、审核、审查、签字并盖章。

6. 施工图预算书的装订顺序

施工图预算书的装订顺序为：封面→编制说明→费用计算程序表→工程计价表等。

7. 施工图预算价差的调整

价差产生原因是各地区在执行统一定额基价时，执行地区同编制地区产生一个"价格上的差异"，可经过测算后用"价差"调整处理，从而形成执行地区的预算单价。价差种类如下：

（1）人工工资价差的调整

长期以来我国各省、市、自治区编制的预算定额或基价表中对日工资单价通常采用工资调整系数进行调整。可由各地区造价部门在某段时期，根据实际情况，经测算后发布执行。其调整公式通常为：

$$日工资单价 ＝基价人工费×人工工资地区调整系数 \qquad (7-29)$$

（2）材料预算单价价差的调整

安装工程预算在使用材料预算价格时，因材料种类繁多，规格亦复杂，尤其在 1992 年企业转轨后，企业经营机制发生很大变化，市场经济对材料价格的影响更大，故材料调差必须适应形势需要。价差一般分为 4 种情况。即：

1）地区差，反映省与各市、县地区基价的差异，由省、直辖市造价部门测算后公布执行。如成、渝价差。市区内分区价差等一般由本市造价站测算后公布执行。其调整公式为：

$$分区价差额＝主材数量×分区价差值×（1＋采购保管费率） \qquad (7-30)$$

2）时差（时间差），指定额编制的年度与执行的年度，因时间变化，市场价格波动而产生的材料价差。一般由造价站测算调整系数来计算价差。

3）制差（制度差），指在现行管理体制，实行双轨制度下，计划价格（预算价格）同市场价格之差。通常由物价局公布调差系数。

4）势差，因供求关系引起市场价格波动，从而形成的价差。

上述材料价差对于地方材料或定额中的辅助性材料（计价材料）的调整多数情况下采用综合系数法。故应及时测算出综合系数，以便进行价差的调整。其测算公式一般为：

$$材料综合调差系数＝\frac{\sum（某材料地区预算价－基价）×比重×100\%}{基价} \qquad (7-31)$$

$$单位工程计价材料综合调差额＝单位工程计价材料费×材料综合调差系数$$

对工程进度款进行动态结算时，按照国际惯例，亦可采用调值公式法实行合同总价调整价差。并在双方签订工程合同时就加以明确。其调值公式如下：

$$P＝P_0(a_0＋a_1A/A_0＋a_2B/B_0＋a_3C/C_0＋a_4D/D_0＋\cdots) \qquad (7-32)$$

式中　　　　P——调值后合同价款或工程实际结算价款；

　　　　　　P_0——合同价款中工程预算进度款；

　　　　　　a_0——固定要素，合同支付中不能调整部分的权重；

a_1、a_2、a_3、a_4——代表合同价款或工程进度款中分别需要调整的因子（如人工费、钢材费用、水泥费用、未计价材料费用、机械台班费用等）在合同总价中所占的比重，其和 $a_0＋a_1＋a_2＋a_3＋a_4＋\cdots＋a_n$ 应为 1；

A_0、B_0、C_0、D_0——投标截止日期前 28 天与 a_1、a_2、a_3、$a_4\cdots$相对应的各项费用的基期价格指数或价格；

A、B、C、D——在工程结算月份（报告期）与 a_1、a_2、a_3、$a_4\cdots$相对应的各项费用的现行价格指数或价格。

在采用该调值公式进行工程价款价差的调整时，首先需要注意固定要素一般的取值范围为 0.15～0.35 左右；其次各部分成本的比重系数，在招标文件中要求承包方在投标中提出，但亦可由发包方（业主）在招标文件中加以规定，由投标人在一定范围内选定。此外还需注意调整有关各项费用要与合同条款规定相一致，以及调整有关费用的时效性。举一例加以说明。

【例 7-1】　某市建筑工程，合同规定结算款为 100 万元，合同原始报价日期为 1995 年 3 月，工程于 1996 年 5 月建成并交付使用。根据表 7-6 所列数据，计算工程实际结算价款。

工程人工费、材料构成比例以及有关造价指数　　　　　　表 7-6

项　目	人工费	钢材	水泥	集料	一级红砖	砂	木材	不调值费用
比例	45%	11%	11%	5%	6%	3%	4%	15%
1995 年 3 月指数	100	100.8	102.0	93.6	100.2	95.4	93.4	
1996 年 5 月指数	110.1	98.0	112.9	95.9	98.9	91.1	117.9	

【解】　实际结算价款＝100（0.15＋0.45×110.1/100＋0.11×98.0/100.8＋0.11×112.9/102.0＋0.05×95.9/93.6＋0.06×98.9/100.2＋0.03×91.1/95.4＋0.04×117.9/93.4）＝100×1.064＝106.4 万元

经过调值，1996 年 5 月实际结算的工程价款为 106.4 万元，比原始合同价多 6.4 万元。

安装工程中对于主要材料，也就是未计价材料，采取"单项调差法"逐项按实调整价差。即：

某项材料价差额＝某项材料预算总消耗量×（某项材料地区指导价－某项材料定额预算价）

(7-33)

其中，材料指导价，是指"结算指导价"，通常是当地工程造价部门和物价部门共同测定公布的当时某项材料的市场平均价格。

（3）施工机械台班单价价差的调整

施工机械台班单价价差的调整，是由当地工程造价部门测算出涨跌百分比，并公布执行。其调差公式为：

施工机械台班单价价差＝单位工程机械台班数量×机械台班预算价格×机械台班调差率

(7-34)

二、预算书的内容组成

（1）封面：见表 7-7；

（2）编制说明：见表 7-8；

（3）费用计算程序表，见表 7-4；

（4）价差调整表（可自行设计）；

（5）工程计价表（亦称工、料分析表，它是施工图预算表格中的核心内容），见表 7-9；

（6）材料、设备数量汇总表（可自行设计）；

（7）工程量计算表（它是施工图预算书的最原始数据、基础资料，预算人员要留底，以便备查），见表 7-10 。

建设工程造价预（结）算书　　　　　　　表 7-7

建设单位：_____　　单位工程名称：_____　　建设地点：_____

施工单位：_____　　施工单位取费等级：_____　　工程类别：_____

工程规模：_____　　工程造价：_____　　单位造价：_____

建设（监理）单位：_____　　施工（编制）单位：_____

技术负责人：_____　　技术负责人：_____

审核人：_____　　编制人：_____

资格证章：　　　　　　　　　　　　资格证章：

年　　月　　日

编制说明　　　　　　　　表 7-8

编制依据	施工图号	
	合同	
	使用定额	
	材料价格	
	其他	
	说明	

工程计价表　　　　　　　　表 7-9

序号	定额编号	项目名称	单位	工程量	单价	复价	人工费	机械费	材料费	管理费	利润	

工程量计算表　　　　　　　　表 7-10

序号	分项工程名称	单位	数量	计　算　式

其他基础表格：（国家没有统一的规定，自行设计）如基数计算表、门窗统计表。

三、传统费用定额费率等的拟定

1. 工程类别划分

以重庆市为例，建筑与安装工程取费是以工程类别为标准的。表 7-11、表 7-12 即为该市建筑与安装工程类别划分标准。

建筑工程类别划分标准 表 7-11

项　目				一类	二类	三类	四类
工业建筑	单层厂房	跨度	m	＞24	＞18	＞12	≤12
		檐高	m	＞20	＞15	＞9	≤9
	多层厂房	面积	m²	＞8000	＞5000	＞3000	≤3000
		檐高	m	＞36	＞24	＞12	≤12
民用建筑	住宅	层数	层	＞24	＞15	＞7	≤7
		面积	m²	＞12000	＞8000	＞3000	≤3000
		檐高	m	＞67	＞42	＞20	≤20
	公共建筑	层数	层	＞20	＞13	＞5	≤5
		面积	m²	＞12000	＞8000	＞3000	≤3000
		檐高	m	＞67	＞42	＞17	≤17
	特殊建筑			Ⅰ级	Ⅱ级	Ⅲ级	Ⅳ级
构筑物	烟囱	高度	m	＞100	＞60	＞30	≤30
	水塔	高度	m	＞40	＞30	≤30	砖水塔
	筒仓	高度	m	＞30	＞20	≤20	砖筒仓
	贮池	容量	m³	＞2000	＞1000	＞500	≤500

安装工程类别划分标准 表 7-12

编号	一　类	二　类	三　类
一	1. 切削、锻压、铸造、压缩机设备工程； 2. 电梯设备工程	1. 起重(含轨道)、输送设备工程； 2. 风机、泵设备工程	1. 工业炉设备工程； 2. 煤气发生设备工程
二	1. 变配电装置工程； 2. 电梯电气装置工程； 3. 发电机、电动机、电气装置工程； 4. 全面积的防爆电气工程； 5. 电气调试	1. 动力控制设备、线路工程； 2. 起重设备电气装置工程； 3. 舞台照明控制设备、线路、照明器具工程	1. 防雷、接地装置工程； 2. 照明控制设备、线路、照明器具工程； 3. 10kV以下架空线路及外线电缆工程
三	各类散装锅炉及配套附属、辅助设备工程	各类快装锅炉及配套附属、辅助设备工程	
四	1. 各类专业窑炉工程； 2. 含有毒气体的窑炉工程	1. 一般工业窑炉工程； 2. 室内烟道、风道砌筑工程	室外烟道、风道砌筑工程
五	1. 球形罐组对安装工程； 2. 气柜制作安装工程； 3. 金属油罐制作安装工程； 4. 静置设备制作安装工程； 5. 跨度25m以上桁架制作工程	金属结构制作安装工程，总量5t以上	零星金属结构(支架、梯子、小型平台、栏杆)制作安装工程，总量5t以下
六	1. 中、高压工艺管道工程； 2. 易燃、易爆、有毒、有害介质管道工程	低压工艺管道工程	工业排水管道工程

编号	一　类	二　类	三　类
七	1. 火灾自动报警系统工程； 2. 安全防范设备工程	1. 水灭火系统工程； 2. 气体灭火系统工程； 3. 泡沫灭火系统工程	
八	1. 燃气管道工程； 2. 采暖管道工程	1. 室内给水排水管道工程； 2. 空调循环水管道工程	室外给水排水管道工程
九	1. 净化工程； 2. 恒温恒湿工程； 3. 特殊工程（低温低压）	1. 一类范围的成品管道、部件安装工程； 2. 一般空调工程； 3. 不锈钢风管工程； 4. 工业送风、排风工程	1. 二类范围的成品管道、部件安装工程； 2. 民用送风、排风工程
十	仪表安装、调试工程	1. 仪表线路、管路工程； 2. 单独仪表安装不调试工程	
十一		单独防腐蚀工程	1. 单独刷油工程； 2. 单独绝热工程
十二	通信设备安装工程	通信线路安装工程	

2. 费用项目及计算顺序的拟定

各个地区按照国家规定的建筑安装工程费用划分和计算原则，并根据本地区具体情况拟定需要计算的费用项目。各地区可结合当地实际情况，增加按实计算的费用以及材料价差调整费用等项目，然后根据确定的项目来排列计算顺序。如表 7-13、表 7-14 所示。

安装工程综合费、利润标准（元） 表 7-13

工程项目	取费基础	费用名称	工程类别标准		
			一类	二类	三类
安装工程	基价人工费	综合费	137.92	128.01	113.09
		利润	65.20	52.16	32.98
炉窑砌筑工程	基价直接费	综合费	21.17	19.69	18.17
		利润	12.19	9.58	5.88

安装工程综合费构成（元） 表 7-14

费用名称	安装工程类别		
	三类	一类	二类
其他直接费	47.12	43.86	39.34
临时设施费	24.90	23.70	22.49
现场管理费	20.67	19.28	16.21
企业管理费	38.83	35.61	30.42
财　务　费	6.40	5.56	4.63
合计	137.92	128.01	113.09

思 考 题

1. 简述工程造价的理论构成。

2. 简述我国现行建设项目总投资与工程造价构成。

3. 简述施工图预算的计价。

4. 简述施工图预算的概念及其作用。

5. 简述施工图预算的计价依据、计价条件与计价步骤。

6. 简述施工图预算书的装订顺序。

7. 简述施工图预算价差的调整。

8. 工程量清单计价模式下工程造价的计价采用什么方法？

9. 报价书的内容组成有哪些？

10. 传统费用定额对于工程类别划分、费用项目及计算顺序的拟定有哪些规定？

11. 传统费用定额计算基础和费率的拟定有哪些规定？

第八章　水、暖安装工程施工图预算

第一节　给水排水安装工程量计算

一、室内给水排水工程量计算

1. 室内给水排水系统组成

（1）室内给水系统主要由以下六大部分组成，如图 8-1 所示。

1）进户管，亦称为引入管：是从室外管网引入室内进水管，与室内管道相连，直达水表位置的管段。此处通常设水表井（阀门井）；

2）水表节点（水表井）：用以计量室内给水系统总用水量；

3）室内给水管网：设有水平干管、立干管、支管等；

4）给水管道附件：阀门、水嘴、过滤器等；

5）升压和储水设备：水泵、水箱等；

6）消防设备：消火栓、喷淋管及喷淋头等。

（2）室内生活污水排水系统主要由六大部分组成，如图 8-2 所示。

1）污水收集器：包括便器、脸盆等用水设备；

2）排水管网：包括排水立管、横管以及支管等；

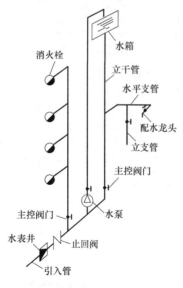

图 8-1　给水系统组成

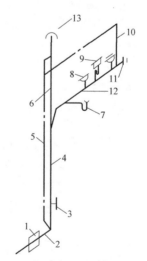

图 8-2　排水系统组成

1—检查井；2—排出管；3—检查口；4—排水立管；

5—排气管；6—透气管；7—大便器；8—地漏；

9—脸盆等用水设备；10—地面扫除口；

11—清通口；12—排水横管；13—透气帽

3）透气装置：包括排气管、透气管、透气帽等。

4）排水管网附件：包括存水弯、地漏等；

5）清通装置：包括清扫口、检查口等；

6）检查井：用砖砌筑或预制成型的构筑物。

2. 室内给水管道工程量计算

工程量计算顺序：从入口处算起，先主干，后支管；先进入，后排出；先设备，后附件。

工程量计算要领：通常以管道系统为单元，或以建筑段落划分计算。支管按自然层计算。

（1）工程量计算规则

1）以施工图所示管道中心线长度，按延长米计量，不扣除阀门、管件等所占长度。

2）室内外管道界线划分规定：

① 入口处设阀门者以阀门为界，无阀门者以建筑物外墙皮1.5m处为界；

② 与市政管道界线以水表井为界，无水表井者，以与市政管道碰头点为界。

（2）套定额

水暖工程预算大多套用第八册定额相应子目，但各册中亦有交叉，在使用中需要注意：

1）可按管道材质、接口方式和接口材料以及管径大小分档次，分别选套定额。

2）主材按定额用量计算，管件计算未计价值。

3）管道安装定额包括内容：

① 管道及接头零件安装；

② 水压试验或灌水试验；

③ 室内 $DN32mm$ 以内钢管的管卡以及托钩制作和安装均综合在定额中；

④ 钢管包括弯管制作与安装（伸缩器除外），无论是现场煨制或成品弯管均不得换算；

⑤ 穿墙以及过楼板铁皮套管安装人工费。

4）管道安装定额不包括内容：

① 镀锌铁皮套管制作按"个"计算，执行第八册相应定额子目。其安装项目已包括在管道安装定额中，不再另行计算。钢管套管制作、安装工料，按室外钢管（焊接）项目计算。

② 管道支架制作安装，室内管道 $DN32mm$ 以下的安装工程已包括在内，不再另行计算。$DN32mm$ 以上者，以"kg"为计量单位，另列项计算。

③ 室内给水管道消毒、冲洗、压力试验，均按管道长度以"m"计算，不扣除阀门、管件所占长度。

④ 室内给水钢管除锈、刷油，按照管道展开表面积以"m²"计算。其计算公式为：

$$F=\pi DL \tag{8-1}$$

式中　L——钢管长度；

　　　D——钢管外径。

工程量计算可查阅第十一册（篇）《刷油、防腐蚀、绝热工程》附录九。定额亦套用该册相应子目。

明装管道通常刷底漆 1 遍，其他漆 2 遍；埋地或暗敷部分的管道刷沥青漆 2 遍。

⑤ 室内给水铸铁管道除锈、刷油的工程量，可按管道展开面积以"m²"计算。其计算公式为：

$$F = 1.2\pi DL \tag{8-2}$$

式中　F——管外壁展开面积

　　　D——管外径；

　　1.2——承插管道承头增加面积系数。

刷油可按设计图或规范要求计算，通常露在空间部分刷防锈漆 1 遍、调和漆 2 遍；埋地部分通常刷沥青漆 2 遍。

除锈、刷油定额选套第十一册《刷油、防腐蚀、绝热工程》相应子目。

3. 室内排水管道工程量计算

室内排水管道工程量计算顺序和计算要领同室内给水管道工程量计算。

（1）工程量计算规则

1）室内排水管道工程量计算规则同室内给水管道，仍以延长米计算。

2）室内外管道界线划分规定：

① 室内外以出户第一个排水检查井或外墙皮 1.5m 处为界；

② 室外管道与市政管道界线以室外管道与市政管道碰头井为界。

（2）套定额

1）可按管道材质、接口方式和接口材料以及管径大小分档次，选套相应定额。

2）主材按定额用量计算，管件计算未计价值。

3）管道安装定额包括内容：

铸铁排水管、雨水管以及塑料排水管均包括管卡以及托架、吊架、支架、透气帽、雨水漏斗的制作和安装；管道接头零件的安装。

4）管道安装定额不包括内容：

① 承插铸铁室内雨水管安装，选套第八册《给水排水、采暖、煤气工程》定额相应子目。

② 室内排水管道除锈、刷油工程量，其计算方法和计算公式同室内给水铸铁管道。按照规范的规定，裸露在空间部分排水管道刷防锈底漆 1 遍，银粉漆 2 遍；埋地部分通常刷沥青 2 遍，或刷热沥青 2 遍，选套第十一册定额相应子目。

③ 室内排水管道沟土石方工程量计算详室内、外给水排水管道土方工程计算。

④ 室内排水管道部件安装工程量计算：

a. 地漏安装，可区别不同直径按"个"计算。如图 8-3 所示。

b. 地面扫除口（清扫口）安装，可区别不同直径按"个"计算，如图 8-4 所示。

c. 排水栓安装，区别带存水弯和不带存水弯以及不同直径，按"组"计算，如图 8-5 所示。

4. 栓、阀及水表组等安装工程量计算

（1）阀门安装一律按"个"计算。根据不同类别、不同直径和接口方式选套定额。法兰阀门安装，如仅是一侧法兰连接时，定额所列法兰、带帽螺栓以及垫圈数量减半。法兰阀（带短管甲乙）安装，按"套"计算，当接口材料不同时，可调整。

自动排气阀安装，定额已包括支架制作安装，不另计算；浮球阀安装，定额已包括了连杆以及浮球安装，不另计算。

（2）法兰盘安装，可分碳钢法兰和铸铁法兰，并根据接口形式（如焊接、螺纹接），以直径分档，按"副"计算。每两片法兰为一副。

（3）水表组成及安装，其工程量可按不同连接方式分带旁通管及止回阀，区别不同直径，

螺纹水表以"个"计算；焊接法兰水表组以"组"计算，如图8-6所示。

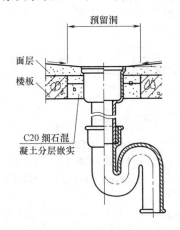

图 8-3　地漏示意图

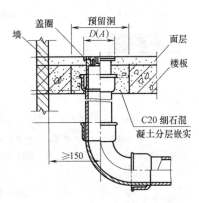

图 8-4　清扫口示意图

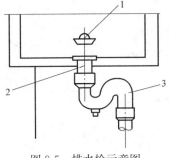

图 8-5　排水栓示意图

1—带链堵；2—排水栓；3—存水弯

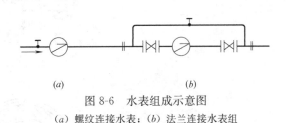

图 8-6　水表组成示意图

（a）螺纹连接水表；（b）法兰连接水表组

（4）消火栓安装

1）室内单（双）出口消火栓安装，可根据不同出口形式和公称直径，以"套"计算，套用第七册有关子目。

其未计价材料包括：消火栓箱1个（铝合金、钢、铜、木）、水龙带挂架1套、水龙带1套、水龙带接口2个、水枪消防按钮1个等，如图8-7所示。

2）室外消火栓安装，可区分为地上式和地下式，以及不同类型，以"套"计量。套用第七册有关子目，如图8-8、图8-9所示。

（5）消防水泵结合器安装

消防水泵结合器安装工程量，可根据不同形式和公称直径，分别以"套"计算。套用第七册有关子目，如图8-10所示。

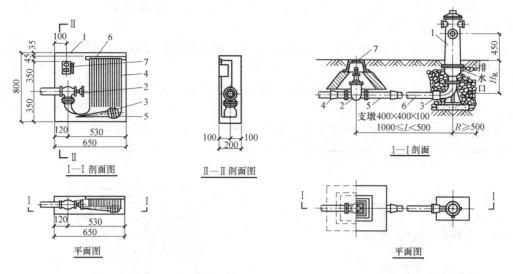

图 8-7　单栓室内消火栓安装图

1—消火栓箱；2—消火栓；3—水枪；4—水龙带；

5—水龙带接口；6—水龙带挂架；7—消防按钮

图 8-8　室外地上式消火栓安装图

1—地上式消火栓；2—阀门；3—弯管底座；

4—短管甲；5—短管乙；6—铸铁管；7—阀门套筒

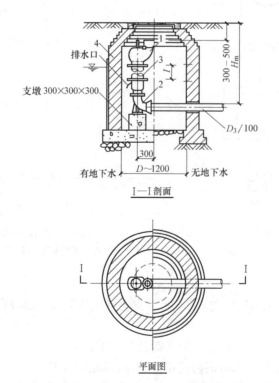

图 8-9　室外地下式消火栓安装图

1—地下式消火栓；2—消火栓三通；3—法兰接管；4—圆形阀门井

（6）水龙头安装

水龙头安装工程量可按不同规格直径，以"个"计算。套用第八册相应子目。

（7）浮标液面计、水塔、水池浮标及水位标尺制作安装

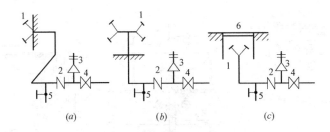

图 8-10　消防水泵结合器

(a) 墙壁式；(b) 地上式；(c) 地下式

1—消防接口；2—止回阀；3—安全阀；4—阀门；5—放水阀；6—井盖

1）浮标液面计的安装工程量以"组"计算。套用第八册相应子目。

2）水塔、水池浮标及水位标尺制作安装工程量，一律以"套"计算。套用第八册相应子目。

5. 卫生器具安装工程量计算

卫生器具安装以"组"计算，定额按照标准图综合了卫生器具与给水管、排水管连接的人工与材料用量，不再另行计算。

(1) 盆类卫生器具安装

盆类卫生器具安装工程量界线的划分，通常是以水平管和支管的交界处为界。

1）浴盆、妇女卫生盆的安装，可区别冷热水和冷水带喷头以及不同材质，分别以"组"计算，如图 8-11 所示。但不包括浴盆支座以及周边砌砖、贴瓷砖工程量，其可按土建定额执行。

2）洗涤盆、化验盆安装，可区别单嘴、双嘴以及不同开关，分别以"组"计算，如图 8-12 所示。

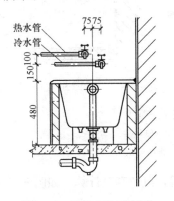

图 8-11　浴盆安装示意图

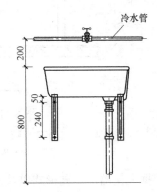

图 8-12　洗涤盆安装示意图

3）洗脸盆、洗手盆安装，可区别冷水、冷热水和不同材质、开关，分别以"组"计算，如图 8-13 所示。

(2) 淋浴器组成与安装

可区别冷热水和不同材质，分别以"组"计量，如图 8-14 所示。

(3) 大便器安装

1）蹲式大便器安装

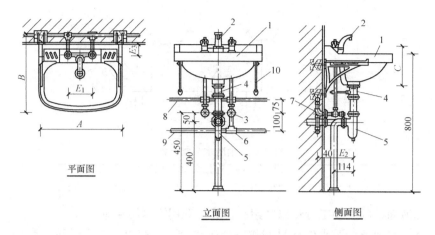

图 8-13　双联混合龙头洗脸盆安装示意图

1—洗脸盆；2—双联混合龙头；3—角式截止阀；4—提拉式排水装置；

5—存水弯；6—三通；7—弯头；8—热水管；9—冷水管；10—洗脸盆支架

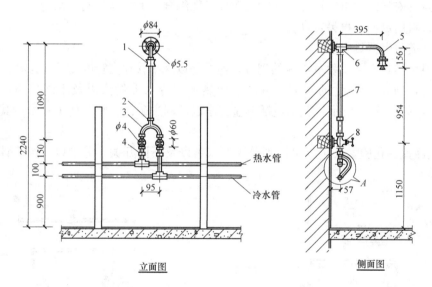

图 8-14　双管成品淋浴器安装示意图

1—莲蓬头；2—管锁母；3—连接弯；4—管接头；

5—弯管；6—带座三通；7—直管；8—带座截止阀

可根据大便器的不同形式以及冲洗方式、不同材质，以"套"计算，如图 8-15 所示。

2）坐式大便器安装

坐式低（带）水箱大便器安装仍以"套"计算，如图 8-16 所示。

（4）小便器安装

可按不同形式（挂式、立式）和冲洗方式，以"套"计算，套用相应定额子目，如图 8-17、图 8-18 所示。

（5）大便槽自动冲洗水箱安装

可区别不同容积（L），分别以"套"计算，定额包括水箱拖架的制作安装，不再另外计算，如图 8-19 所示。

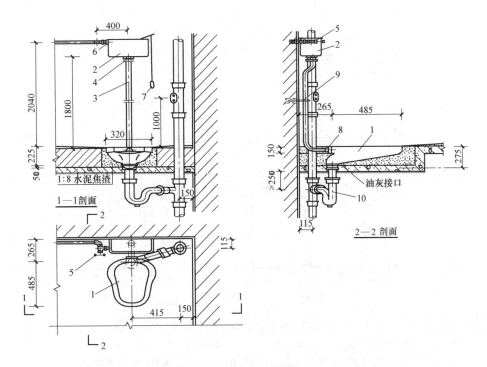

图 8-15　高水箱平蹲式大便器安装示意图

1—平蹲式大便器；2—高水箱；3—冲洗管；4—冲洗管配件；

5—角式截止阀；6—浮球阀配件；7—拉链；8—橡胶胶皮碗；

9—管卡；10—存水弯

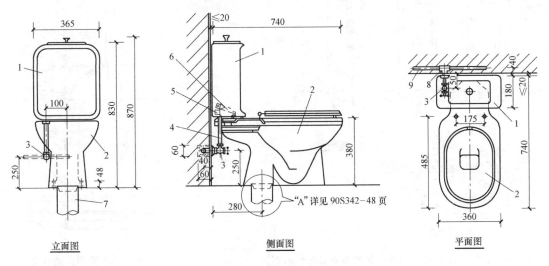

立面图　　　　　　　　　　侧面图　　　　　　　　　　平面图

图 8-16　带水箱坐式大便器安装示意图

1—冲洗水箱；2—坐便器；3—角式截止阀 ；4—水箱进水管；

5—水箱进水阀；6—排水阀；7—排水管；8—三通；9—冷水管

（6）小便槽安装

可分别列项计算工程量，其安装示意如图 8-20 所示。

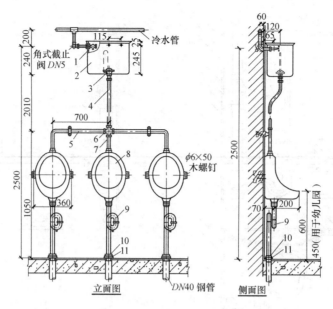

图 8-17　高水箱三联挂式自动冲洗小便器安装示意图

1—水箱进水阀；2—高水箱；3—皮膜式自动虹吸器；4—冲洗立管及配件；

5—连接弯管；6—异径四通；7—连接管；8—挂式小便器；9—存水弯；

10—压盖；11—锁紧螺母

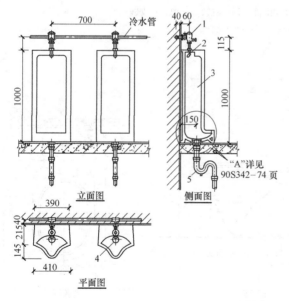

图 8-18　自闭式冲洗阀双联立式小便器安装示意图

1—延时自闭式冲洗阀；2—喷水鸭嘴；3—立式小便器；

4—排水栓；5—存水弯

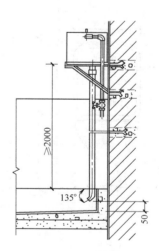

图 8-19　大便槽自动冲洗
水箱安装示意图

1）截止阀按"个"计算，套阀门安装相应子目。

2）多孔冲洗管可按"m"计量，套小便槽冲洗管制安项目。

3）排水栓按"组"计算。

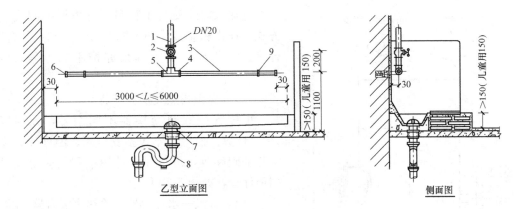

图 8-20　小便槽安装示意图

1—冷水管；2—截止阀；3—多孔管；4—补心；5—三通；
6—管帽；7—罩式排水栓；8—存水弯；9—铜皮骑马

4）若设有地漏，则按"个"计算。

5）小便槽自动冲洗水箱安装工程量以"套"计算。

（7）盥洗（槽）台安装

盥洗（槽）台安装示意如图 8-21 所示。台（槽）身工程量计算套用土建定额。属于安装内容的通常有下列项目：

1）管道安装按"m"计算，在室内给水排水管网工程中，套相应定额子目。

2）水龙头按"个"计算，计入给水分部工程中。

3）排水栓按"组"、地漏按"个"计算，分别计入排水分部工程中。

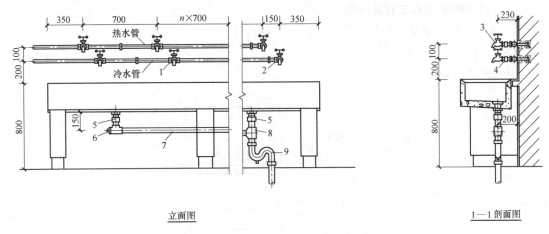

图 8-21　盥洗（槽）台安装示意图

1—三通；2—弯头；3—水龙头；4—管接头；5—管接头；6—管塞；7—排水管；8—三通；9—存水弯

（8）水磨石、水泥制品的污水盆、拖布池、洗涤盆安装套土建定额。安装子目工程量列项与计算同上。

（9）开水炉安装

蒸汽间断式开水炉的安装工程量，可按其不同型号，以"台"计算。

（10）电热水器、电开水炉安装

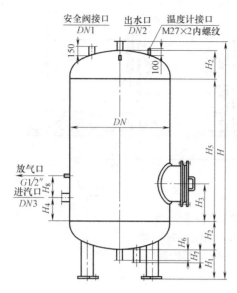

图 8-22　容积式热交换器安装示意图

电热水器的安装工程量，可根据不同安装方式（挂式和立式）和不同型号，分别以"台"计算。电开水炉的工程量亦按不同型号，以"台"计算。

（11）容积式热交换器安装

可按容积式热交换器不同型号，分别以"台"计算。但定额不包括安全阀、温度计、保温与基础砌筑，可按照设计用量和相应定额另列项计算，如图 8-22 所示

（12）蒸汽—水加热器、冷热水混合器安装

1）蒸汽—水加热器的安装工程量以"套"计算，定额包括莲蓬头安装，但不包括支架制作、安装及阀门、疏水器安装，其工程量可按照相应定额另列项计算。

2）冷热水混合器的安装工程量可按照小型和大型分档，以"套"计算。定额中不包括支架制作、安装以及阀门安装，其工程量可另行列项。

（13）消毒器、消毒锅、饮水器安装

消毒器安装工程量可按湿式、干式和不同规格，以"台"计算。

1）消毒锅安装工程量可按不同型号，以"台"计算。

2）饮水器安装工程量以"台"计算，但阀门和脚踏开关工程量要另列项计算。

二、室外给水排水工程量计算

1. 室外给水管道范围划分、系统所属及工程量计算

（1）范围划分：如图 8-23 所示。

（2）系统所属：如图 8-24 所示。

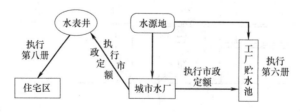

图 8-23　室外给水管道范围

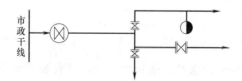

图 8-24　室外给水管道系统

（3）**工程量计算规则**

1）以施工图所示管道中心线长度，按"m"计算，不扣除阀门、管件所占长度。

2）同室内给水管道界线：从进户第一个水表井处，或外墙皮 1.5m 处，与市政给水干管交接处为界点。

（4）工程量常列项目

1）阀门安装分螺纹、法兰连接，按直径分档，以"个"计算。

2）法兰盘安装以"副"计算。

3）水表安装工程计算，同室内给水管道水表安装。

4）室外消火栓、消防水泵结合器安装工程量如前述。

5）管道消毒、清洗，同室内给水管道安装工程量计算。

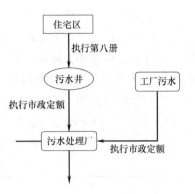

图 8-25　室外排水管道范围

2. 室外排水管道范围划分、系统所属及工程量计算

（1）范围划分：如图 8-25 所示。

（2）系统所属：如图 8-26 所示。

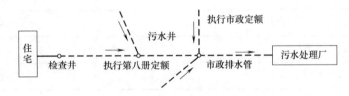

图 8-26　室外排水管道系统

（3）工程量计算规则

1）以施工图管道平面图和纵断面图所示中心线长度，按"m"计算，不扣除窨井、管件所占长度。

2）同室外排水管道界线：从室内排出口第一个检查井，或外墙皮 1.5m 处，室外管道与市政排水管道碰头井为界点。

（4）工程量常列项目

1）混凝土、钢筋混凝土管道，套土建定额。

2）污水井、检查井、窨井、化粪池等构筑物套土建定额。

3）室外排水管道沟、土石方工程量套土建定额。

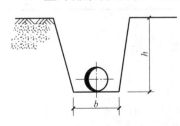

图 8-27　管道沟断面

4）承插铸铁排水管，可按不同接口材料以管径分档次，套用第八册相应定额子目。

其余材质和不同连接方式的室外排水管道工程量计算以及定额套用同室内给水管道。只是分部工程子目不同。

3. 室内、外给水排水管道土石方工程量计算

（1）管道沟断面如图 8-27 所示。其土石方量可按下式计算：

$$V = h(b + 0.3h)l \qquad (8-3)$$

式中　h——沟深，可按设计管底标高计算；

107

b——沟底宽；

l——沟长；

0.3——放坡系数。

对于沟底宽度的计取，可按设计，若无设计时，按表 8-1 取定。

在计算管道沟土石方量时，对各种检查井、排水井以及排水管道接口加宽之处，多挖的土石方量不得增加。同时，铸铁给水管道接口处操作坑工程量必须增加，按全部给水管道沟土方量的 2.5 ％计算增加量。

（2）管道沟回填土工程量

1）$DN500$ 以下的管沟回填土方量不扣除管道所占体积；

2）$DN500$ 以上的管沟回填土方量可按照表 8-2 列出的数据扣除管道所占体积。

管道沟底宽取值（单位：m） 表 8-1

管径 DN/(mm)	铸铁、钢、石棉水泥管道沟底宽	混凝土、钢筋混凝土管道沟底宽
50～75	0.60	0.80
100～200	0.70	0.90
250～350	0.80	1.00
400～450	1.00	1.30
500～600	1.30	1.50
700～800	1.60	1.80
900～1000	1.80	2.00

管道占回填土方量扣除表（单位：m³/m 沟长） 表 8-2

管径 DN/(mm)	钢管道占回填土方量	铸铁管道占回填土方量	混凝土、钢筋混凝土管道占回填土方量
500～600	0.21	0.24	0.33
700～800	0.44	0.49	0.60
900～1000	0.71	0.77	0.92

第二节 采暖供热安装工程量计算

一、采暖供热系统基本组成及安装要求

1. 采暖系统组成

热水及蒸汽采暖系统通常由以下内容组成：

（1）热源：锅炉（热水或蒸汽）；

（2）管网系统：供热以及回水、冷凝水管道；

（3）散热设备：散热器（片）、暖风机；

（4）辅助设备：膨胀水箱、集气罐、除污器、冷凝水收集器、减压器、疏水器等；

（5）循环水泵。

热水采暖系统组成示意图如图 8-28 所示。

2. 供热水系统组成

供热水系统组成内容如下：

（1）水加热器以及自动调温装置；

（2）管网系统：有供热水管和回水管；

（3）供水器；

（4）辅助设备：冷水箱、集气罐、除污器、疏水器等；

（5）循环水泵。

供热水系统如图 8-29 所示。

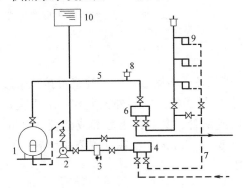

图 8-28　热水采暖系统

1—热水锅炉；2—循环水泵；3—除污器；4—集水器；
5—供热水管；6—分水器；7—回水管；8—排气阀；
9—散热片；10—膨胀水箱

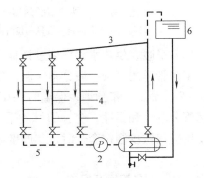

图 8-29　供热水系统

1—水加热器；2—循环水泵；3—供热水管；
4—各楼层供水器；5—回水管；6—冷水箱

3. 采暖、供热管道安装要求

（1）管道安装要求

室内管道，通常采用明敷，室外管道一般采用架空或地沟内敷设；对于管道的连接，干管采用焊接、法兰连接或螺纹连接。一般室内低压蒸汽采暖系统，当 $DN>32mm$ 时，采用焊接或法兰连接，当 $DN \leqslant 32mm$ 时，采用螺纹连接。

（2）散热器（片）安装程序

散热器（片）安装程序为：组对→试压→就位→配管。

此外，散热片还要安装托钩或托架，其搭配数量如图 8-30、图 8-31 所示。

（3）管道系统吹扫、试压和检查

管道系统用水试压，采用压缩空气吹扫或清水冲洗、蒸汽冲洗等方法吹扫和清洗。通常分隐蔽性试验和最终试验。待检查试验压力 P_s 和系统压力 P 符合规定时，方可验收。

（4）管道支架、吊架制作和安装

采暖管道支架的种类，根据管道支架的作用、特点，可分为活动支架和固定支架。根据结构形式可分为托架、吊架、管卡。托架、吊架多用于水平管道。支架埋于墙内不少于 120mm，材质可用角钢和槽钢等制作。支架的安装程序为：下料→焊接→刷底漆→安装→刷面漆。

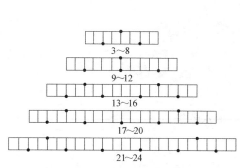

图 8-30　铸铁柱型散热器
（不带腿的托钩和固定卡数量与位置图）

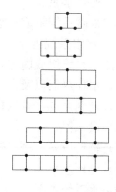

图 8-31　铸铁长翼型散热器
（托钩数量与位置图）

（5）采暖、供热水管穿墙过楼板安装套管

采暖管道的套管一般分不保温、保温和钢套管三种。不保温套管的规格可按比采暖管大 1～2 号确定，不预埋；保温时采用的套管，其内径通常比保温外径大 50mm 以上；防水套管分刚性和柔性。套管的材质采用镀锌铁皮或钢管。套管伸出墙面或楼板面 20mm。当使用镀锌铁皮制作套管时，其厚度通常为 $\delta=0.5\sim0.75$mm。面积计算公式如下：

$$F=Bl \tag{8-4}$$

式中　B——套管展开宽度；

　　　l——套管展开长度。

$$B=(被套管直径+20)\times_{\text{JI}}+10 \tag{8-5}$$

$$l=楼板或墙厚+40 \tag{8-6}$$

（6）补偿器（伸缩器）制作安装要求

补偿器可在现场煨制或采用成品，其形式有波型补偿器、填料式套筒伸缩器。现场煨制的补偿器制作安装程序为：煨制→拉紧固定→焊接→放松、刷油漆。

现场煨制补偿器形式如图 8-32 所示。

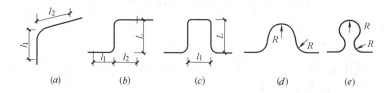

图 8-32　补偿器形式
（a）L 型；（b）Z 型；（c）U 型；（d）圆滑 U 型；（e）圆滑琵琶型

（7）管道刷油、保温要求

1）室内采暖、供热水管道刷油要求：除锈、刷底漆（防锈漆或红丹漆）1 遍、银粉漆 2 遍。

2）浴厕采暖、热水管道刷油要求：除锈、刷底漆 2 遍、刷银粉漆 2 遍（或耐酸漆 1 遍，或快干漆 2 遍）。

3）散热器刷油一般要求：除锈、刷底漆 2 遍、银粉漆 2 遍。

4）保温管道要求：除锈、刷红丹漆 2 遍、保温层安装以及抹面、保温层面刷沥青漆（或调和漆）2 遍。

（8）减压器和疏水器

按设计要求，通常安装在采暖系统热入口处。

二、采暖、热水管道系统工程量计算

1. 采暖、热水管道工程量计算

采暖管道工程量计算顺序和计算要领同室内给水管道。

（1）工程量计算规则

1）以施工图所示管道中心线长度，按延长米计算，不扣除阀门、管件以及伸缩器等所占长度，但要扣除散热片所占长度。

2）室内外管道界线划分规定：

① 采暖建筑物入口设热入口装置者，以入口阀门为界，无入口装置者以建筑物外墙皮 1.5m 为界；

② 室外系统与工业管道界线以锅炉房或泵站外墙皮为界；

③ 工厂车间内的采暖系统与工业管道碰头点为界；

④ 高层建筑内采暖管道系统与设在其内的加压泵站管道界线，以泵站外墙皮为界。

（2）套定额

管道安装定额包括：管道煨弯、焊接、试压等工作。

1）管道的支架、吊架、托架、管卡的制作与安装，室内采暖、供热水管道安装工程计量和定额套用与室内给水管道安装相同。

2）穿墙、过楼板套管工程计量方法同给水工程。

3）伸缩器安装另列项计算

4）定额中包括了弯管的制作与安装。

5）管道冲洗工程计量与套定额同给水管道。

6）钢管以及散热器等除锈、刷油、保温工程量计算可查阅定额十一册附录九中数据。并套该册相应定额。

2. 管道伸缩器安装工程量计算

各种伸缩器（方型、螺纹法兰套筒、焊接法兰套筒、波形等伸缩器）制作安装工程量，均以"个"计算。方型伸缩器的两臂，按臂长的 2 倍合并在管道长度内计算。

3. 阀门安装工程量计算

采暖管道工程中的阀门（螺纹、法兰）安装工程量均以"个"计算。同给水管道。

4. 低压器具的组成与安装工程量计算

采暖、热水管道工程中的低压器具包括减压装置和疏水装置。

（1）减压器组成与安装工程量计算

可按减压器的不同连接方式（螺纹连接、焊接）以及公称直径，分别以"组"计算，如图 8-33、图 8-34 所示。

（2）疏水器装置组成与安装工程量计算

可按疏水器不同连接方式和公称直径，分别以"组"计算。疏水器装置组成如图

8-35示。

1）图 8-35（a）为疏水器不带旁通管；

2）图 8-35（b）为疏水器带旁通管；

3）图 8-35（c）为疏水器带滤清器，对于滤清器安装工程量可另列项计算，套用同规格阀门定额。

（3）单独安装减压阀、疏水器、安全阀可按同管径阀门安装定额套用。但应注意地方定额中系数的规定及其各自的未计价价值。如图 8-36 所示。

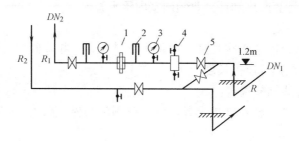

图 8-33　热水系统减压装置组成

1—调压板；2—温度计；3—压力表；4—除污器；5—阀门

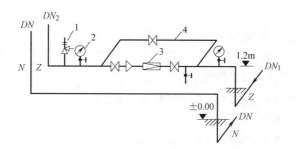

图 8-34　蒸汽、凝结水管路减压装置示意图

1—安全阀；2—压力阀；3—减压阀；4—旁通管

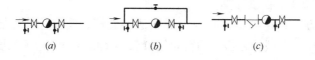

图 8-35　疏水器装置组成与安装

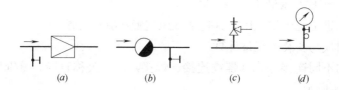

图 8-36　单独安装减压阀等

（a）减压阀；（b）疏水器；（c）安全阀；（d）弹簧压力表

5.供暖器具安装工程量计算

(1)铸铁散热器安装工程量（四柱、五柱、翼型、M132）均按"片"计算，定额中包括托钩制安，如图 8-37 所示。圆翼型按"节"计算。柱型挂装时，可套用 M132 型子目。柱型、M132 型铸铁散热器用拉条时，另行计算拉条。

(2)光排管散热器制作安装工程量，可按排管长度以"m"计算，根据管材及不同直径并区分 A、B 型套相应定额。定额已包括联管长度，不再另行计算。如图 8-38 所示。

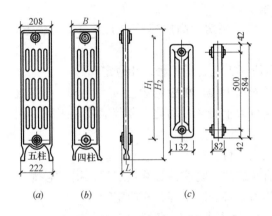

图 8-37　铸铁柱型散热器
(a)五柱；(b)四柱；(c)M132 型

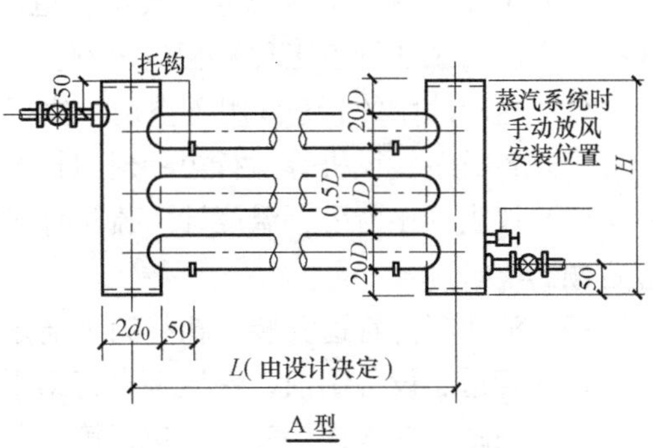

图 8-38　光排管散热器

(3)钢制散热器安装工程量

1)钢制闭式散热器，应区别不同型号，以"片"计算。如果主材不包括托钩者，托钩的价值另行计算。

2)钢制板式、壁式散热器分别按不同型号或质量以"组"计算。定额中已包括托钩安装的人工和材料。

3)钢制柱式散热器，应区别不同片数，以"组"计算。使用拉条时，拉条另行计算。

(4)暖风机安装，可区别不同质量，以"台"计算。其支架另列项计量。

(5)热空气幕安装工程量，可根据其不同型号和质量，以"台"计算。

6.小型容器制作和安装工程量计算

(1)钢板水箱（凝结水箱、膨胀水箱、补给水箱）制作工程量，可按施工图所示尺寸，不扣除人孔、手孔质量，以"kg"计算。其法兰和短管水位计另套相应定额子目。圆形水箱制作，以外接矩形计算容积，套与方形水箱容积相同档次定额。

(2)钢板水箱安装，可按国家标准图集水箱容积"m³"，执行相应定额。各种水箱安装，均以"个"计算。

(3)水箱中的各种连接管计入室内管网中。

(4)水箱中的水位计安装，可按"组"计算。

(5)水箱支架制作安装工程量

1)型钢支架，可按"kg"计算，套第八册相应定额子目。

2)砖、混凝土、钢筋混凝土支架套土建定额。

(6)蒸汽分汽缸制作、安装工程量分别以"kg"和"个"计算，套第六册相应定额子目。

（7）集汽罐制作、安装工程量均按"个"计算，分别套第六册相应定额子目。

（8）设置于管道间、管廊内的管道、阀门、法兰、支架安装，人工乘以系数1.3。

（9）当土建主体结构为现场浇筑采用钢模施工的工程内安装水、暖工程时，内外浇筑的人工乘以系数1.05，采用内浇外砌的人工乘以系数1.03

三、水、暖安装工程量计算需注意事项

1. 水、暖安装工程与其他册定额之间的关系

（1）工业管道、生活与生产共用管道，锅炉房、泵房、高层建筑内加压泵房等管道，执行第六册《工业管道工程》相应定额。

（2）通冷冻水的管道（用于空调）执行第六册《工业管道工程》相应定额。

（3）各类泵、风机等执行第一册《机械设备安装工程》相应定额。

（4）仪表（压力表、温度计、流量计等）执行第十册《自动化控制仪表安装工程》相应定额。

（5）消防喷淋管道安装，执行第七册定额相应子目。

（6）管道、设备刷油、保温等执行第十一册《刷油、防腐蚀、绝热工程》相应定额。

（7）采暖、热水锅炉安装，执行第三册《热力设备安装工程》相应定额。

（8）管道沟挖土石方以及砌筑、浇筑混凝土等工程可执行地方《建筑工程预算定额》。

2. 定额编制依据

（1）本定额是根据现行有关国家产品标准、设计规范、施工及验收规范、技术操作规程、质量评定标准和安全操作规程编制的，亦参考了行业、地方标准，以及有代表性的工程设计、施工资料和其他资料。除定额规定者外，均不得调整。

（2）水、暖工程预算定额中几项费用的规定

1）脚手架搭拆费按人工费的5%计算，其中人工工资占25%。脚手架搭拆费属于综合系数。

2）采暖工程系统调整费可按采暖工程人工费的15%计算，其中人工工资占20%。

3）高层建筑增加费，是指高度在6层或20m以上的工业与民用建筑，可按定额册说明中的规定系数计算。高层建筑增加系数属于子目系数。

4）超高增加费，指操作物高度以3.6m为界，若超过3.6m，可按超过部分的定额人工费乘以表8-3中系数。超高增加系数属于子目系数。

超高增加系数 表8-3

标高(m)	3.6~8	3.6~12	3.6~16	3.6~20
超高系数	1.10	1.15	1.20	1.25

第三节 给水排水、采暖安装工程施工图预算编制实例

一、某宿舍给水排水安装工程施工图预算编制

1. 工程概况

（1）工程地址：本工程位于重庆市市中区；

（2）工程结构：本工程建筑结构为砖混结构，三层，建筑面积2000m²，层高3.2m。

室内给水排水工程。

2. 编制依据

施工单位为某国营建筑公司，工程类别为二类。企业管理费按人工费的 128.01％计取；利润按人工费的 52.16％计取。采用 2000 年《全国统一安装工程预算定额》（以下简称《国安》）。

3. 编制方法

（1）在熟读图纸、施工组织设计以及有关技术、经济文件的基础上，计算工程量。工程图如图 8-39～图 8-41 所示。工程量计算表见表 8-4。

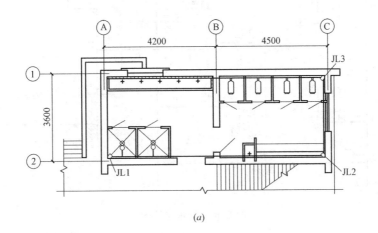

(a)

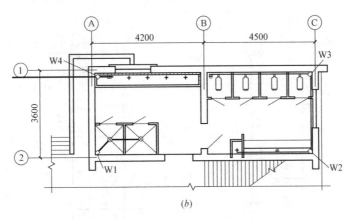

(b)

图 8-39　给水排水平面图

(a) 给水平面图；(b) 排水平面图

（2）工程量汇总，见表 8-5。

（3）套用现行《国安》，进行工料分析，计算分部分项工程费，见表 8-6。

（4）按照计费程序表计算各项费用（略）。

（5）写编制说明。

（6）自校、填写封面、装订施工图预算书。

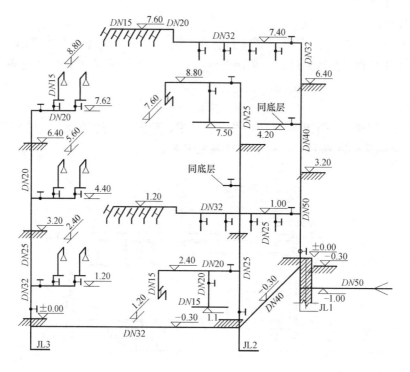

图 8-40　给水系统图

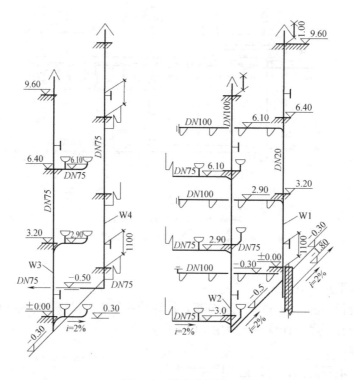

图 8-41　排水系统图

工程量计算表

表 8-4

单位工程名称：某宿舍给水排水工程

共 页 第 页

序号	分项工程名称	单位	数量	计算式	备注
1	承插排水铸铁管 $DN100$	m	32.74	①出户管：1.5+0.24+1.2 ②立管：9.6+0.7 ③水平管：(4.5+4×0.5)×3	W_1
2	承插排水铸铁管 $DN100$	m	13.96	(C轴)(3.6-0.24)+0.3+9.6+0.7	W_2
3	承插排水铸铁管 $DN75$	m	20.93	(4.5/4×3+2×0.3)×3层+3×3	W_2 支管
4	承插排水铸铁管 $DN75$	m	23.65	①出户管：(1.5+0.24)+(3.6-0.24)+0.3 ②立管：9.6+0.7 ③支管：(0.85+1.2+2×0.3)×3	W_3
5	承插排水铸铁管 $DN75$	m	11.7	(9.6+0.7+0.5)+0.3×3	W_4
6	地漏 $DN75$	个	15	$PL_2$2×3+ $PL_3$2×3+ $PL_4$1×3	
7	清扫口 $DN100$	个	3		
8	埋地管刷沥青漆	m²	5.90	[(1.5+0.24+1.2)+(4.5+4×0.5)+(3.6-0.24)+0.3+(4.5/4×3+2×0.3)]×πD=17.08×3.14×0.11	$D=D_内+2\delta$
9	铸铁管刷银粉漆	m²	33.44	[32.78+13.95+15.53+22.80+12.7-17.08]×1.2πD=80.68×1.2×3.14×0.11	$D=D_内+2\delta$
10	给水镀锌钢管 $DN50$	m	3.74	1.5(进户)+0.24(穿墙)+1(负标高)+1(阀门变径处)	JL_1
11	给水镀锌钢管 $DN40$	m	6.56	(4.2-1)+(3.6-0.24)	JL_1
12	给水镀锌钢管 $DN32$	m	16.7	(7.4-4.2)+4.5×3层	JL_1
13	给水镀锌钢管 $DN20$	m	10.83	[4.2-0.24(墙厚)-0.35(距墙皮)]×3层	JL_1
14	给水镀锌钢管 $DN15$	m	3	0.2×5×3层	JL_1
15	给水镀锌钢管 $DN25$	m	9.1	8.8+0.3	JL_2
16	给水镀锌钢管 $DN20$	m	10.13	(4.5/4×3)×3层	JL_2
17	给水镀锌钢管 $DN15$	m	4.2	(1.2+0.2)×3层	JL_2
18	多孔冲洗管 $DN15$	m	10.13	(4.5/4×3)×3	JL_2
19	给水镀锌钢管 $DN32$	m	9.96	(4.2+4.5-0.24+0.3)+1.2	JL_3
20	给水镀锌钢管 $DN25$	m	3.2	4.4-1.2	JL_3
21	给水镀锌钢管 $DN20$	m	8	7.6-4.4+2×1.8×3层	JL_3
22	钢管冷热水淋浴器	组	6	2×3层	JL_3
23	阀门 $DN50$	个	1		
24	阀门 $DN32$	个	4	1×3+1	
25	阀门 $DN25$	个	1		
26	阀门 $DN20$	个	6	1×3+1×3	
27	手压延时阀蹲式便器	套	12	4×3	
28	水龙头	个	18	5×3+1×3	

工程量汇总表　　　　　　　　　　　　　　　　　　　　表 8-5

单位工程名称：某宿舍给水排水工程

序号	分项工程名称	单位	数量	备注
1	承插排水铸铁管 $DN100$	m	46.7	W_1、W_2
2	承插排水铸铁管 $DN75$	m	56.28	W_2 支管、W_4、W_3
3	地漏 $DN75$	个	15	W_2、W_3、W_4
4	清扫口 $DN100$	个	3	
5	埋地管刷沥青漆	m²	5.90	
6	铸铁管刷银粉漆	m²	33.44	
7	给水镀锌钢管 $DN50$	m	3.74	
8	给水镀锌钢管 $DN40$	m	6.56	
9	给水镀锌钢管 $DN32$	m	26.66	JL_1、JL_3
10	给水镀锌钢管 $DN25$	m	12.30	JL_2、JL_3
11	给水镀锌钢管 $DN20$	m	28.96	JL_1、JL_2、JL_3
12	给水镀锌钢管 $DN15$	m	7.2	JL_1、JL_2
13	多孔冲洗管 $DN15$	m	10.13	JL_2
14	钢管冷热水淋浴器	组	6	JL_3
15	阀门 $DN50$	个	1	
16	阀门 $DN32$	个	4	
17	阀门 $DN25$	个	1	
18	阀门 $DN20$	个	6	
19	手压延时阀蹲式便器	套	12	
20	水龙头 $DN15$	个	18	

工程计价表　　　　　　　　　　　　　　　　　　　　表 8-6

单位工程名称：某宿舍给水排水工程

定额编号	分项工程项目	单位	工程数量	单位价值 人工费	单位价值 材料费	单位价值 机械费	合计价值 人工费	合计价值 材料费	合计价值 机械费	合计价值 管理费	合计价值 利润	未计价材料 损耗	未计价材料 数量	未计价材料 单价	未计价材料 合价
8-140	承插排水铸铁管 $DN100$（石棉水泥接口）	10m	4.67	80.34	298.34		375.19	1393.25		480.28	195.70	8.90	41.56	36.70	1525
	接头零件	10m	4.67									10.55	48.95	20.57	1007
8-139	承插排水铸铁管 $DN75$（石棉水泥接口）	10m	5.63	62.23	199.51		350.36	1123.24		448.49	182.75	9.30	52.36	28.00	1466
	接头零件	10m	5.63									9.04	50.90	15.99	814
8-448	铸铁地漏 $DN75$	10 个	1.5	86.61	30.80		129.91	46.20		166.30	67.76	10	15	12.00	180
8-453	清扫口 $DN100$	10 个	0.3	22.52	1.70		6.76	0.51		8.65	3.52	10	3	12.00	36
11-1	铸铁管人工除锈	10m²	3.93	7.89	3.38		31.00	13.28		39.69	16.17				

续表

定额编号	分项工程项目	单位	工程数量	单位价值			合计价值					未计价材料			
				人工费	材料费	机械费	人工费	材料费	机械费	管理费	利润	损耗	数量	单价	合价
11-202	铸铁埋地管刷沥青漆1遍	10m²	0.59	8.36	1.54		4.93	0.91		6.31	2.57				
11-203	铸铁埋地管刷沥青漆2遍	10m²	0.59	8.13	1.37		4.80	0.80		6.14	2.50				
11-198	铸铁管刷防锈漆1遍	10m²	3.34	7.66	1.19		25.58	3.98		32.75	13.35				
11-200	铸铁管刷银粉漆1遍	10m²	3.34	7.89	5.34		26.35	17.84		33.73	13.75				
11-201	铸铁管刷银粉漆2遍	10m²	3.34	7.66	4.71		25.58	15.73		32.75	13.35				
8-92	给水镀锌钢管DN50（螺纹连接）	10m	0.374	62.23	45.04	2.86	23.27	16.85	1.07	29.79	12.14	10.20	3.81	20.00	76.20
	接头零件	10m	0.374									6.51	2.43	5.87	14.29
8-91	给水镀锌钢管DN40（螺纹连接）	10m	0.66	60.84	31.38	1.03	40.15	20.71	0.68	51.40	20.95	10.20		16.00	107.80
	接头零件	10m	0.66									4.73	3.53	16.70
8-90	给水镀锌钢管DN32（螺纹连接）	10m	2.67	51.08	33.45	1.03	136.38	89.31	2.75	174.59	71.14	10.20	27.23	11.50	313.20
	接头零件	10m	2.67									8.03	21.44	2.74	58.75
8-89	给水镀锌钢管DN25（螺纹连接）	10m	1.23	51.08	30.80	1.03	62.83	37.88	31.72	80.43	32.77	10.20	12.55	9.00	112.9
	接头零件	10m	1.23									9.78	12.03	1.85	22.26
8-88	给水镀锌钢管DN20（螺纹连接）	10m	2.90	42.49	24.23		123.22	70.27		157.74	64.27	10.20	29.58	6.00	177.5
	接头零件	10m	2.90									11.52	33.40	1.14	38.09
8-87	给水镀锌钢管DN15（螺纹连接）	10m	0.72	42.49	22.96		30.59	16.53		39.16	15.96	10.20	7.34	5.00	36.72
	接头零件	10m	0.72									16.37	11.79	0.80	9.43
8 456	多孔冲洗管DN15	10m	1.01	150.70	83.06	12.48	152.21	83.89	12.61	194.84	79.39	10.20	10.30	5.0	51.50
	接头零件	10m	1.01							9		9.09	1.6	14.54
8-404	钢管冷热水淋浴器	10组	0.6	130.03	470.16		78.02	282.10		99.87	40.69				
	莲蓬	10组	0.6									6	4.5	27

续表

定额编号	分项工程项目	单位	工程数量	单位价值			合计价值					未计价材料			
				人工费	材料费	机械费	人工费	材料费	机械费	管理费	利润	损耗	数量	单价	合价
8-410	手压延时阀蹲式便器	10套	1.2	133.75	432.44		160.50	518.93		205.46	83.72				
	瓷蹲式大便器	10套	1.2										12.12	160.0	1939
	大便器手压阀DN25	10套	1.2									10.10	12.12	14.0	170
8-438	水龙头DN15	10个	1.8	6.50	0.98		11.70	1.76		14.98	6.10	10.10	18.18	9.0	163.6
8-230	给水管道消毒冲洗	100m	0.96	12.07	8.42		11.59	8.08		14.83	6.04				
8-246	截止阀DN50	个	1	5.80	9.26		5.80	9.26		7.43	3.03	1.01	1.01	62.0	62.62
8-244	截止阀DN32	个	4	3.48	5.09		13.92	20.36		17.82	7.26	1.01	4.04	32.0	129.3
8-243	截止阀DN25	个	1	2.79	3.45		2.79	3.45		3.57	1.46	1.01	1.01	20.0	20.2
8-242	截止阀DN20	个	6	2.32	2.68		13.92	16.08		17.82	7.26	1.01	6.06	18.0	109.1
	合计						1847.33	3811.20	18.38	2364.82	963.60				8699

二、某医院办公楼热水采暖安装工程施工图预算编制

1. 工程概况

（1）工程地址：本工程位于重庆市市中区；

（2）工程结构：办公楼为二层砖混结构，层高3.2m。室内采暖工程。

2. 编制依据

施工单位为某国营建筑公司，工程类别为一类。管理费为人工费的137.92%；利润为人工费的65.20%。采用2000年《全国统一安装工程预算定额》。

3. 编制方法

（1）在熟读图纸、施工组织设计以及有关技术、经济文件的基础上，计算工程量。工程图如图8-42～图8-44所示。工程量计算表见表8-7。

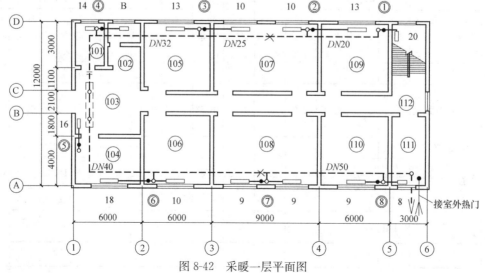

图8-42 采暖一层平面图

（2）工程量汇总，见表8-8。

（3）套用现行《国安》，进行工料分析，见表8-9。

（4）计算分部分项工程费，按照计费程序表计取各项费用（略）。

（5）写编制说明。

（6）自校、填写封面、装订施工图预算书。

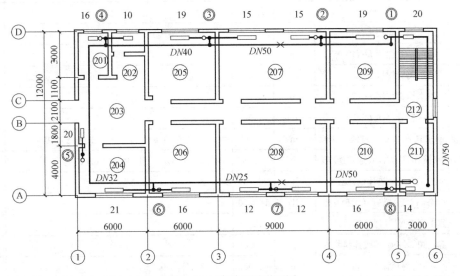

图 8-43　采暖二层平面图

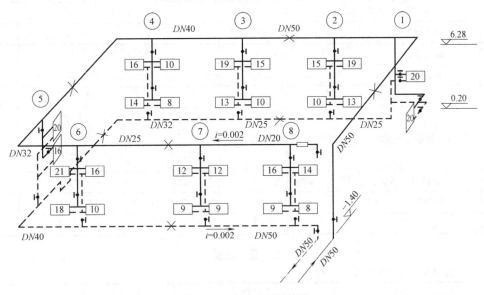

图 8-44　采暖工程系统图

工程量计算表　　　　　　　　　　　　　　　　　　　　　　表 8-7

单位工程名称：某办公楼采暖工程　　　　　　　　　　　　　　共　页　第　页

序号	分项工程名称	单位	数量	计算式	备注
1	钢管焊接 DN50	m	39.42	进户及室内：1.5＋0.24＋1.4＋ 6.28＋12＋3＋15	

序号	分项工程名称	单位	数量	计算式	备注
2	钢管焊接 DN40	m	20.00	③～⑤:6×2+3+1.1+2.1+1.8	
3	钢管焊接 DN32	m	10.00	⑤～⑥等:4+6	
4	钢管焊接 DN25	m	10.50	⑥～⑦:6+4.5	
5	钢管焊接 DN20	m	10.50	⑦～⑧:4.5+6	
6	回水钢管焊接 DN50	m	27.14	出户及室内:1.5+0.24+1.4+3+6+15	
7	回水钢管焊接 DN40	m	21.00	⑥～④:6+12+3	
8	回水钢管焊接 DN32	m	9.00	④～③:3+6	
9	回水钢管焊接 DN25	m	9.00	③～②:9	
10	回水钢管焊接 DN20	m	7.50	②～①:6+1.5	
11	供、回水立管 DN15(螺纹连接)	m	66.14	(6.28−0.813−0.2+3.2−0.2)×8 组	
12	散热片横连管 DN15(螺纹连接)	m	156.83	6×28 根−392/2×0.057 厚	
13	四柱 813 型散热片(有腿)	片	225.00		
14	四柱 813 型散热片(无腿)	片	167.00		
15	截止阀 DN15(螺纹连接)	个	27.00		
16	截止阀 DN50(螺纹连接)	个	2.00	1+1	供、回
17	穿墙钢套管 DN80	m	3.08	11 个×(0.24+2×0.02)＝11×0.28m	
18	穿墙钢套管 DN70	m	0.84	3 个×0.28m	
19	穿墙钢套管 DN50	m	1.68	6 个×0.28 m	
20	穿墙钢套管 DN40	m	1.68	6 个×0.28 m	
21	穿墙钢套管 DN32	m	0.84	3 个×0.28 m	
22	穿墙钢套管 DN25	m	2.56	16 个×(0.12+2×0.02)＝16 个×0.16m	
23	集气罐 φ150Ⅱ型安装	个	1.00		
24	管道除锈刷油	m²	40.44	DN15　　　DN20　　　DN25 222.96×0.069+18×0.0879+19.50×0.1059 DN32　　　DN40　　　DN50 22×0.1413+38×0.1507+66.71×0.1885	
25	散热片除锈刷油	m²	109.76	(225+167)×0.28 m²/片	
26	管道支架∟ 50×5	kg	19.22	15×0.34m/个×3.77kg/m	
27	散热片托钩 φ16	kg	43.82	(17×3+11×5)×0.262m/个×1.578kg/m	

工程量汇总表　　　　　　　　　　　　　　　　　表 8-8

单位工程名称：某办公楼采暖工程

序号	分项工程名称	单位	数量	备注
1	钢管焊接 DN50	m	66.56	
2	钢管焊接 DN40	m	41.00	
3	钢管焊接 DN32	m	19.00	
4	钢管焊接 DN25	m	19.50	
5	钢管焊接 DN20	m	18.00	

续表

序号	分项工程名称	单位	数量	备注
6	镀锌钢管 DN15（螺纹连接）	m	222.97	
7	四柱 813 型散热片（有腿）	片	225.00	225×7.99kg/片（有脚）＝1797.8
8	四柱 813 型散热片（无腿）	片	167.00	167×7.55 kg/片（无脚）＝1260.9
9	截止阀 DN15（螺纹接）	个	27.00	
10	截止阀 DN50（螺纹接）	个	2.00	
11	穿墙钢套管	个	45.00	
12	集气罐 φ150 Ⅱ 型安装	个	1.00	
13	管道除锈刷油	m²	40.44	
14	散热片除锈刷油	m²	109.76	
15	管道支架∟ 50×5	kg	19.22	
16	散热片托钩 φ16	kg	43.82	
17				
18				
19				

工程计价表　　　　　　　　　　　　　　　　　表 8-9

单位工程名称：某办公楼采暖工程

定额编号	分项工程项目	单位	工程数量	单位价值			合计价值			未计价材料					
				人工费	材料费	机械费	人工费	材料费	机械费	管理费	利润	损耗	数量	单价	合价
8-111	钢管焊接 DN50	10m	6.66	46.21	11.10	6.37	307.76	73.93	42.42	424.46	200.66	10.20	67.93	16.00	1087
8-110	钢管焊接 DN40	10m	4.10	42.03	6.19	5.89	172.32	25.38	24.15	237.67	112.36	10.20	41.82	12.70	531
8-109	钢管焊接 DN32	10m	1.90	38.55	5.11	5.42	73.25	9.80	10.30	101.02	47.76	10.20	19.38	10.50	204
8-109	钢管焊接 DN25	10m	1.95	38.55	5.11	5.42	75.17	9.97	10.57	103.68	49.01	10.20	19.89	8.00	159
8-109	钢管焊接 DN20	10m	1.80	38.55	5.11	5.42	69.39	9.20	9.76	95.70	45.24	10.2	18.3	5.50	101
8-87	镀锌钢管 DN15（螺纹连接）	10m	22.30	42.49	22.96		947.53	512.01		1306.83	617.79	10.20	227.5	5.00	1138
8-491	四柱 813 型散热片（有腿）	10 片	22.50	9.61	78.12		216.30	1757.70		298.22	140.98	10.10	227.3	30	6819
8-490	四柱 813 型散热片（无腿）	10 片	16.70	14.16	27.11		236.47	452.74		326.14	154.18	10.10	168.7	27	4555
8-241	截止阀 DN15（螺纹连接）	个	27	2.36	2.11		63.72	56.97		87.88	41.55	1.01	27.27	18	491
8-246	截止阀 DN50（螺纹连接）	个	2	5.80	9.26		11.60	18.52		16.00	7.56	1.01	2.02	65	131
6-2972	穿墙钢套管 DN80	个	11	8.66	5.58	0.48	95.26	61.38	5.28	131.38	62.11	0.3	3.3	26	86
6-2972	穿墙钢套管 DN70	个	3	8.66	5.58	0.48	25.98	16.74	1.44	35.83	16.94	0.3	0.9	20	18
6-2971	穿墙钢套管 DN50	个	6	3.09	2.69	0.48	18.54	16.14	2.88	25.57	12.09	0.3	1.8	16	29

续表

定额编号	分项工程项目	单位	工程数量	单位价值			合计价值			未计价材料					
				人工费	材料费	机械费	人工费	材料费	机械费	管理费	利润	损耗	数量	单价	合价
6-2971	穿墙钢套管 DN40	个	6	3.09	2.69	0.48	18.54	16.14	2.88	25.57	12.09	0.3	1.8	12.7	23
6-2971	穿墙钢套管 DN32	个	3	3.09	2.69	0.48	9.27	8.07	1.44	12.79	6.04	0.3	0.9	10.5	10
6-2971	穿墙钢套管 DN25	个	16	3.09	2.69	0.48	49.44	43.04	7.68	68.19	32.23	0.3	4.8	8.0	38
6-2896	集气罐 $\phi150$ Ⅱ型制作	个	1	15.56	14.15	4.13	15.56	14.15	4.13	21.46	10.15	0.3	0.3	45	14
6-2901	集气罐 $\phi150$ Ⅱ型安装	个	1	6.27			6.27			8.65	4.09	1.00	1.00	65	65
11-1	管道人工除锈	10m²	4.04	7.89	3.38		31.88	13.66		43.96	20.78				
11-7	散热片人工除锈	100kg	30.59	7.89	2.50	6.96	241.4	76.48	212.9	332.88	157.36				
11-51	管道刷底漆1遍	10m²	4.04	6.27	1.07		25.33	4.32		34.94	16.52	1.47	5.94	6.00	36
11-56	管道刷银粉漆第一遍	10m²	4.04	6.50	4.81		26.26	19.43		36.22	17.12	0.36	1.45	2.00	3.00
11-57	管道刷银粉漆第二遍	10m²	4.04	6.27	4.37		25.33	17.66		34.94	16.52	0.33	1.33	1.50	2.00
11-198	散热片刷红丹漆1遍	10m²	10.98	7.66	1.19		84.11	13.07		116.00	54.84	1.05	11.53	6.00	69
11-200	散热片刷银粉漆第一遍	10m²	10.98	7.89	5.34		86.63	58.63		119.48	56.48	0.45	4.94	6.00	30
11-201	散热片刷银粉漆第二遍	10m²	10.98	7.66	4.71		84.11	51.72		116.00	54.84	0.41	4.51	6.00	28
8-230	管道冲洗	100m	3.87	12.07	8.42		46.71	32.59		64.42	30.46				
8-178	钢管支架 DN50 内	100kg	0.019	235.45	194.20	224.26	4.47	3.69	4.26	6.17	2.92	106	2.01	2.80	6
	合计						3068.6	3394.33	340.1	4232.05	2000.67				15673

注：管接头零件的计算方法同给水排水工程。

思 考 题

1. 分别简述给水排水管道系统组成和工程量计算规律及采暖管道系统组成和工程量计算规律。

2. 简述给水水表组、消火栓、消防水泵结合器的组成和工程量如何计算。

3. 热水采暖和蒸汽采暖过门地沟处理有什么不同？工程量计算时应注意哪些问题？

4. 简述低压供暖器具的组成；简述疏水器的安装部位和工程量如何计算。

5. 简述卫生器具的组成和工程量如何计算。

6. 简述散热器种类和工程量如何计算。

7. 在散热器安装时，什么情况下计算托钩？如何计算？

8. 圆形水箱如何计算？水箱的连接管通常有哪些？怎样计算？

9. 在管道工程中，定额对支架工程量计算有哪些规定？

10. 在管道工程中，定额对穿墙、穿楼板等套管工程量计算有哪些规定？

11. 热水管道安装工程计算系统调整与否？为什么？

12. 试述高层建筑增加费、层操作高度增加费、脚手架搭拆费以及采暖工程系统调整费如何计算。

第九章　通风与空调安装工程施工图预算

第一节　通风安装工程量计算

一、通风工程系统组成

1. 送风（J）系统组成

送风系统组成如图 9-1 所示。

（1）新风口：新鲜空气入口；

（2）空气处理室：空气过滤、加热、加湿等处理；

（3）通风机：将处理后的空气送入风管内；

（4）送风管：将通风机送来的空气送到各个房间。管上安装有调节阀、送风口、防火阀、检查孔等部件；

（5）回风管：又称排风管，将浊气吸入管内，再送回空气处理室。管上安有回风口、防火阀等部件；

（6）送（出）风口：将处理后的空气均匀送入房间；

（7）吸（回、排）风口：将房间内浊气吸入回风管道，送回空气处理室进行处理；

（8）管道配件（管件）：弯头、三通、四通、异径管、法兰盘、导流片、静压箱等；

（9）管道部件：各种风口、阀、排气罩、风帽、检查孔、测定孔以及风管支架、吊架、托架等。

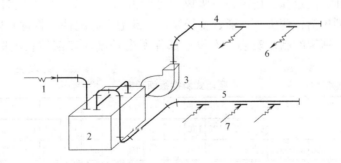

图 9-1　送风（J）系统组成示意图

1—新风口；2—空气处理室；3—通风机；4—送风管；

5—回风管；6—送（出）风口；7—吸（回）风口

2. 排风（P）系统组成

排风系统组成如图 9-2 所示。

（1）排风口：将浊气吸入排风管内。有吸风口、排风口、侧吸罩、吸风罩等部件；

（2）排风管：输送浊气的管道；

（3）排风机：将浊气通过机械能量从排气管中排出；

（4）风帽：将浊气排入大气中，以防止空气倒灌并且防止雨水灌入的部件；

（5）除尘器：用排风机的吸力将灰尘以及有害物吸入除尘器中，再将尘粒集中排除；

（6）其他管件和部件等。

二、通风安装工程量计算

1. 通风管道安装工程量计算

（1）风管制作安装及套定额

采用薄钢板、镀锌钢板、不锈钢板、铝板和塑料板等板材制作安装的风管工程量，以施工图图示风管中心线长度，支管以其中心线交点划分，按风管不同断面形状，以展开面积"m²"计算。可按材质、风管形状、直径大小以及板才厚度分别套相应定额子目。

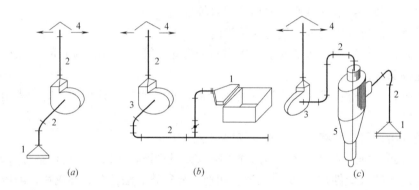

图 9-2　排风系统组成示意图

（a）P 系统；（b）侧吸罩 P 系统；（c）除尘 P 系统

1—排风口（侧吸罩）；2—排风管；3—排风机；4—风帽；5—除尘器

不扣除检查孔、测定孔、送风口、吸风口等所占面积。亦不增加咬口重叠部分面积。风管制作安装定额包括：弯头、三通、变径管、天圆地方等配件（管件）以及法兰、加固框、吊架、支架、拖架的制作安装。不包括部件所占长度，其部件长度取值可按表 9-1、表 9-2 计取。

密闭式斜插板阀长度　　　　　表 9-1

型号	1	2	3	4	5	6	7	8	9	10	11	12	13	14	15	16	17	18	19	20	21	22	23	24
D	80	85	90	95	100	105	110	115	120	125	130	135	140	145	150	155	160	165	170	175	180	185	190	195
L	280	285	290	300	305	310	315	320	325	330	335	340	345	350	355	360	365	365	370	375	380	385	390	395
型号	25	26	27	28	29	30	31	32	33	34	35	36	37	38	39	40	41	42	43	44	45	46	47	48
D	200	205	210	215	220	225	230	235	240	245	250	255	260	265	270	275	280	285	290	300	310	320	330	340
L	400	405	410	415	420	425	430	435	440	445	450	455	460	465	470	475	480	485	490	500	510	520	530	540

注：D 为风管直径。

当计算了风管材质的未计价材料后，还要计算法兰以及加固框、吊架、支架、拖架的材料数量，列入材料汇总表中。

风管制作安装定额中不包括：过跨风管的落地支架制作安装。其工程量可按扩大计量单位"100kg"计算。套用第九册《通风空调工程》定额第七章设备支架子目。

薄钢板风管中的板材，当设计厚度不同时可换算，但人工、机械不变。

各种风阀长度　　　　　　　　　　　　　　　　　　　　　　　表 9-2

1	蝶阀							$L=150$(mm)								
2	止回阀							$L=300$(mm)								
3	密闭式对开多叶调节阀							$L=210$(mm)								
4	圆形风管防火阀							$L=D+240$(mm)								
5	矩形风管防火阀							$L=B+240$(mm)								
6	塑料手柄式蝶阀		型号	1	2	3	4	5	6	7	8	9	10	11	12	13	14
		圆形	D	100	120	140	160	180	200	220	250	280	320	360	400	450	500
			L	160	160	160	180	200	220	240	270	300	340	380	420	470	520
		方形	A	120	160	200	250	320	400	500							
			L	160	180	220	270	340	420	520							
7	塑料拉链式蝶阀		型号	1	2	3	4	5	6	7	8	9	10	11			
		圆形	D	200	220	250	280	320	360	400	450	500	560	630			
			L	240	240	270	300	340	380	420	470	520	580	650			
		方形	A	200	250	320	400	500	630								
			L	240	270	340	420	520	650								
8	塑料圆形插板阀		型号	1	2	3	4	5	6	7	8	9	10	11			
		圆形	D	200	220	250	280	320	360	400	450	500	560	630			
			L	200	200	200	200	300	300	300	300	300	300	300			
		方形	A	200	250	320	400	500	630								
			L	200	200	200	200	300	300								

注：D 为风管外径；A 为方形风管外边宽；L 为风阀长度；B 为风管高度。

1)　　　　　　　　　　　圆管 $F_圆 = \pi \times D \times L$　　　　　　　　　　　　　　　(9-1)

式中　$F_圆$——圆形风管展开面积 m²；

　　　D——圆形风管直径；

　　　L——管道中心线长度。

矩形风管可按图示周长乘以管道中心线长度计量。即：

$$F_矩 = 2(A+B)L \tag{9-2}$$

式中　A、B——分别为矩形风管断面的大边长和小边长。

　　　$F_矩$——矩形风管展开面积，m²。

2) 当风管为均匀送风的渐缩管时，圆形风管可按平均直径，矩形风管按平均周长计算，再套用相应定额子目，且人工乘以系数 2.5。

【例 9-1】　如图 9-3 所示，主管和支管的展开面积分别为 $F_1 = \pi D_1 L_1$（m²）、$F_2 = \pi D_2 L_2$（m²）。

【例 9-2】　如图 9-4 所示的弯管三通，主风管、直支风管、弯支风管的展开面积分别为：$F_1 = \pi D_1 L_1$（m²）

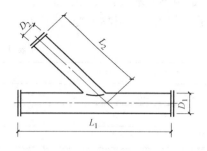

图 9-3　主管与支管的分界点

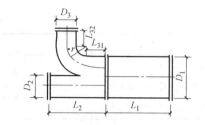

图 9-4　弯管三通各部分展开面积的计量

$F_2 = \pi D_2 L_2$　（m^2）

$F_3 = \pi D_3 (L_{31} + L_{32} + r\theta)$　（m^2）

式中　r、θ——分别为弯管的弯曲半径与弯曲弧度。

【例 9-3】　如图 9-5 所示，为渐缩风管均匀送风，其大端周长为 $2(0.6+1.0)=3.2m$，小端周长为 $2(0.6+0.35)=1.9m$，则平均周长为 $l_{均}=(3.2+1.9)/2=2.55m$，故该风管的展开面积为：$F=l_{均} \cdot L=2.55 \times 27.6=70.38m^2$。

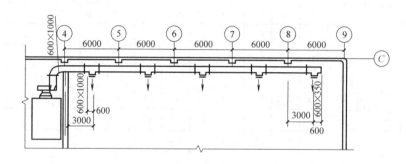

图 9-5　渐缩风管

3）柔性软风管适用于由金属、涂塑化纤织物、聚酯、聚乙烯、聚氯乙烯薄膜、铝箔等材料制作的软风管。安装工程量按图示中心线长度以"m"计算。其阀门安装以"个"计算。

4）空气幕送风管制作安装，可按矩形风管断面平均周长计算，套相应子目，人工乘以系数 3.0。

其支架制作安装可另行计算，套相应子目。

（2）风管导流叶片的制作与安装

为了减少空气在弯头处的阻力损失，内弧形和内斜线矩形弯头的外边长≥50mm 时，弯管内应设导流叶片。其构造可分单、双叶片，如图 9-6 所示。风管导流叶片的制作安装工程量可按图示叶片的面积计算。

导流叶片面积计算式如下：

1）单叶片面积：

$$F_{单} = r\theta B (m^2) \tag{9-3}$$

2）双叶片面积：

128

$$F_{双} = (r_1\theta_1 + r_2\theta_2)B(m^2) \tag{9-4}$$

式中　r_1、r_2——内外叶片的弯曲半径，m；

　　　θ_1、θ_2——内外叶片的弯曲弧度；

　　　B——叶片宽度。

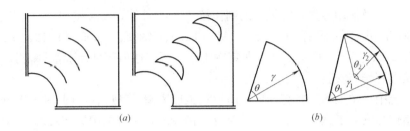

图 9-6　导流叶片展开面积

亦可按表 9-3 计算叶片面积。定额不分单、双和香蕉形双叶片均执行同一项目。

单导流叶片表面积　　　　　　　　　　　表 9-3

风管高 B(m)	200	250	320	400	500	630	800	1000	1250	1600	2000
导流叶片表面积(m^2)	0.075	0.091	0.114	0.140	0.170	0.216	0.273	0.425	0.502	0.623	0.755

（3）软管（帆布接头）制作安装

为防止风机在运行中产生的振动和噪声经过风管穿入各机房，一般在风机的吸入口或排风口或风管与部件的连接处设柔性软管。材质可用人造革、帆布、防火耐高温等材料。长度一般在 150～200m。

软管（帆布接头）制作安装，按图示尺寸以 m^2 计算（无图规定时，可考虑管周长×0.3m）。

（4）风管检查孔制作与安装

风管检查孔制作与安装可按扩大的计量单位"100kg"计算，亦可查国家标准图集 T604，或本册定额附录"国际通风部件标准重量表"。

（5）温度与风量测定孔制安

温度与风量测定孔制安，可按型号不同，以"个"计算，套相应定额子目。

2. 风管部件制作与安装工程量计算

（1）阀类制作与安装

阀类制作工程量可按质量以"100 kg"计算。安装按"个"计算。对于标准部件的质量，可根据设计型号、规格查阅第九册《通风空调工程》附录中"国家通风部件标准重量表"进行计量。如果是非标准部件，则按质量计算。通常风管通风系统用阀类为：空气加热上旁通阀、圆形瓣式启动阀、圆形（保温）蝶阀、方形以及矩形（保温）蝶阀、圆形以及方形风管止回阀、密闭式斜插板阀、矩形风管三通调节阀、对开多叶调节阀、风管防火阀等，可查阅国标 T101、T301、T302、T303、T309、T310、89T311、T356 等图集。

（2）风口制作与安装

通风工程中风口制作工程量大部分按"100kg"扩大计量单位计算，安装工程量以

"个"计算。通常按质量计算的风口有：带调节板活动百叶风口、单层百叶风口、双层百叶风口、三层百叶风口、连动百叶风口、矩形风口、风管插板风口、旋转吹风口、圆形直片散流器、矩形空气分布器、方形直片散流器、流线型散流器、单（双）面送风口、活动算式风口、网式风口、135 型单（双）层百叶风口、135 型带导流片百叶风口、活动金属百叶风口等。

钢百叶窗以及活动金属百叶风口的制作按"m^2"计算，安装按"个"计算。

风口质量可查阅国标 T202、T203、T206、T208、T209、T212、T261、T262、CT211、CT263、J718 等图集，或本册定额附录"国家通风部件标准重量表"。

（3）风帽制作与安装

排风系统中，常见的风帽有伞形、筒形和锥形风帽，其形状如图 9-7～图 9-9 所示。

风帽制作与安装工程量按扩大计量单位"100kg"，并查阅国标 T609、T610、T611 或本册附录中"国家通风部件标准重量表"计算。

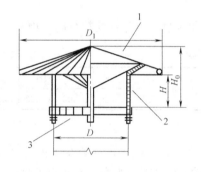

图 9-7 伞形风帽

1—伞形罩；2—支撑；3—法兰

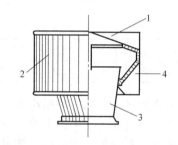

图 9-8 筒形风帽

1—伞形罩；2—外筒；3—扩散管；4—支撑

（4）风帽泛水制作与安装

当风管穿过屋面时，为阻止雨水渗入，通常安装风帽泛水，其形状分圆形和方形两种，工程量分不同规格，按图示展开面积以"m^2"计算，如图 9-10 所示。

圆形展开面积：

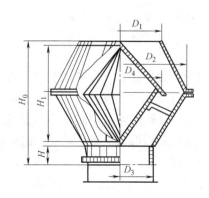

图 9-9 锥形风帽

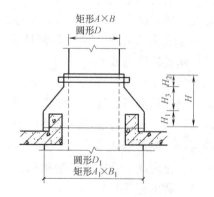

图 9-10 风帽泛水

$$F=(D_1+D)\pi H_3+D\pi H_2+D_1\pi H_1 \tag{9-5}$$

方形、矩形展开面积：

$$F=[2(A+B)+2(A_1+B_1)]\div 2H_3+2(A+B)H_2+2(A_1+B_1)H_1 \tag{9-6}$$

式中　$H=D$ 或为风管大边长 A；

$$H_1\approx100\sim150\text{mm};H_2\approx50\text{mm}\sim150\text{mm}。$$

（5）风管筝绳（牵引绳）

风管筝绳可按质量计算，套相应定额子目。

（6）罩类制作与安装

罩类指通风系统中的风机皮带防护罩、电动机防雨罩等，其工程量可查阅国标 T108、T110 按质量计算。

侧吸罩、排气罩，吹、吸式槽边罩，抽风罩、回转罩等可查阅本册（篇）定额附录，按质量计算。

（7）消声器制作与安装

消声器通常有阻性和抗性、共振性、宽频带复合式消声器等。如图 9-11、图 9-12 即为阻性和抗性消声器示意图。消声器制作与安装工程量可查阅国标 T701，按质量计算，套相应定额子目。

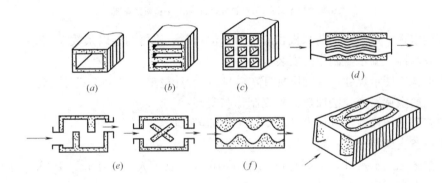

图 9-11　阻性消声器构造形式

（a）管式；（b）片式；（c）蜂窝式；（d）折板式；（e）迷宫式；（f）声流式

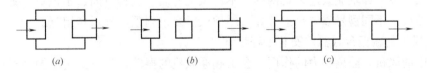

图 9-12　抗性消声器示意图

（a）单节式；（b）双节式；（c）外接式

3. 空调部件及设备支架制作与安装工程量计算

（1）钢板密闭门制作与安装

分带视孔和不带视孔，其工程量分别按不同规格以"个"计算，套本册相应定额子目。材料用量查阅国标 T704。保温钢板密闭门执行钢板密闭门项目，但材料乘以系数

0.5，机械乘以系数0.45，人工不变。

（2）钢板挡水板制作与安装

挡水板是组成喷水室的部件之一，通常由多个直立的折板（呈锯齿形）组成。亦有采用玻璃条组成的。其工程量可按空调器断面面积以"m²"计算。如图9-13所示。计算式为：

$$挡水板面积＝空调器断面积×挡水板张数 \tag{9-7}$$

或 $$挡水板面积＝A×B×张数$$

按曲折数和片距分档，套相应定额子目。材料用量查阅国标T704。

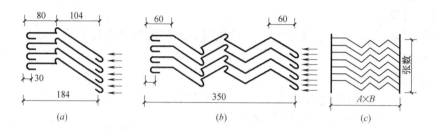

图9-13　挡水板构造

(a) 前挡水板；(b) 后挡水板；(c) 工程量计算图

玻璃挡水板，可套用钢挡水板相应子目，但材料、机械均乘以系数0.45。

（3）滤水器、溢水盘制作与安装

可根据施工图示尺寸，查阅国标T704，以扩大计量单位"100kg"计算。

（4）金属空调器壳、电加热器外壳制作与安装

可按施工图示尺寸，以扩大计量单位"100kg"计算。

（5）设备支架制作与安装

可根据施工图示尺寸，查阅标准图集T616等，以扩大计量单位"100kg"计算，按不同质量档次套相应定额子目。

清洗槽、浸油槽、晾干架、LWP滤尘器等的支架制作与安装执行设备支架项目。

4. 通风机安装工程量计算

通风机是通风系统的主要设备，在通风工程中采用的风机，一般按其作用和构造原理分为离心式通风机和轴流式通风机两种。不论风机材质、旋转方向、出风口位置，其安装工程量可按设计不同型号以"台"计算。屋顶风机要单列项，分别套相应定额子目。

5. 通风机的减振台（器）安装工程量计算

运行中的风机，因离心力的作用，会引起通风机的振动，为减少由于振动对设备和建筑结构的影响，通常在通风机底座支架与楼板或基础之间安装减振器，用以减弱振动。通常使用的减振器形式如图9-14、图9-15所示。

减振台（器）制作与安装工程量，未包括在风机安装中，可根据设计要求和《国安》计算规则的精神并参照地方定额规定，按质量或按"个"计算，套用本册设备支架相应子目。

工业用通风机的安装，可按不同种类，以设备质量分档，计量单位为"台"计算。套

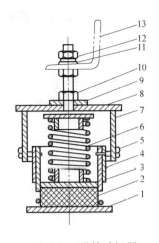

图 9-14 弹簧减振器

1—底座；2—橡胶；3—支座；4—橡胶；5—螺钉；
6—弹簧；7—外罩；8—定位套；9—螺钉；
10—螺母；11—垫圈；12—弹簧；13—支架

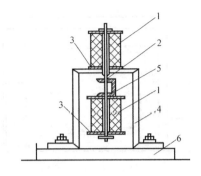

图 9-15 橡胶减振器

1—橡胶；2—螺杆；3—垫板；4—支架；
5—基础支架；6—混凝土支墩

用第一册《机械设备安装工程》第八章定额相应子目。

6. 除尘器安装工程量计算

工业通风的排气系统中，为了排除含有各种粉尘和颗粒气体，以防止污染空气或回收部分物料，因此需要对空气进行除尘，此类设备就是除尘器。

除尘器种类颇多，通常分为重力、惯性、离心、洗涤、过滤、声波和电除尘装置等，根据上述除尘器的不同装置构造原理制造出的除尘器很多，如水膜除尘器、旋风除尘器、布袋除尘器等。

除尘器安装工程量按不同质量，以"台"计算。但不包括除尘器制作，其制作另行计算。

除尘器安装工程量亦不包括支架制作与安装，支架可按扩大计量单位"100kg"计算。

除尘器规格、形式以及支架质量的计算可查阅国标 T501、T505、84T513、CT531、CT533、CT534、CT536、CT537、CT538、CT539、CT540 等图集。

第二节 空调安装工程量计算

一、空调系统组成

空调系统必须满足的技术参数有温度、湿度、清洁度、气体流动速度这"四度"的要求。就工艺要求而言，空调系统组成可作以下划分，即局部式供风空调系统、集中式空调系统和诱导式空调系统。

1. 局部式供风空调系统

该类系统只要求局部实现空气调节，可直接用空调机组如柜式、壁挂式、窗式等即可达到预期效果。还可按要求，在空调机上加新风口、电加热器、送风管及送风口等，如图9-16（a）所示。

2. 集中式空调系统

（1）单体集中式空调系统：该系统适于制冷量要求不大时使用，可在空调机组中配上风管（送、回）、风口（送、回）、各种风阀以及控制设备等。其设置形式是把各单体设备集中固定于一个底盘上，装在一个箱壳里，如图9-16（b）所示。

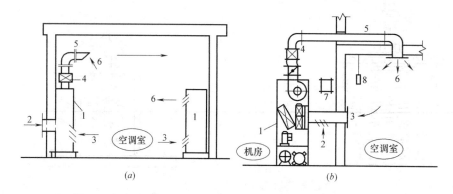

图9-16　单体集中式及局部式供风空调系统

（a）局部空调（柜式）；（b）单体集中式空调

1—空调机组（柜式）；2—新风口；3—回风口；4—电加热器；5—送风管；

6—送风口；7—电控箱；8—电接点温度计

（2）配套集中式制冷设备空调系统：当系统的制冷量要求大时，设备体积较大，故可将各单位设备集中安装在某个机房中，然后配上风管（送、回）、风机、风口（送、回）、各种风阀以及控制设备等，如图9-17所示。

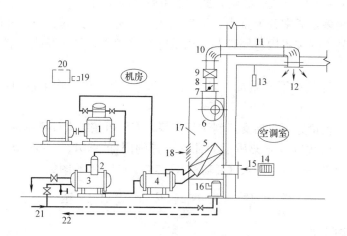

图9-17　恒温恒湿集中式空调系统示意图

1—压缩机；2—油水分离器；3—冷凝器；4—热交换器；5—蒸发器；6—风机；7—送风调节阀；

8—帆布接头；9—电加热器；10—导流片；11—送风管；12—送风口；13—电接点温度计；

14—排风口；15—回风口；16—电加湿器；17—空气处理室；18—新风口；19—电子仪

控制器；20—电控箱；21—给水管；22—回水管

（3）冷水机组风机盘管系统：是将个体的冷水机设备，集中安装于机房内，再配上冷水管（送、回）、冷凝器使用的冷却塔以及水池、循环水管道等，冷水管再连通风机盘管，加上空气处理机就形成一个系统，如图9-18所示。

3. 诱导式空调系统

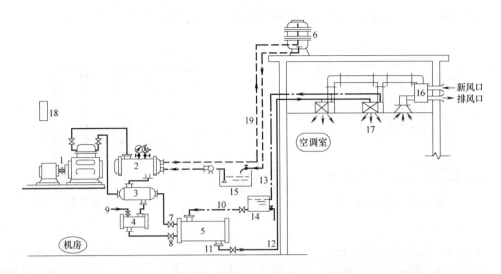

图 9-18　冷水机组风机盘管系统

1—压缩机；2—冷凝器；3—热交换器；4—干燥过滤器；5—蒸发器；6—冷却塔；

7、8—电磁阀及热力膨胀阀；9—R$_{22}$入口；10—冷水进口；11—冷水出口；

12—冷送水管；13—冷回水管；14—冷水箱；15—冷水池；16—空气处理机；

17—盘管机及送风口；18—电控箱；19—循环水管

　　实质上是一种混合式空调系统，由集中式空调系统加诱导器组成。该系统原理是对空气进行集中处理，并利用诱导器实行局部处理后混合供风。诱导器用集中空调室来的一次风作诱导力，就地吸收室内回风（二次风）并经过处理同一次风混合后送出的供风系统。如图 9-19 所示，经过集中处理的空气由风机送至空调房间的诱导器，经喷嘴以高速射出，在诱导器内形成负压，室内空气（二次风）被吸入诱导器，一、二次风相混合后由诱导器风口送出。

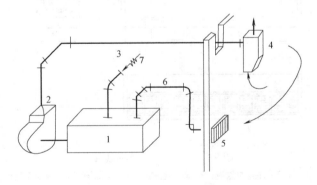

图 9-19　诱导式空调系统示意图

1—空气处理室；2—送风机；3—送风管；4—诱导器；

5—回风口；6—回风管；7—新风口

二、空调系统安装工程量计算

1. 空气加热器（冷却器）安装

空调系统中，空气加热器一般由金属管制成，主要有光管式和肋管式两大类。其构造形式如图 9-20、图 9-21 所示。安装工程量不分形式，一律按"台"计算。

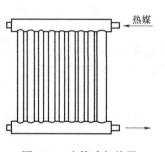

图 9-20 光管式加热器

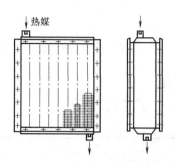

图 9-21 肋管式加热器

2. 空调机安装

空调机又称空调器，通常把本身不带制冷的空调机（器）称为非独立式空调机（空调器、空调机组）。如装配式空调器、风机盘管空调器、诱导式空调器、新风机组以及净化空调机组等。本身带有制冷压缩机的空调设备称为独立式空调机。如立柜式空调机、窗式空调机、恒温恒湿空调机等。

（1）风机盘管空调器：由通风机、盘管、电动机、空气过滤器、凝水盘、送回风口等组成。构造如图 9-22 所示。安装工程量不分功率、风量、冷量和立式、卧式，一律按"台"计算。并根据落地式和吊顶式分别套定额。

风机盘管的配管安装工程量执行第八册《给水排水、采暖、燃气工程》相应子目。

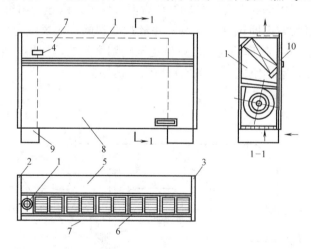

图 9-22 明装立式风机盘管

1—机组；2—外壳左侧板；3—外壳右侧板；4—琴键开关；5—外壳顶板；
6—出风口；7—上面板；8—下面板；9—底脚；10—保温层

（2）装配式空调器：亦称组合式空调器，由进风段、混合段、加热段、过滤段、冷却段、回风段等分段组成。依据工艺和设计要求进行选配组装，如图 9-23 所示。其安装工程量以产品样品中的质量，并按扩大计量单位"100kg"计算。套本册相应定额子目。

（3）整体式空调器：冷风机、冷暖风机、恒温恒湿机组等，不分立式、卧式、吊顶式，其工程量一律按"台"计算。并以质量分档，套本册定额相应子目。如图 9-24 所示。

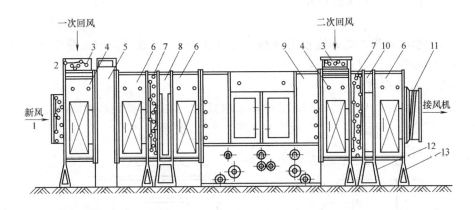

图 9-23　JW 型装配式空调器示意图

1—新风阀；2—混合室法兰；3—回风阀；4—混合室；5—过滤器；6—中间室；7—混合阀；
8——次加热器；9—淋水室；10—二次加热器；11—风机接管；12—加热器支架；13—三角支架

（4）窗式空调器：窗式空调器主要构造分三大部分，制冷循环部分有压缩机、毛细管、冷凝器以及蒸发器等，热泵空调器带电磁换向阀；通风部分有空气过滤器、离心式通风机、轴流风扇、电动机、新风装置以及气流导向外壳等；电气部分有开关、继电器、温度控制开关等元器件，电热型空调器带电加热器等。安装工程量按"台"计算。支架制安、除锈、刷油、密封料及其木框和防雨装置等另行计算。

3. 静压箱安装

静压箱同空气诱导器联合使用，当一次风进入静压箱时，可保持一定静压，使得一次风由喷嘴高速喷出，诱导室内空气吸入诱导器中形成二次风，可达到局部空调的目的。静压箱安装工程量以扩大计量单位"$10m^2$"计算；诱导器安装执行风机盘管安装子目。其构造如图 9-25 所示。

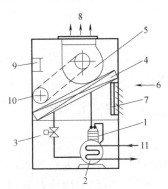

图 9-24　整体式空调器示意图

1—压缩机；2—冷凝器；3—膨胀阀；4—蒸发器；
5—风机；6—回风口；7—过滤器；8—送风口；
9—控制盘；10—电动机；11—冷水管

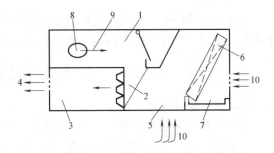

图 9-25　静压箱及诱导器示意图

1—静压箱；2—喷嘴；3—混合段；4—送风；
5—旁通风门；6—盘管；7—凝结水盘；
8——次风连接管；9——次风；10—二次风

4. 过滤器安装

过滤器是将含尘量不大的空气经过净化后进入空气的装置。根据使用功效不同，分高、中、低效过滤器。按照安装形式分立式、斜式、人字形式，安装工程量一律按"台"计算。

过滤器的框架制作与安装按扩大计量单位"100kg"计算。套用本册定额相应子目。除锈、刷油则套第十一册相应子目。

5. 净化工作台安装

为降低房间因超净要求造成的高造价，采取只将工作区保持要求的洁净度，这就是净化工作台。其安装工程量按"台"计算。如图 9-26（a）所示。

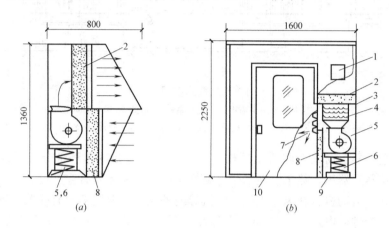

图 9-26　净化工作台与风淋室

（a）净化工作台；（b）风淋室

1—电控箱；2—高效过滤器；3—钢框架；4—电加热器；5—风机；

6—减振器；7—喷嘴；8—中效过滤器；9—底座；10—风淋室门

6. 洁净室安装

洁净室亦称风淋室，按质量分档，以"台"计算。套用本册（篇）相应子目。如图 9-26（b）所示。

7. 玻璃钢冷却塔安装

玻璃钢冷却塔通常出现在使用冷水机组风机盘管系统的顶部，安装工程量以冷却水量分档次，按"台"计算。套用第一册《机械设备安装工程》定额中冷却塔安装子目。

第三节　空调制冷设备安装工程量计算

一、空调制冷设备

在空调系统中空气需要进行冷却处理，而冷源通常有两种：一种是天然冷源，如深井水、洞中冷空气、冬天储存的冰块等；而另一种则是人工冷源。通常采用冷剂制冷，使用冷剂制冷的方法有冷剂压缩制冷、冷剂喷射制冷、冷剂吸收制冷，工程中常用的是压缩冷剂制冷。制冷设备一般由工厂成套生产，如压缩机、分离器、蒸发器等，总之产品包括制冷剂压缩机以及附属设备两大类。成套设备的安装方式通常有如下三种：

1. 单体安装式

将制冷设备配套安装在一个机房中，配上动力管线和控制装置，形成制冷系统，一般称为集中式空调。适用于大型空气调节系统。但其制冷机组的压缩机、冷凝器、蒸发器等皆为散件。

2. 整体安装式

将制冷设备安装在一个底盘上，装进箱体中，实行整体安装。如恒温恒湿空调机，柜式、窗式空调机等，如图 9-24 所示。

3. 分离组装式

制造时，制冷成套设备被分成几组，根据设计要求，装在几个底座上，形成若干个分机体箱。如空气处理室、分体式柜机、分段组装式空调器等，如图 9-23 所示。

二、制冷设备安装工程量计算及套定额

设备安装要遵循的全过程基本如下所述，只是某环节有所不同，同时仍需遵循各自的安装规定。就制冷设备安装而言，要遵循的安装过程有：

准备工作→设备搬运→开箱清点→验收→基础→划线、定位→清洗组装→起吊安装→找平、找正→固定灌浆→试转、交验等。

1. 制冷压缩机的安装

（1）活塞式压缩机

活塞式 V、W 以及 S（扇）型压缩机安装工程量均以"台"计算。不论采用何种制冷剂（NH_3、R_{11}、R_{12}、R_{22}）都按质量分档次，定额套用第一册（篇）《机械设备安装工程》第十章相应子目。

定额规定 V、W、S 型以及扇型压缩机组、活塞式 Z 型 3 型压缩机是按整体安装考虑的，因此，机组的质量应包括主机、电机、仪表盘以及附件和底座等。

活塞式 V、W、S 型以及扇型压缩机的安装是按单级压缩机考虑的，安装同类型双级压缩机时，可按相应定额的人工乘以系数 1.40。

（2）螺杆式制冷压缩机安装

螺杆式制冷压缩机安装工程量均以"台"计算。无论开启式、半开启式、封闭式等一律按质量分档次，定额套用第一册《机械设备安装工程》第十章相应子目。螺杆式制冷压缩机定额是按解体式安装制定的，因此，与主机本体联体的冷却系统、润滑系统、支架、防护罩等零件、附件的整体安装，安装后的无负荷试运转以及运转后的检查、组装、调整等均包括在定额中。但不包括电动机等的动力机械设备质量。电动机安装工程量可按质量分档，以"台"计算，套用定额第一册《机械设备安装工程》第十三章相应子目。

活塞式 V、W、S 型压缩机和螺杆式压缩机的安装，除定额第一册《机械设备安装工程》总说明的规定外，定额不包括如下内容：

1）与主机本体联体的各级出入口第一个阀门外的各种管道、空气干燥设备及净化设备、油水分离设备、废油回收设备、自控系统及仪表系统的安装，以及支架、沟槽、防护罩等制作、加工。

2）介质（制冷剂）的充灌。

3）主机本体循环用油。

4）电动机拆装、检查以及配线、接线等电气工程。

2. 附属设备的安装

（1）冷凝器安装

冷凝器属于压力容器，按其冷却面积和不同形式，可分为立（卧）式壳管式冷凝器、淋浇式冷凝器、蒸发式冷凝器几种类型。前者多用于大、中型制冷系统。冷凝器安装工程量可按不同形式和冷却面积分档，以"台"计算。套用第一册《机械设备安装工程》定额第十四章相应子目。如图9-27所示为SN型淋水式冷凝器安装示意图。表9-4为SN-30～SN-90型淋水式冷凝器规格尺寸表。

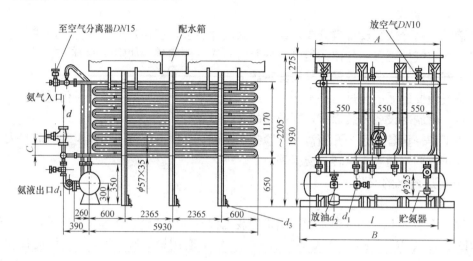

图 9-27　淋水式冷凝器（SN-30～SN-90）安装示意图

淋水式冷凝器（SN-30～SN-90）规格尺寸　　表 9-4

产品型号	组数	冷凝面积（m²）	氨管接口（mm）			贮氨器		主要尺寸（mm）			质量（kg）
			d	d_1	d_2	l(mm)	容积(m³)	A	B	C	
SN-30	2	30	50	20	15	1000	0.070	750	1225	160	1280
SN-45	3	45	70	25	15	1250	0.110	1300	1775	160	1912
SN-60	4	60	80	32	20	1800	0.153	1850	2825	160	2545
SN-75	5	75	80	32	20	2350	0.194	2400	2875	160	3160
SN-90	6	90	100	32	20	2950	0.235	2950	3425	178	3825

（2）蒸发器安装

根据冷库功能不同和被冷加工的产品要求，蒸发器或蒸发系统末端装置被设计成多种形式，有氨用、氟用吊顶式冷风机，落地式冷风机；有氨用、氟用的顶排管；有立管式盐水蒸发器，螺旋管式盐水蒸发器，卧式壳管式盐水蒸发器等。蒸发器安装工程量可按蒸发面积分档次，以"台"计算。套用第一册《机械设备安装工程》定额第十四章相应子目。如图9-28所示为LZZ型立管式盐水蒸发器安装示意图。表9-5为LZZ-20～LZZ-90立管式盐水蒸发器规格尺寸表。

立管式盐水蒸发器（LZZ-20～LZZ-90）规格尺寸　　表 9-5

型号	蒸发面积（m²）	蒸发排管数	氨管接口（mm）			水管接口（mm）	水箱内净尺寸（mm）		外形尺寸（mm）				主要尺寸（mm）			质量（kg）
			d_0	d	d_1		l_0	B_0	L	B	H	H_1	l	b	H_0	
LZZ-20	20	2×10	15	65	90	3510	805	4345	931	2277	1857	1310	263	675	1970	
LZZ-30	30	3×10	20	65	90	3510	845	4345	971	2277	1857	1310	263	675	2375	
LZZ-40	40	4×10	20	80	90	3510	1065	4345	1191	2317	1857	1310	263	710	2850	

续表

型号	蒸发面积（m²）	蒸发排管数	氨管接口（mm）		水管接口（mm）	水箱内净尺寸（mm）		外形尺寸（mm）				主要尺寸（mm）			质量（kg）
			d_0	d	d_1	l_0	B_0	L	B	H	H_1	l	b	H_0	
LZZ-60	60	4×15	25	100	90	4810	1065	5645	1191	2369	1876	2130	263	710	3340
LZZ-75	75	5×15	25	100	110	4810	1330	5657	1480	2369	1876	2130	395	750	3955
LZZ-90	90	6×15	32	125	110	4810	1595	5657	1745	2479	1889	2130	395	750	4540

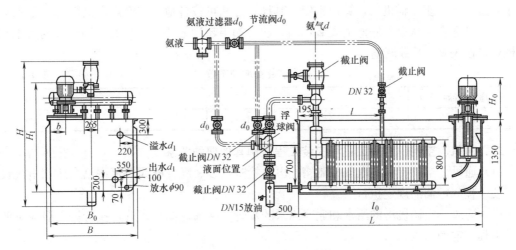

图 9-28　LZZ 型立管式盐水蒸发器安装示意图

（3）储液、排液器、油水分离器安装

储液、排液器可按设备容积分档次，以"台"计算。油水分离器、空气分离器是以设备直径分档次，按"台"计算。套用第一册（篇）《机械设备安装工程》定额第十四章相应子目。

附属设备安装定额规定：

1）随设备带有与设备联体固定的配件（放油阀、放水阀、安全阀、压力表、水位表）等的安装。容器单体气密试验（包括装拆空气压缩机本体以及连接试验用的管道、装拆盲板、通气、检查、放气等）与排污。

2）空气分离塔本体以及本体第一个法兰内的管道、阀门安装；与本体联体的仪表、转换开关安装；清洗、调整、气密试验。

3）制冷设备各种容器的单体气密性试验与排污，定额按一次性考虑的，如果"技术规范"或"设计要求"需要做多次连续试验时，则第二次试验可按第一次相应定额乘以调整系数 0.9；第三次及以上的试验，每次均按第一次的相应定额乘以系数 0.75 计算。

第四节　通风、空调、制冷设备安装工程量计算需注意事项

一、定额中有关内容的规定

（1）软管接头使用人造革而不使用帆布者可换算。

（2）通风机安装项目中包括电动机安装，其安装形式包括 A、B、C、D 型，亦适用于

不锈钢和塑料风机安装。

（3）设备安装项目的基价不包括设备费和应配套的地脚螺栓价值。

（4）净化通风管道以及部件制作与安装，其工程计量方法和一般通风管道相同，但需要套本册（篇）第九章相应定额子目。

（5）净化管道与建筑物缝隙之间进行的净化密封处理，可按实计算。

（6）制冷设备和附属设备安装定额中未包括地脚螺栓孔灌浆以及设备底座灌浆，发生时，可按所灌混凝土体积量分档次，以"m³"计算，套用地方定额。

（7）设备安装的金属桅杆以及人字架等一般起重机具的摊销费，可按照需要安装设备的净质量（含底座、辅机）计算摊销费。其计算方法可按各地方定额规定执行。

（8）设备安装从设备底座的安装标高算起，如果超过地坪±10m时，则定额的人工和机械台班按表9-6系数调整。

设备安装超高增加系数   表9-6

设备底座正负标高(m)	15	20	25	30	40	>40
调整系数	1.25	1.35	1.45	1.55	1.70	1.90

二、通风、空调、制冷工程同安装工程定额其他册的关系

（1）通风、空调工程的电气控制箱、电机检查接线、配管配线等可按第二册《电气设备安装工程》定额的规定执行。

（2）通风、空调机房的给水和通冷冻水的水管、冷却塔循环水管，执行第六册《工业管道工程》定额。

（3）使用的仪表、温度计的安装工程量可执行第十册《自动化控制仪表安装工程》定额。

（4）制冷机组以及附属设备的安装执行第一册《机械设备安装工程》定额。

（5）通风管道等的除锈、刷油、保温、防腐执行第十一册《刷油、防腐蚀、绝热工程》定额。

（6）设备基础砌筑、混凝土浇筑、风道砌筑和风道的防腐等执行《建筑工程预算定额》。

三、通风、空调、制冷工程有关几项费用的说明

（1）通风、空调工程定额中各章所列出的制作和安装均是综合定额，若需要划分出来，可按册说明规定比例划分。

（2）高层建筑增加费指高度在6层或20m以上的工业与民用建筑，属于子目系数，计算规定见第九册说明。

（3）操作高度增加费亦属子目系数，指操作物高度距楼地面6m以上的工程，按定额规定的人工费的百分比计算。

（4）脚手架搭拆费，属于综合系数，可按单位工程全部人工费的百分比计算，其中人工工资占比（％）部分作为计费基础。

（5）通风系统调整费属于综合系数，按系统工程人工费的百分比计算，其中人工工资占比（％）部分作为计费基础。该调试费指送风系统、排风（烟）系统，包括设备在内的系统负荷试车费以及系统调试人工、仪器使用、仪表折旧、调试材料消耗等费用。但不包括空调

工程的恒温、恒湿调试以及冷热水系统、电气系统等相关工程的调试，发生时另计。

（6）薄钢板风管刷油，仅外（或内）面刷油者，基价乘以系数1.2；内外皆刷油者乘以系数1.1。刷油包括风管、法兰、加固框、吊架、拖架、支架的刷油工程。

（7）通风、空调、制冷脚手架与风管刷油、保温定额脚手架费用，不分别计取，可按"以主代次"的原则，即按通风工程定额中规定的脚手架系数计取。

第五节　通风、空调安装工程施工图预算编制案例

一、工程概况

（1）工程地址：本工程位于重庆市某厂房；

（2）工程说明：本工程建筑结构为四层框架结构，开间6m，层高4.9m。通风工程在厂房底层⑧～⑫轴线之间，工艺要求此处需要一定温度、湿度和洁净度的空气。该通风空调系统由新风口吸入新鲜空气，经新风管进入金属叠式空气调节器内，空气经处理后，由δ＝1mm的镀锌钢板制成的分支五路风管（各支管端装有方形直流片式散流器），向房间均匀送风。风管用铝箔玻璃棉毡保温，其厚度δ＝100mm。风管用吊架吊在房间顶板上，安装在房间吊顶内。

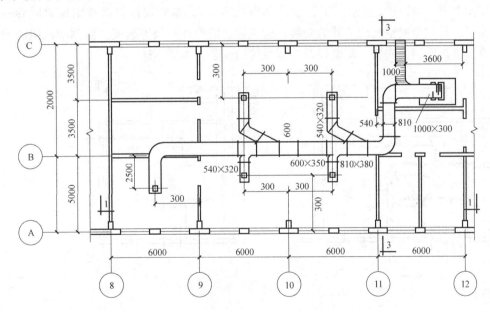

图9-29　通风平面图

叠式金属空气调节器分6个段室：风机段、喷雾段、过滤段、加热段、空气冷处理段、中间段，其外形尺寸为3342mm×1620mm×2109mm，共1200kg，供风量为8000～12000m³/h。空气冷处理可由FJZ-30型制冷机组、冷风箱（3000mm×1500mm×1500mm）、两台泵3BL-9（$Q＝45m^3/h$，$H＝32.6m$）与DN100及DN70的冷水管、回水管相连，供给冷冻水。空气的热处理可由DN32和DN25的管与蒸汽动力管以及凝结水管相连，供给热源。

二、编制依据

施工单位为某国营建筑公司，工程类别为二类。企业管理费为人工费的128.01%；利

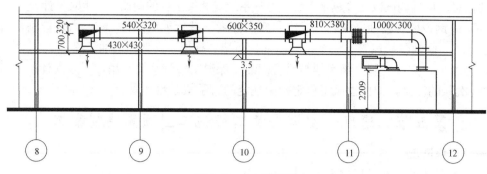

图 9-30　1-1 剖面图

润为人工费的 52.16％。采用 2000 年《国安》，以及重庆市现行间接费用定额和某市现行材料预算价格或部分双方认定的市场采购价格。

合同中规定不计远地施工增加费和施工队伍迁移费。

三、编制方法

（1）在熟读图纸、施工组织设计以及有关技术、经济文件的基础上，计算工程量。工程图如图 9-29～图 9-32 所示。工程量计算表见表 9-7。本例仅计算镀锌钢板通风管的制安、保温，叠式金属空气调节器的安装，通风管道的附件和阀等制安。而制冷机组的安装和供冷、供热管网的安装、配电以及控制系统的安装，本例不述。

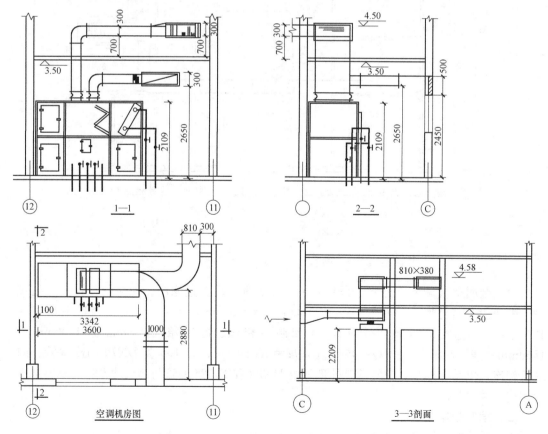

图 9-31　平面及剖面

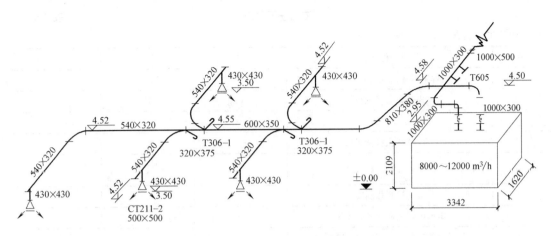

图 9-32　通风、空调系统图

（2）工程量汇总，见表 9-8。

（3）套用 2000 年《国安》，进行工料分析，汇总分部分项工程费，见表 9-9。

（4）按计费程序表计取各项费用（略）。

（5）写编制说明（略）。

（6）自校、填写封面、装订施工图预算书。

工程量计算表　　　　　　　　　　　　　　　　　　　　　　　表 9-7

单位工程名称：某厂房通风空调工程　　　　　　　　　　　　　共　　页　第　　页

序号	分项工程名称	单位	数量	计算式	备注
1	叠式金属空气调节器	kg	1200	6×200	
2	镀锌钢板矩形风管 $\delta=1mm$	m²	55.75	主管：(1+0.3)×2×(3.5−2.209+0.7+0.3/2−0.2+4+1)+(0.81+0.38)×2×(3.5+3)+(0.6+0.35)×2×6+(0.54+0.32)×2×(3+3+0.54/2)	
		m²	40.20	支管：(0.54+0.32)×2×(4+0.5+4+0.5+0.43/2×2+3+0.5+3+0.5+0.43/2+2.5+0.43/2)+(0.43+0.43)×2×(5×0.7)+0.54×0.32×5	
		m²	16.05	新风管：(1+0.5)×2×0.8+(1+0.3)×2×(2.88−0.8+1/2+3.342/2+1/2+2.65−2.1+0.3/2−0.2)	
	风管小计	m²	112.0		
3	帆布接头	m²	1.56	(1+0.3)×2×0.2×3	
4	钢百叶窗(新风口)	m²	0.5	1×0.5	
5	方形直片散流器	kg(个)	61.15(5)	500×500：5 个×12.23kg/个	CT211-2
6	温度检测孔	个	2	1×2	T604
7	矩形风管三通调节阀	kg	13	320×375：4 个×3.25kg/个	T306-1
8	风管铝箔玻璃丝棉保温 $\delta=100mm$	m³	11.20	112×0.1	
9	角钢∟25×4	kg	437.7	76 个×[(0.6+0.4)×2m/个]×1.459kg/m	法兰

工程量汇总表

表 9-8

单位工程名称：某厂房通风空调工程

序号	分项工程名称	单位	数量	备注
1	镀锌钢板矩形风管 $\delta=1mm$	10m²	11.20	
2	叠式金属空气调节器	100kg	12	
3	帆布接头	m²	1.56	
4	钢百叶窗安装（新风口）	m²	0.5	
5	方形直片散流器安装	kg （个）	61.15 （5）	
6	温度检测孔制安	个	2	
7	矩形风管三通调节阀安装	kg	13	
8	风管铝箔玻璃丝棉保温 $\delta=100mm$	m³	11.20	

工程计价表

表 9-9

单位工程名称：某厂房通风空调工程

定额编号	分项工程项目	单位	工程数量	单位价值			合计价值					未计价材料			
				人工费	材料费	机械费	人工费	材料费	机械费	管理费	利润	损耗	数量	单价	合价
9-6	镀锌钢板矩形风管 $\delta=1mm$	10m²	11.20	154.18	213.52	19.35	1726.82	2391.42	216.72	2210.50	900.71				
	镀锌钢板	m²										11.38	127.46	34.00	4333
9-247	叠式金属空气调节器	100kg	12	45.05			540.60			692.02	281.98				
9-41	帆布接头	m²	1.56	47.83	121.74	1.88	74.62	189.91	2.94	95.51	38.92				
9-129	钢百叶窗安装 J718-1	m²	0.5	67.57	191.73	20.58	33.79	95.87	10.29	43.25	17.62				
9-148	方形直片散流器安装	个	5	8.36	2.58		41.80	12.90		53.51	21.80				
9-43	温度检测孔制安	个	2	14.16	9.20	3.22	28.32	18.40		36.25	14.77				
9-61	矩形风管三通调节阀安装	100kg	0.13	1022.14	352.51	336.90	132.88	45.83	43.80	170.10	69.31				
11-2009	风管铝箔玻璃丝棉保温 $\delta=100mm$	m³	11.20	20.67	25.54	6.75	231.50	286.04	75.60	2296.35	120.75				
	玻璃棉毡 $\delta=25mm$	kg										1.03	11.54	1600	18458
	铝箔粘胶带	卷										2.00	22.40	22.00	493
	粘接剂	kg										0.00	112.0	20.00	2240
	合计						2810.33	3040.37	349.35	3597.49	1465.86				25524

思 考 题

1. 圆形风管和方形风管工程量计算公式是如何规定的？

2. 渐缩管工程量如何计算？

3. 软管（帆布接头）工程量如何计算？

4. 风管检查孔制安工程量如何计算？

5. 温度与风量测定孔制安工程量如何计算？

6. 风管部件通常指哪些？其制安工程量如何计算？

7. 通风机的减振台（器）安装工程量如何计算？

8. 装配式空调器安装工程量如何计算？

9. 风机盘管空调器安装、净化工作台安装工程量如何计算？

10. 静压箱安装工程量如何计算？

11. 过滤器安装工程量如何计算？

12. 诱导器安装工程量如何计算？

13. 制冷设备通常有哪些？其安装工程量如何计算？

14. 通风机通常有哪几种？其安装工程量如何计算？

15. 通风空调系统调试费包括哪些内容？其系统调试费如何计算？

16. 通风空调系统调试与通风空调系统"联动试车"是否相同？"联动试车"费如何计算？

17. 通风、空调、制冷脚手架与风管刷油、保温定额脚手架费用是否分别计取？怎样计取？

18. 制冷设备和附属设备安装定额中是否包括地脚螺栓孔灌浆以及设备底座灌浆？若发生时，如何计算？

第十章　刷油、防腐蚀、绝热安装工程施工图预算

第一节　概　述

为防止大气、水和土壤等对金属的锈蚀，对设备、管道以及附属钢结构外部涂层，此是进行防腐蚀所采用的必要措施。

一、除锈工程

除锈即表面处理，其好坏关系到防腐效果，倘若未处理表面的铁锈和杂质的污染，如油脂、水垢、灰尘等均会影响防腐层同基体表面的黏结和附着。所以，对设备或管道等施工时，要根据规范的要求进行表面处理。

1. 除锈等级

对于钢材表面锈蚀程度的划分，目前国际上采用瑞典标准 SISO 55900，即将锈蚀程度分成 A、B、C、D 四级，见表 10-1。一般来说，对 C 级和 D 级钢材表面需要做较为彻底的表面处理。

钢材表面原始锈蚀等级　　　　　　　　　　　　　　　表 10-1

锈蚀等级	锈　蚀　状　况
A级	覆盖着完整的氧化皮或只有极少量锈的钢材表面
B级	部分氧化皮已松动、翘起或脱落，已有一定锈的钢材表面
C级	氧化皮大部分翘起或脱落，大量生锈，但用目测还看不到锈蚀的钢材表面
D级	氧化皮几乎全部翘起或脱落，大量生锈，目测时能见到孔蚀的钢材表面

2. 除锈方法

金属表面除锈通常采用人工除锈、机械除锈和化学除锈等方法。其中人工除锈方法适于较小的物品表面或无条件采用机械方法除锈时使用。其具体操作时用砂皮、钢丝刷子或砂轮将物体表面氧化层去除，然后用有机溶剂如汽油、丙酮、苯等将表面浮锈和油污洗涤，方可进行涂覆。机械除锈多适于大型金属表面除锈。细分有干喷砂法、湿喷砂法、密闭喷砂法、抛丸法、滚磨以及高压水流除锈等方法。化学除锈亦称为酸洗法。其方法主要是将金属制品在酸液中进行侵蚀加工，除掉金属表面氧化物和油垢等。适于对表面处理要求不高、形状复杂的零部件或在无喷砂设备的情况下使用。

二、刷油工程

刷油亦称为涂覆，是安装工程施工中常见的重要内容，将普通油脂漆料涂刷在金属表面，使之与外界隔绝，以防止气体、水分的氧化侵蚀，并增加光泽美观。刷油可分为底漆和面漆两种。刷漆的种类、方法和遍数可根据设计图纸或有关规范要求确定。设备、管道以及附属钢结构经过除锈以后，就可在其表面进行刷油（涂覆）。

1. 涂覆方法

涂覆方法主要有涂刷法、喷涂法、浸涂法和电泳法等。喷涂法是采用喷枪将涂料喷成雾状液，使其在被涂物表面分散沉积的一种方法。亦可细分为高压无空气喷涂法和静电喷涂法，前者适于大面积施工和喷涂高黏度的涂料。浸涂法适于小型零件和内外表面涂覆。电泳法则是一种新型的涂漆方法，适于水性涂料。

2. 常用涂料涂覆

常用涂料涂覆主要采用生漆、漆酚树脂漆、酚醛树脂漆、沥青漆、无机富锌漆、聚乙烯涂料等。

三、衬里工程

衬里是一种综合利用不同材料的特性，使物品保持较长使用寿命的防腐方法。可依据不同介质条件，采用不同材料，大多数是在钢铁或混凝土设备上衬高分子材料、非金属衬里，在温度和压力较高的情况下，可采用耐腐蚀金属材料。衬里可细分为玻璃钢衬里、橡胶衬里、衬铅和搪铅衬里以及砖、板衬里等。

四、绝热工程

绝热是保温、保冷的统称。保温就是减少管道和设备内部所通过的介质的热量向外部传导和扩散，用隔热（保温）材料加以保护，从而减少工艺过程中热损失。保冷就是减少外部热量向被保冷物体内传导。

（1）绝热的种类：管道和设备的绝热，按用途可分为保温、加热保温和保冷三种。

（2）绝热范围：设备、管道（保温、保冷）绝热范围见表10-2。

设备、管道绝热范围　　　　　　　　　　　　　　表10-2

种类	绝热条件	绝热范围	
		设备	管道
保温	操作温度低于100℃	按工艺或防烫要求进行	按工艺或防烫要求进行
	温度为100～250℃	所有的设备应保温,但需要散热的设备除外	全部管线应保温,但阀门、法兰和特殊部位除外
	温度大于250℃	所有使用蒸汽的嘴子、法兰和入孔应保温	所有的部分包括阀门、法兰和其他任何部件均应保温
	任何温度下机泵	按工艺或防烫要求进行保温	
	特殊条件	换热器的法兰、容器的群座和支腿不保温,但有时在易燃车间应涂耐火层,过滤器、疏水器不保温	要求散热的管线不保温

（3）保温和保冷结构组成：

保温结构：防腐层→保温层→保护层→识别层；

保冷结构：防腐层→保冷（温）层→防潮层→保护层→识别层。

五、防腐蚀工程

防腐蚀是指在碳钢管道、设备、型钢支架和水泥砂浆表面要喷涂防锈漆，粘贴耐腐蚀材料和涂抹防腐蚀面层，以抵御腐蚀物质的侵蚀。防腐蚀工程是避免管道和设备腐蚀损失，减少使用昂贵的合金钢，杜绝生产中的泄漏和保证设备正常连续运转及安全生产的重要手段。

防腐有内防腐和外防腐之分，安装工程中的管道、设备、管件、阀门等，除采取外防腐措施防止锈蚀外，有些工程还要按照使用的要求，采用内防腐措施，涂刷防腐材料或用防腐材料衬里，附着于内壁，与腐蚀物质隔开。因此，也可以说防腐蚀工程是根据需要对除锈、刷油、衬里、绝热等工程的综合处理。

第二节　刷油、防腐蚀、绝热工程量计算及定额套用

一、除锈工程量计算及定额套用

（1）钢管除锈工程量：以管道外表面展开面积计算工程量，可按下式计算：

$$S=\pi DL \tag{10-1}$$

式中　L——管道长度；

　　　D——管道内径或外径。

（2）设备除锈：按设备外表面积以"m^2"计算，执行第十一册第一章定额子目。

（3）金属结构除锈：金属结构支架和支座可根据附件设计质量以"100kg"计算，包括连接件（螺栓、螺帽等）的质量，执行第十一册第一章定额子目。

（4）铸铁管道除锈：可按外表面展开面积以"m^2"计算，执行第十一册第一章定额子目。其工程量按照下式计算：

$$S=\pi DL+承口增加面积=1.2\pi DL \tag{10-2}$$

式中　L——管道长度；

　　　D——管道内径或外径；

　　1.2——承口增加面积系数。

（5）暖气片除锈：可按暖气片散热面积，以"m^2"计算，执行第十一册第一章定额子目。其散热面积的分摊见表10-3。

铸铁散热片面积　　　　　　　　　　　　　　　表 10-3

铸铁散热片	$S(m^2/片)$	铸铁散热片	$S(m^2/片)$
长翼型(大60)	1.2	四柱 813	0.28
长翼型(小60)	0.9	四柱 760	0.24
圆翼型 $D80$	1.8	四柱 640	0.20
圆翼型 $D50$	1.5	M132	0.24
二柱	0.24		

二、刷油工程量计算及定额套用

（1）不保温管道刷油，可按"m^2"计算，执行第十一册第二章定额子目。其工程量按下式计算：

$$S=\pi DL \tag{10-3}$$

式中　L——管道长度；

　　　D——管道外径。

若铸铁管道表面刷油，其计算式为：

$$S=1.2\pi DL \tag{10-4}$$

式中　1.2为铸铁管承头面积增加系数。

管道标志色环等零星刷油，执行第十一册第二章相应定额子目，其人工乘以系数2.0。

定额是按安装地点就地刷（喷）油漆考虑的，如果安装前管道集中刷油，人工乘以系数0.7（暖气片除外）。

（2）保温管道表面刷油，可按其保温层外表面展开面积以"m²"计算，执行第十一册第二章定额子目。管道保温层如图 10-1 所示。其工程量按下式计算：

$$S=L\pi(D+2.1\delta+0.0082) \tag{10-5}$$

式中　D——管道外径；

　　　　δ——绝热层厚度；

　　　　L——设备筒体或管道长；

　0.0082——捆扎线直径或钢带厚度。

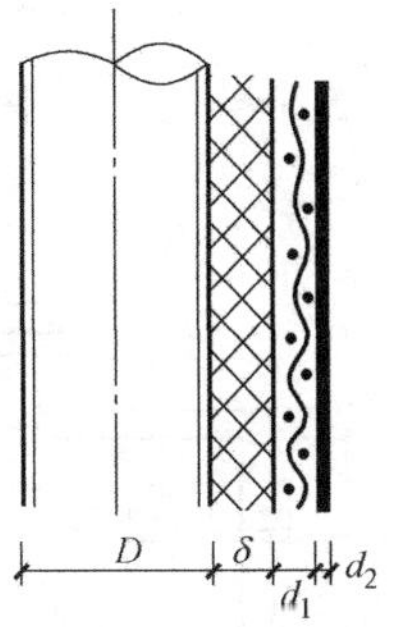

图 10-1　管道保温层

（3）设备刷油工程量计算及定额套用

1）设备不保温表面刷油

① 设备表面刷油以"m²"计算，金属结构以"kg"计算。执行第十一册第二章定额子目。

② 各种设备的人孔、管口、凹凸部分的刷油已综合考虑在相应定额内，不得另行增加工程量。

a. 设备筒体表面积计算公式同不保温管道刷油。

b. 设备圆形底工程量计算式为：

$$S=\pi\left(\frac{D}{2}\right)^2 \tag{10-6}$$

式中　S——设备圆形底刷油面积，m²；

　　　　D——设备圆形底直径，m。

c. 设备封头工程量计算：设备封头如图 10-2、图 10-3 所示。

$$S_{平}=L\pi D+2\pi\left(\frac{D}{2}\right)^2 \tag{10-7}$$

$$S_{圆}=L\pi D+2\pi\left(\frac{D}{2}\right)^2\times1.6 \tag{10-8}$$

式中　1.6——圆封头展开面积系数。

设备不保温刷油，可根据刷油种类和遍数，套用相应定额子目。

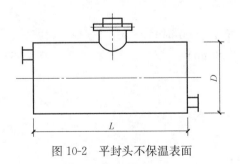

图 10-2　平封头不保温表面

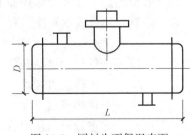

图 10-3　圆封头不保温表面

2）设备保温表面刷油以"m²"计算，按保温层外表面积计算，执行第十一册第二章定额子目。保温表面如图 10-4、图 10-5 所示。

① 平封头设备刷油工程量计算式为：

$$S_{平}=(L+2\delta+2\delta\times5\%)\pi(D+2\delta+2\delta\times5\%)+2\pi\left(\frac{D+2\delta+2\delta\times5\%}{2}\right)^2 \tag{10-9}$$

② 圆封头设备刷油工程量计算式为：

$$S_{圆}=(L+2\delta+2\delta\times5\%)\pi(D+2\delta+2\delta\times5\%)+2\pi\left(\frac{D+2\delta+2\delta\times5\%}{2}\right)^2\times1.6 \quad (10\text{-}10)$$

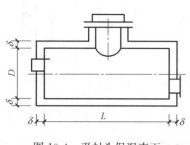

图 10-4　平封头保温表面

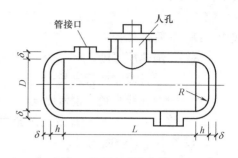

图 10-5　圆封头保温表面

三、绝热工程量计算及定额套用

1. 设备筒体或管道绝热工程量计算

该工程量计算以"m³"为计量单位，防潮层和保护层工程量以"m²"计算，分别执行第十一册第九章定额子目。

计算管道绝热工程时，管道长度不扣除阀门、法兰所占长度，如果阀门、法兰要绝热时，其工程量另计。

设备筒体或管道绝热层、防潮层和保护层工程量计算式如下：

$$V=\pi\times(D+1.033\delta)\times1.033\delta\times L \quad (10\text{-}11)$$

$$S=\pi\times(D+2.1\delta+0.0082)\times L \quad (10\text{-}12)$$

式中　　　V——绝热层体积；

　　　　　L——设备筒体或管道长度；

　　　　　D——管道外径；

　　　　　δ——绝热层厚度；

1.033、2.1——调整系数。

2. 伴热管道工程量计算

伴热管道绝热工程量计算式如下：

（1）单管伴热管或双管伴热管（管径相同，夹角小于90°时）：

$$D'=D_1+D_2+(10\sim20mm) \quad (10\text{-}13)$$

式中　　　D'——伴热管道综合值；

　　　　　D_1——主管道直径；

　　　　　D_2——伴热管道直径；

（10～20mm）——主管道与伴热管道之间的间隙。

（2）双管伴热管（管径相同，夹角大于90°时）：

$$D'=D_1+1.5D_2+(10\sim20mm) \quad (10\text{-}14)$$

（3）双管伴热管（管径不同，夹角小于90°时）

$$D'=D_1+D_{伴大}+(10\sim20mm) \quad (10\text{-}15)$$

式中　D'——伴热管道综合值；

　　　　D_1——主管道直径。

将上述 D' 计算结果分别代入公式（10-11）中，可计算出伴热管道的绝热层、防潮层和保护层工程量。

3. 设备封头绝热层、防潮层和保护层工程量计算

设备封头绝热层、防潮层和保护层工程量计算式如下：

$$V=[(D+1.033\delta)/2]^2\pi\times1.033\delta\times1.5\times N \tag{10-16}$$

$$S=[(D+2.1\delta)/2]^2\pi\times1.5\times1.5\times N \tag{10-17}$$

式中　N——封头个数。

4. 阀门绝热层、防潮层和保护层工程量计算

阀门绝热层、防潮层和保护层工程量计算式如下：

$$V=\pi(D+1.033\delta)\times2.5D\times1.033\delta\times1.05\times N \tag{10-18}$$

$$S=\pi(D+2.1\delta)\times2.5D\times1.05\times N \tag{10-19}$$

5. 法兰绝热层、防潮层和保护层工程量计算

法兰绝热层、防潮层和保护层工程量计算式如下：

$$V=\pi(D+1.033\delta)\times1.5D\times1.033\delta\times1.05\times N \tag{10-20}$$

$$S=\pi(D+2.1\delta)\times1.5D\times1.05\times N \tag{10-21}$$

6. 弯头绝热层、防潮层和保护层工程量计算

弯头绝热层、防潮层和保护层工程量计算式如下：

$$V=\pi(D+1.033\delta)\times1.5D\times2\pi\times1.033\delta\times N/B \tag{10-22}$$

式中　B 值取定为：90°时，$B=4$；45°时，$B=8$。

四、防腐蚀工程量计算及定额套用

（1）管道、设备防腐蚀工程量：管道、设备防腐蚀工程量以"m²"计算，工程量计算方法与不保温管道、设备刷油工程量相同，执行第十一册第三章定额子目。

（2）防腐蚀工程量计算公式同绝热层、防潮层和保护层计算式。

（3）混凝土的箱、池、沟、槽防腐，按《建筑工程预算定额》规定方法计算。

五、计算实例

【例 10-1】　某工程管道为外径 159mm 无缝钢管，管长 86m，外壁刷防锈漆 2 遍，然后用 60mm 厚珍珠岩瓦块保温，保温层外缠玻璃布一层，布面刷调和漆 2 遍，试分别计算其工程量。

【解】　根据定额除锈及刷油工程量：

（1）管道除锈及刷油工程量：

$$F=\pi\times D\times L$$
$$=3.14\times0.159\times86$$
$$=42.94\text{m}^2$$

（2）布面刷调和漆工程量：

$$F=L\times\pi\times(D+2\delta+2\delta\times5\%+0.0072+0.005)$$
$$=86\times3.14\times(0.159+2\times0.006+2\times0.006\times5\%+0.0072+0.005)$$
$$=79.18\text{m}^2$$

（3）管道保温层工程量：

$$V=L\times\pi\times(D+1.033\delta)\times1.033\delta$$

$$=86\times3.14\times(0.159+1.033\times0.006)\times1.033\times0.006$$
$$=3.70m^2$$

（4）保护层工程量：

$$F=L\times\pi\times(D+2.1\delta+2d_1+3d_2)$$
$$=86\times3.14\times(0.159+2.1\times0.06+0.0032+0.005)$$
$$=79.18m^2$$

【例 10-2】 某工程用大 60 暖气片 100 片，试分别计算工程量（刷防锈漆、银粉漆各 2 遍）。

【解】 查表 10-3，大 60 铸铁散热片面积为 $1.2m^2/$片。

刷防锈漆、银粉漆工程量：

$$F=1.2\times100=120m^2$$

思 考 题

1. 除锈有几种方法？管道除锈、刷油工程量怎样计算？

2. 什么是保温、绝热？其工程量如何计算？

3. 当施工图上所要求的油漆涂料和保温材料及衬里材料与定额要求不同时，该怎样使用定额？

4. 试测算定额中每平方米油漆刷油消耗量是多少？该量是怎样来的？

第十一章　建筑电气安装工程施工图预算

第一节　建筑电气安装工程量计算

一、工程量的含义

工程量是以物理计量单位或自然计量单位，所表示的各个具体工程和构配件的数量。物理计量单位是指以公制度量表示的长度、面积、体积和质量等。如 m、m²、m³。通常可用来表示电气和管道安装工程中管线的敷设长度、管道的展开面积、管道的绝热、保温厚度等。用"t"或"kg"作单位来表示电气安装工程中一般金属构件的制作安装质量等。自然计量单位，通常指用物体的自然形态表示的计量单位，如电气和管道设备通常以"台"，各种开关、元器件以"个"，电气装置或卫生器具以"套"或"组"等单位表示。

二、工程量计算依据和条件

1. 工程量计算依据

（1）经会审后的施工图纸、标准图集、现行预算定额或单位基价表；

（2）现行施工及技术验收规范、规程、施工组织设计或施工方案等；

（3）有关安装工程施工、计算和预算手册、造价资料等，如数学手册、建材手册、五金手册、工长手册等；

（4）其他有关技术、经济资料。如招、投标工程，应注意文件或合同、协议划分计算范围和内容。

2. 工程量计算应具备的条件

（1）图纸已经会审；

（2）施工组织设计或施工方案已经审批；

（3）工程承包合用已签订生效；

（4）工程项目划分范围已经明确，各方责任已落实（实施工程建设监理的项目）。

三、工程量计算的基本要求

（1）计算口径一致

计算口径一致指根据现行预算定额计算出的工程量必须同定额规定的子目口径统一，这需要预算人员对定额和图纸非常熟悉，对定额中子目所包括的工作范围和工作内容必须清楚。

（2）计量单位一致

在计算安装工程量时，按照施工图列出的项目的计量单位，要同定额中相应的计量单位相一致，以加强工程量计算的准确性。特别要注意安装工程中扩大计量单位的含义和用法。

（3）计算内容一致

工程量的计算内容必须以施工图和合同界定的内容和范围为准，同时还要与现行预算定额的册、章、节、子目等保持一致。要注意定额各册的具体规定。

四、建筑电气强电安装工程量的计算

1. 变配电装置工程量计算

10kV 以下的变配电装置，通常划分为架空进线和电缆进线等方式。由于变配电装置进线方式不同，控制设备会有所不同，因此，工程量列项内容也就不尽相同。

（1）变压器安装及其干燥

1）变压器安装及其发生干燥时，根据不同容量分别按"台"计算，套用第二册第一章"变压器"定额相应子目。

变压器安装定额亦适用于自耦式变压器、带负荷调压变压器以及并联电抗器的安装。电炉变压器的安装可按同电压、同容量变压器定额乘以系数 2 计算，整流变压器执行同电压、同容量变　压器定额再乘以系数 1.6 计算。

对于变压器的安装定额中不包括如下内容：

① 变压器油的耐压试验、混合化验，无论是由施工单位自检，还是委托电力部门代验，均可按实际发生情况计算费用。

② 变压器安装定额中未包括绝缘油的过滤，发生时可按照变压器上铭牌标注油量，再加上损耗计算过滤工程量，计量单位为"t"。其计算式为：

$$油过滤数量＝设备油量×（1＋损耗率）\qquad(11\text{-}1)$$

③ 变压器安装中，没有包括变压器的系统调试，应另列项目，套用第二册第十一章"电气调试"定额相应子目。

2）4000kVA 以上的变压器需吊芯检查时，按定额机械费乘以系数 2 计算。

（2）配电装置安装

1）断路器（QF）、负荷开关（QL）、隔离开关（QS）、电流互感器（TA）、电压互感器（TV）、油浸电抗器、电容器柜、交流滤波装置等的安装均按"台"计算工程量，套用第二册第一章"变压器"定额相应子目。但需要注意对于负荷开关安装子目，定额中包括了操纵机构的安装，可以不另外计算工程量。

2）电抗器安装及其干燥均按"组"计算，分别套用定额相应子目。

3）电力电容器安装按"个"计算工程量。

4）熔断器、避雷器、干式电抗器等安装均按"组"计算工程量，每三相为一组。

① 上述熔断器是指高压熔断器安装（10kV 以内），定额套用第二册第二章"配电装置"相应子目。而对于低压熔断器安装可套用本册第四章"控制设备及低压电气"有关定额子目，按"个"计算工程量。

② 当阀式避雷器安装在杆上、墙上时，定额已经包括与相线连接的裸铜线材料，不另计量。但是引下线要另行列项计算。定额套用第九章"防雷及接地装置"的接地线相应子目。

③ 避雷器安装定额中不包括放电记录和固定支架制作。放电记录和固定支架制作与安装可另外套用第十一章"避雷器调试"项目和第四章"控制设备及低压电气"的铁构件制作、安装项目。

④ 避雷器的调试可按"组"计算工程量，套用本册第十一章"电气调整试验"定额相应子目。

5）高压成套配电柜和箱式变电站的安装以"台"计算工程量，但未包括基础槽钢、母线及引下线的配置安装。

6）配电设备安装的支架、抱箍、延长轴、轴套、间隔板等，如在现场制作时，可按照施工图纸为依据，并按"kg"计算工程量。执行本册第四章铁构件制作、安装定额或成品价。

7）配电设备的端子板外部接线，可按第二册第四章相应定额执行。

变配电装置系统图以及架空进线变配电装置如图11-1所示。

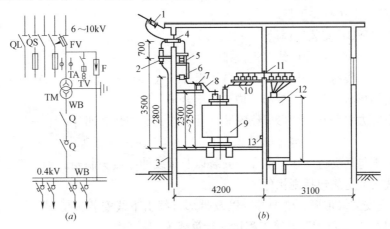

图11-1　变配电装置图

（a）变配电装置系统图；（b）架空进线变配电装置

1—高压架空引入线拉紧装置；2—避雷器；3—避雷器引下线；4—高压穿通板及穿墙套管；
5—高压负荷开关 QL 或高压断路器 QF 或隔离开关 QS，均带操动机构；6—高压熔断器；
7—高压支柱绝缘子及钢支架；8—高压母线 WB；9—电力变压器 TM；
10—低压母线 WB 及电车绝缘子和钢支架；11—低压穿通板；
12—低压配电箱（屏）AP、AL；13—室内接地母线

（3）杆上变压器的安装及其台架制作

1）杆上变压器安装可按变压器的容量（kVA）划分档次，以"台"计算工程量。其工作内容包括：安装变压器、台架铁件安装、配线、接地等。但不包括：变压器调试、抽芯、干燥、接地装置、检修平台以及防护栏杆的制作与安装。

杆上变压器安装套用第二册第十章"10kV以下架空配电线路"定额相应子目。

2）杆上配电设备安装、跌开式保险、阀式避雷器、隔离开关等的安装可分别按"组"计算工程量，按容量划分档次。而油开关、配电箱则分别按"台"计算工程量。但进出线不包括焊（压）接线端子，发生时可另外列项计算工程量。

3）杆上变压器的挖电杆坑土石方、立电杆等项目可按架空线路分部定额计算规则计算工程量并套用定额相应子目。

2. 母线及绝缘子安装工程量计算

（1）10kV以下悬式绝缘子安装定额按"串"计算工程量。定额中包括绝缘子绝缘测试工作。其未计价材料有：绝缘子、金具、悬垂线夹等。悬式绝缘子安装是以单串考虑的，如果设计为双串绝缘子，则定额人工费乘以系数1.08计算。套用第二册第三章定额相应子目。

（2）支持绝缘子安装方式分户内、户外式，按照安装孔数划分档次，以"个"计算工程量。

（3）进户悬式绝缘子拉紧支架，按一般铁构件制作、安装工程量计算，套用本册第四章相应定额子目。

（4）穿通板制安工程量按"块"计算，以不同材质分档，套用第二册第四章"控制设备及低压电器"定额相应子目。

（5）穿墙套管安装不分水平、垂直，定额按"个"计算工程量。套用第二册第三章"母线、绝缘子"定额有关子目。

（6）母线（WB）安装工程量

母线按刚度分类有：硬母线（汇流排），软母线；

母线按材质分类有：铜母线（TMY）、铝母线（LMY），钢母线（Ao）；

母线按断面形状分类有：带形、槽型、组合形；

母线按安装方式分有：带形母线安装一片、二片、三片、四片；

　　　　　　　　　　组合母线 2、3、10、14、18、26 根等。

母线安装不包括支持（柱）绝缘子安装以及母线伸缩接头制安。套用第二册第三章相应定额；母线安装定额包括刷相色漆。

1）硬母线安装（带形、槽型等）以及带形母线引下线安装包括铜母排、铝母排分别以不同截面积按"m/单相"计算工程量。计算式为：

$$L_母 = \sum(按母线设计单片延长米 + 母线预留长度) \qquad (11-2)$$

硬母线安装预留长度见表 11-1 。

硬母线安装预留长度（单位：m/根）　　　　　　　　　　　　　　　　表 11-1

序　号	项　　　目	预留长度	说　　　明
1	带形、槽型母线终端	0.3	从最后一个支持点算起
2	带形、槽型母线与分支线连接	0.5	分支线预留
3	带形母线与设备连接	0.5	从设备端子接口算起
4	多片重型母线与设备连接	1.0	从设备端子接口算起
5	槽型母线与设备连接	0.5	从设备端子接口算起

① 固定母线的金具亦可按设计计量加损耗率计算，带形、槽型母线安装亦不包括母线钢托架、支架的制作与安装，其工程量可分别按设计成品数量执行本册定额相应子目。但槽型母线与设备连接分别以连接不同的设备按"台"计算工程量。

② 高压支持绝缘子安装按"个"或"柱"计算工程量；低压母线电车瓷瓶绝缘子安装，按"个"计算工程量（通常发生在车间母线的安装工程上）；而支、托架制作及安装按"kg"计算；以上各项分别套用定额相应子目。

③ 母线与设备相连，须焊接铜铝过渡端子，或安装铜铝过渡线夹或过渡板时，按"个"计算工程量。按不同截面分档，套用第四章相应定额子目。母线伸缩接头亦按"个"计算工程量。

2）重型母线安装包括铜母线、铝母线，分别按不同截面和母线的成品质量以"t"计算工程量。

3）钢带型母线安装，按同规格的铜母线定额执行，不得换算。

4）低压（指 380V 以下）封闭式插接式母线槽安装分别按导体的额定电流大小以"m"计算工程量，长度可按设计母线的轴线长度控制。分线箱以"台"为计量单位，分别以电流大小按设计数量计算。

5）母线系统调试（10kV 以下），详见本节第 9 部分"电气调试工程量计算"。

6）软母线安装，指直接由耐张绝缘子串悬挂部分，可按软母线截面大小分别以"跨/三相"为计量单位。设计跨距不同时，不得调整。导线、绝缘子、线夹、弛度调节金具等可按施工图设计用量加定额规定的损耗率计算未计价材料用量。

7）软母线引下线，指由 T 型线夹或并钩线夹从软母线引向设备的连接线，可以"组"为计量单位，每三相为一组；软母线经终端耐张线夹引下（不经 T 型线夹或并钩线夹引下）与设备连接的部分均执行引下线定额，不得换算。

8）两跨软母线之间的跳引线（采用跳线线夹、端子压接管或并钩线夹连接的部分）安装，以"组"为计量单位，每三相为一组。不论两端的耐张线夹是螺栓式或压接式，均执行软母线跳线定额，不得换算。

9）设备连接线安装，是指两设备间的连接部分。不论引下线、跳线、设备连接线，均应分别按导线的截面以三相为一组计算工程量。

10）组合软母线安装，以三项为一组计算。跨距（包括水平悬挂部分和两端引下部分之和）系以 45m 以内考虑，跨度的长、短不得调整。导线、绝缘子、线夹、金具可按施工图设计用量加定额规定的损耗率计算。软母线安装预留长度见表 11-2。

软母线安装预留长度（单位：m/根） 表 11-2

项目	耐张	跳线	引下线、设备连接线
预留长度	2.5	0.8	0.6

3. 控制、继电保护屏安装工程量计算

（1）高压控制台、柜、屏等安装，按"台"等计算工程量，套用第四章相应定额子目。

（2）变配电低压柜、屏等，如果为变配电的配电装置时，可套用第四章"电源屏"子目；如果用在车间或其他作动力及照明配电箱时，可套用"动力配电箱"子目。

（3）落地式高压柜和低压柜的基座一般采用槽钢或角钢材料，其制作和安装工程量可按下式计算：

$$L = 2(A+B) \qquad (11\text{-}3)$$

式中　A——柜、箱长，m；

　　　B——柜、箱宽，m。

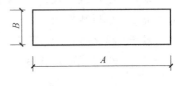

图 11-2　槽（角）钢柜（箱）基座

如图 11-2 所示为槽（角）钢柜（箱）基座外形示意图。

1）槽钢或角钢基座的制作工程量按"kg"计算，套用第二册第四章有关子目。

2）箱、柜基座需要做地脚螺栓时，其地脚螺栓灌浆以及底座二次灌浆套用第一册第十三章"地脚螺栓孔灌浆"及"设备底座与基础间灌浆"定额子目。

（4）铁构件制作、安装按施工图设计尺寸，以成品质量"kg"为计量单位。

（5）动力、照明控制设备及装置安装

1）配电柜、箱等安装，不分明、暗装以及落地式、嵌入式、支架式等安装方式，不分规格、型号，一律按"台"计算工程量。定额套用第二册第四章有关子目。

① 成套动力、照明控制和配电用柜、箱、屏等不分型号、规格以及安装方式，可按"台"计算工程量。

其基座或支架的计算如前所述。进出配电箱的线头如果焊（压）接线端子时，可按"个"计算工程量。

② 非成套箱、盘、板如果在现场加工时，如为铁配电箱时可列箱体制作项目，按"kg"计算；木板配电箱制作根据半周长，按"套"计算工程量；木配电盘（板）制作项目工程量按"m²"计算。其安装项目工程量按"块"计算。以盘、板半周长划分档次，套用本册第四章定额相应子目。

③ 配电屏安装保护网，工程量按"m²"计算，套用本册第四章定额相应子目。

④ 二次喷漆发生时，以"m²"计算，套用本册第四章定额相应子目。

2）箱、盘、板内电气元件安装

① 电度表（kWh）按"个"计算工程量。

② 各种开关（HK、HH、DZ、DW等）按"个"计算工程量。

③ 熔断器、插座等分别按"个"和"套"计算工程量。

④ 端子板安装按"组"计算工程量。其外部接线按设备盘、柜、台的外部接线图，以"个"或"头"为计量单位计算工程量。

3）柜、箱、屏、盘、板配线工程量按盘柜内配线定额执行，以"m"计算长度，套用第二册第四章"控制设备"有关子目。其计算公式为：

$$L=盘、柜半周长×出线回路数 \tag{11-4}$$

盘、箱、柜的外部进出线预留长度可按表11-3计算。

4）配电板包铁皮，按配电板图示外形尺寸以"m²"计算。

5）焊（压）接线端子定额只适用于导线，电缆终端头制作安装定额中已包括压接线端子，不再重复计算，

6）保护盘、信号盘、直流盘的盘顶小母线安装，可按"m"计算工程量。其计算式如下：

$$L=n×\Sigma B+nl \tag{11-5}$$

式中　L——小母线总长；

　　　n——小母线根数；

　　　B——盘之宽；

　　　l——小母线预留长度。

盘、箱、柜的外部进出线预留长度（单位：m/根）　　　表11-3

序　号	项　目	预留长度	说　明
1	各种箱、柜、盘、板、盒	高+宽	盘面尺寸
2	单独安装的铁壳开关、自动开关、刀开关、启动器、箱式电阻器、变阻器	0.5	从安装对象中心算起
3	继电器、控制开关、信号灯、按钮、熔断器等小电器	0.3	从安装对象中心算起
4	分支接头	0.2	分支线预留

4. 电缆工程量计算

电缆敷设形式有直接埋入土沟内，见图 11-3；安放在沟内支架上，见图 11-4；沿墙卡设，见图 11-5；沿钢索敷设，见图 11-6；吊在天棚上等。但无论采用何种敷设方式，10kV 以下的电力电缆和控制电缆敷设，均套用第二册第八章"电缆"定额相应子目。

对于 10kV 以下电力电缆的敷设，在套用定额时，特别应注意本章说明关于章节系数的规定。

（1）10kV 以下电力电缆和控制电缆按延长米计算工程量，不扣除电缆中间头及终端头所占长度。总长度为水平长度加垂直长度加预留长度等，见图 11-7。电缆敷设端头预留长度见表 11-4。

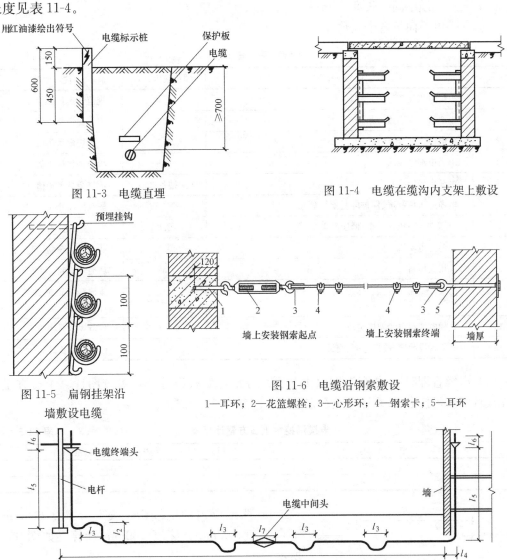

图 11-3　电缆直埋

图 11-4　电缆在缆沟内支架上敷设

图 11-5　扁钢挂架沿墙敷设电缆

图 11-6　电缆沿钢索敷设
1—耳环；2—花篮螺栓；3—心形环；4—钢索卡；5—耳环

图 11-7　电缆长度组成

工程量计算式为：

$$L=(l_1+l_2+l_3+l_4+l_5+l_6+l_7)\times(1+2.5\%) \qquad (11\text{-}6)$$

式中　l_1——水平长度，m；

l_2——垂直及斜向长度，m；

l_3——预留（弛度）长度，m；

l_4——穿墙基及进入建筑物时长度，m；

l_5——沿电杆、沿墙引上（引下）长度，m；

l_6——电缆终端头长度，m；

l_7——电缆中间头长度，m；

2.5%——电缆曲折弯余系数。

电缆端头预留长度　　　　　　　　　　表 11-4

序号	项目名称	预留长度(m)	说明
1	电缆进入建筑物处	2.0	规范规定最小值
2	电缆进入沟内或上吊架	1.5	规范规定最小值
3	变电所进线、出线	1.5	规范规定最小值
4	电力电缆终端头	1.5	检修余量最小值
5	电缆中间接头盒	两端各 2.0	检修余量最小值
6	电缆进入控制屏、保护屏及模拟盘等	高+宽	按盘面尺寸
7	电缆进入高压开关柜、低压配电盘、箱	2.0	柜、盘下进、出线
8	电缆至电动机	0.5	从电机接线盒算起
9	厂用变压器	3.0	从地坪算起
10	电缆绕过梁柱等增加长度	按实计算	按被绕物的断面情况计算增加长度
11	电梯电缆与电缆架固定点	每处 0.5	规范规定最小值
12	电缆附设弛度、波形弯度、交叉	2.5%	按电缆全长计算

（2）电缆直埋时，电缆沟挖填土（石）方量，如有设计图，可按图计算土石方量；如无设计图，可按表 11-5 计算土石方量。

电缆沟挖填土石方量计算表　　　　　　表 11-5

电缆根数	每米沟长挖土量(m³/m)
1～2	0.45
每增一根	0.153

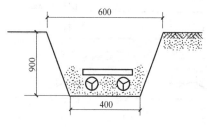

图 11-8　电缆沟新断面图

1）两根以内的电缆沟，按上口宽度 600mm、下口宽度 400mm、深度 900mm 计算，如图 11-8 所示。

2）每增加 1 根电缆，其宽度增加 170mm。

3）以上土（石）方量系按埋深从自然地坪算起，如设计埋深超过 900mm 时，多挖的土（石）方量另行计算。

①
$$V=\frac{(0.6+0.4)\times0.9}{2}=0.45 \text{ m}^3/\text{m} \qquad (11\text{-}7)$$

即每增加 1 根电缆，沟底宽增加 0.17m。

也就是每米沟长增加 0.153 m³ 的土石方量。电缆沟挖土石方工程量，可执行第二册第八章定额相应子目。

② 当开挖混凝土、柏油等路面的电缆沟时，按照设计的沟断面图计算土石方量，其计算式为：

$$V=Hbl \qquad (11\text{-}8)$$

式中　V——土石方开挖量；

　　　H——电缆沟的深度；

　　　b——电缆沟底宽；

　　　l——电缆沟长度。

土石方挖填方量套用第八章相应定额子目。

(3) 电缆沟铺砂盖砖的工程量按沟长度，以"延长米"计算。

(4) 电缆沟盖板揭盖，按每揭或每盖一次以延长米计算，若又揭又盖，则按两次计算。

(5) 电缆保护管无论为引上管、引下管、穿过沟管、穿公路管、穿墙管等一律按长度以"m"计算工程量，根据管的材质（铸铁管、钢管）划分档次，定额套用第二册第九章相应子目。其埋地的土石方，如有施工图，按图计算；如无施工图，可按沟深 0.9m，沟宽按最外边的保护管两侧边缘各增加 0.3m 工作面计算长度，电缆保护管除按设计规定长度计算外，遇有下列情况时，应按以下规定增加保护管长度。

1) 横穿公路，按路基宽两端各加 2m。

2) 垂直敷设管口距地面增加 2m。

3) 穿过建筑物外墙者，按基础外缘增加 1m。

4) 穿过排水沟，按沟壁外缘以外两边各加 0.5m。

(6) 电缆终端头及中间接头均按"个"计算工程量。中间头的计算通常按设计考虑，若无设计规定时，可按下式确定：

$$n=\frac{L}{l}-1 \qquad (11\text{-}9)$$

式中　n——中间头的个数；

　　　L——电缆设计敷设长度，m；

　　　l——每段电缆平均长度，m。可按下列参数取定：

1) 1kV 以下电缆：

截面积 35mm² 以内取 600～700m；

截面积 120mm² 以内取 500～600m；

截面积 240mm² 以内取 400～500m。

2) 10kV 以下电缆：

截面积 35mm² 以内取 300～350m；

截面积 120mm² 以内取 250～300m；

截面积 $240mm^2$ 以内取 $200\sim250m$。

（7）电缆支架、吊架及钢索

1）电缆支架、吊架、槽架等制作安装，以"kg"为计量单位，执行"铁构件制作"定额桥架安装，以"10m"为计量单位，不扣除弯头、三通、四通等所占长度。

2）吊电缆的钢索及拉紧装置，分别执行相应定额子目。

3）钢索的计算长度，以两端固定点的距离为准，不扣除拉紧装置所占的长度。定额套用本册第十二章"配管、配线"定额相应子目。

（8）多芯电力电缆套定额时，按一根相线截面计算，不得将三根相线和零线截面相加计算，单芯电缆敷设可按同截面的多芯电缆敷设计算工程量，再乘以定额规定系数。

（9）电缆工地运输工程量按"t/km"计算。并根据定额规定，可将电缆折算成质量，然后套用运输定额，折算公式为：

$$Q=W+G \tag{11-10}$$

式中　Q——电缆折算总质量，t；

　　W——电缆理论质量，t；

　　G——电缆盘重，t；

$$W=t/m\times\text{电缆长度 m} \tag{11-11}$$

运距是从电缆库房或现场堆放地算至施工点。

5. 配管、配线工程量计算

（1）配管、配线系指从配电控制设备到用电器具的配电线路以及控制线路的敷设。工艺上分明配和暗配两种形式。各种配管应区别不同敷设方式、部位及管材材质、规格，以延长米计算。计算时不扣除管接线箱（盒）、灯头盒、开关盒所占长度。其计算要领是从配电箱算起，沿各回路计算；同时应考虑按建筑物自然层进行划分。或者按照建筑形状分片计算。配管定额套用第十二章"配管、配线"有关子目。

1）沿墙、柱、梁水平方向敷设的管（线）其长度与建筑物轴线尺寸有关。故应按相关墙、柱、梁轴线尺寸计算。如图 11-9 所示。

2）如果在天棚内敷设，或者在地坪内暗敷，可用比例尺斜量。或按设计定位尺寸计算。注意在吊顶内敷管按明敷项目定额执行。

3）在预制板地面和楼面暗敷的管，可按板缝纵、横方向计算工程量。

4）沿垂直方向敷设的管线通常与箱、盘、板开关等的安装高度有关，也与楼层高度 H 有关。沿垂直方向引上引下的管线其计算方法如图 11-10 所示。

（2）管内穿线分照明线路与动力线路，按不同导线截面，以单线延长米计算。照明线路中导线截面 $\geqslant6mm^2$ 时，按动力穿线执行，线路的分支接头线的长度已综合考虑在定额中，不

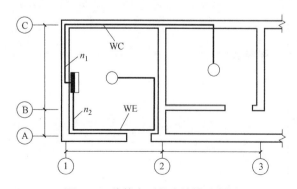

图 11-9　线管水平长度计算示意图

再计算接头工程量。其计算公式为：

$$管内穿线长度＝(配管长度＋导线预留长度)×同截面导线根数\qquad(11-12)$$

（3）钢索架设及拉紧装置、支架、接线箱（盒）等的制作、安装，其工程量另行计算，套第二册第十二章定额相应项目。

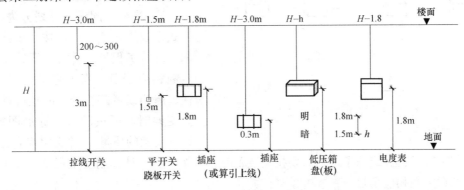

图 11-10　引下线管长度计算示意图

（4）灯具、明暗开关、插销、按钮等的预留线，分别综合在有关定额中，不另计算以上预留线工程量。但配线进入开关箱、柜、板等的预留线，按表 11-6 规定长度预留，分别计入相应的工程量中。

（5）配管接线箱、盒安装等的工程量计算

安装工程中，无论是明配或暗配线管，都将产生接线箱或接线盒（分线盒）以及开关盒等。

配线进入箱、柜、板预留长度（单位：m/根）　　　　　　　　　　表 11-6

序号	项　目	预留长度	说　明
1	各种开关箱、柜、板	高＋宽	盘面尺寸
2	单独安装的铁壳开关、自动开关、刀开关、启动器、箱式电阻器、变阻器	0.5	从安装对象中心算起
3	由地面管子出口引至动力接线箱	1.0	从管口算起
4	电源与管内导线连接（管内穿线与硬母线接头）	1.5	从管口算起
5	出户线（进户线）	1.5	从管口算起

灯头盒、插座盒等安装，均以"个"计算工程量。且箱、盒均计算未计价材料。

接线盒通常布置在管线分支处或者管线转弯处。如图 11-11 所示，可参照此透视图位置计算盒的数量。

当线管敷设超过以下长度时，可在其间增加接线盒：

1）对无弯的管路，不超过 30m。

2）两个拉线点之间有 1 个弯时，不超过 20m。

3）两个拉线点之间有 2 个弯时，不超过 15m。

4）两个拉线点之间有 3 个弯时，不超过 8m。

接线盒的安装工程量，应区别安装形式（明装、暗装、钢索上）套用定额相应子目。

（6）导线同设备连接需焊（压）接线端子时，可按"个"计算工程量。套用第二册第

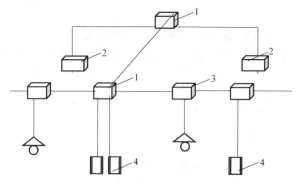

图 11-11　接线盒位置透视图

1—接线盒；2—开关盒；3—灯头盒；4—插座盒

四章定额相应子目。

（7）配线工程量的计算

配线工程定额是按敷设方式、敷设部位以及配线规格进行划分的。

1）绝缘子配线，可划分为鼓形、针式以及蝶式绝缘子，按"单线延长米"计算工程量。套第二册第十二章定额相应子目。当绝缘子配线沿墙、柱、屋架或者跨屋架、跨柱等敷设需要支架时，可按图纸或标准图规定，计算支架的质量，并套用相应支架制作、安装定额子目。绝缘子跨越需要拉紧装置时，可按"套"计算制安工程量，套用第二册第十二章定额相应子目。

2）槽板配线可分为木槽板（CB）配线、塑料槽板（VB）配线等，定额亦分两线式和三线式；根据敷设在不同结构以及导线的规格，按"线路延长米"计算工程量。

3）塑料护套线配线无论为何种形状，定额划分为二芯、三芯式，可按单根线路延长米计算工程量。若沿钢索架设时，必须计算钢索架设和钢索拉紧装置两项，并套用相应定额子目。

4）线槽配线（GXC、VXC等）按导线规格划分档次，线槽内配线以"单线延长米"计算工程量；线槽安装可按"节"计算工程量；如需支架时，可另列支架制作和安装两个项目，套第二册第四章定额相应子目。

5）线夹配线工程量，应区别线夹材质（塑料、瓷质）按两线式、三线式，以及敷设在不同结构，并考虑导线规格，以线路"延长米"计算工程量。

（8）车间滑触线（WT）安装工程量计算

1）角钢滑触线等安装按"m/单相"计算工程量，定额套用第二册第七章相应子目。其计算式为：

$$滑触线长度＝\sum（单相延长米＋预留长度）×根数 \qquad (11\text{-}13)$$

预留长度见表 11-7。

2）滑触线支架制作、安装，支架制作按"kg"计算，套第四章定额相应子目；支架安装按"副"计算工程量。以焊接和螺栓连接方式划分档次，套第七章定额相应子目。

3）滑触线及支架刷第二遍防锈漆，可套用第十一册定额相应子目。

4）滑触线指示灯安装可按"套"计算工程量，套用第二册第七章定额相应子目

5）滑触线低压绝缘子安装按"个"计算工程量，套用第二册第三章定额相应子目。

6）滑触线和支架的安装高度定额是按 10m 以下考虑的，当实际施工超过此高度时，可按第二册第七章定额说明规定计算操作超高增加费。

7）滑触线拉紧装置按"套"计算。

8）滑触线的辅助母线安装，执行"车间带形母线"安装定额项目。滑触线安装附加和预留长度见表 11-7。

滑触线安装附加和预留长度（单位：m/根）　　　　　表 11-7

序号	项　目	预留长度	说　明
1	圆钢、铜母线与设备连接	0.2	从设备接线端子接口算起
2	圆钢、铜滑触线终端	0.5	从最后一个固定点算起
3	角钢滑触线终端	1.0	从最后一个支持点算起
4	扁钢滑触线终端	1.3	从最后一个固定点算起
5	扁钢母线分支	0.5	分支线预留
6	扁钢母线与设备连接	0.5	从设备接线端子接口算起
7	轻轨滑触线终端	0.8	从最后一个支持点算起
8	安全节能及其他滑触线终端	0.5	从最后一个固定点算起

6. 电机安装及其检查接线与干燥工程量计算

2000《国安》定额将电机本体的安装工程量，放入第一册《机械设备安装工程》中，而对于电机的检查接线，可套用第二册第六章定额有关子目。并且在使用定额时，应注意要另列电机调试项目。

（1）发电机、调相机、电动机的电气检查接线

上述项目均以"台"计算工程量。直流发电机组和多台一串的机组，按单台电机分别套定额。定额套用时，可按电机的容量划分档次。

（2）电机干燥

电机在安装之前，通常要测试绝缘电阻，测试不符合规定者，必须进行干燥。在第二册第六章"电机检查接线"定额中，除发电机和调相机外，均不包括电机干燥，发生时其工程量可按电机干燥定额另列项计算。电机干燥定额是按一次干燥所需的工、料、机消耗量考虑的，在特别潮湿的地方，电机需要进行多次干燥时，可根据实际发生的干燥次数计算。当气候干燥、电机绝缘性能良好、符合技术标准而不需要干燥时，则不计算干燥费用。实行包干的工程，可参照如下比例，由有关各方协商决定。

1）低压小型电机 3kW 以下按 25％的比例考虑干燥；

2）低压小型电机 3～220kW 按 30％～50％的比例考虑干燥；

3）大、中型电机按 100％考虑一次性干燥。

（3）电机解体拆装检查

电机解体拆装检查定额，可根据需要选用。如果不需要解体时，只执行电机检查接线定额。

（4）电机安装

电机安装定额的界限划分是：单台电机质量在 3t 以下的为小型电机；单台电机质量在 3～30t 之间的为中型电机；单台电机质量在 30t 以上的为大型电机。小型电机按电机类别和功率大小执行相应定额，大、中型电机不分类别一律按电机质量执行相应定额。

7. 照明器具安装工程量计算

对于照明灯具，国家没有统一的标志，各厂家产品型号及其标志极不统一，给定额套用带来困难。因此，尽量套用与灯具相似的子目。一般灯具套用第二册第十三章"照明器具"有关子目，装饰灯具套用本章有关装饰灯具定额子目。灯具的种类、适用范围详见定

额第十三章的章说明中的具体规定。

灯具的组成一般有灯架、灯罩、灯座及其附件。常见灯具如图 11-12 所示，其安装方式见表 11-8。灯具安装工程量是以其种类、规格、型号、安装方式等进行划分，并且一律按"套"计算工程量。定额包括灯具以及灯管（灯泡）的安装，对于灯具的未计价材料，可以各地区预算价格为依据。其计算公式为：

灯具未计价材料价值＝灯具数量×定额消耗量×灯具单价＋灯泡(灯管)未计价材料价值

$$(11-14)$$

灯泡(灯管)未计价材料价值＝灯泡(灯管)数量×(1＋定额规定损耗率)×灯泡(灯管)单价

$$(11-15)$$

灯罩未计价材料价值＝灯罩数量×(1＋定额规定损耗率)×灯罩单价 　　(11-16)

其中灯泡（灯管）灯罩等的损耗率见表 11-9。

灯具安装方式　　　　　　　　　　　　　　表 11-8

安 装 方 式		新 符 号	旧 符 号
吊式	线吊式	WP	X
	链吊式	C	L
	管吊式	P	G
吸顶式	一般吸顶式	R	D
	嵌入吸顶式		RD
壁装式	一般壁装式	W	B
	嵌入壁装式	R	RB

灯泡（灯管）、灯罩（灯伞）损 耗 率　　　　　　　表 11-9

材 料 名 称	损耗率(%)
白炽灯泡	3.0
荧光灯泡、水银灯泡	1.5
玻璃灯罩(灯伞)	5.0

（1）普通灯具安装，定额中列入了吸顶灯和其他普通灯具两类，按"套"计算工程量。

其他普通灯具包括软线吊灯、链吊灯、防水吊灯、一般弯脖灯、一般壁灯、防水灯头、节能座灯头、座灯头等。定额中不包括吊线盒的价值，计算工程量时，应进行组装计价。软线吊灯未计价材料价值的计算公式为：

软线吊灯未计价材料价值＝吊线盒价值＋灯头价值＋灯伞价值＋灯泡价值 　　(11-17)

（2）荧光灯具安装，可分为成套型和组装型两类。

1）成套型荧光灯是指定型生产，并且成套供应的灯具，由于运输需要，散件出厂、在现场组装。其安装方式有 C、P、R 等形式。链吊式成套荧光灯具安装项目中每套包括两根（共 3m 长）吊链和两个吊线盒。

2）组装型荧光灯是指不是工厂定型生产的成套灯具，而是由市场采购的不同类型散件组装而成，或局部改装而成，执行组装型定额。其安装方式有 C、P、R 等形式。应根据安装方式和灯管数量等分别套用相应定额。

在计算组装型荧光灯时，每套可计算一个电容器安装工程量项目，套用相应定额，并计算电容器的未计价材料价值。

（3）工厂灯及防水防尘灯安装，可分为两类：即工厂罩灯和防水防尘灯；工厂其他常用灯具安装，应区别不同安装形式按"套"计算工程量。

（4）医院灯具安装是指病房指示灯、病房暗脚灯、紫外线杀菌灯、无影灯等，应区别灯具种类按"套"计算工程量。

（5）路灯安装

该类灯具包括两种：一种为大马路弯灯安装，一般臂长为1200mm左右；另一种为庭院路灯安装，应区别不同臂长、灯具组装数量分别按"套"计算工程量。

（6）装饰灯具的安装

装饰灯具通常发生在宾馆、商场、影剧院、大饭店、高级住宅等建筑物装饰用场地。由于内容繁杂、型号亦不统一，在套定额时，要对照附录"装饰灯具示意图集"选择子目。2000年3月17日以后开始实施的《国安》对装饰灯具做了如下分类：

1）吊式艺术装饰灯具：蜡烛、挂片、串珠（穗）、串棒、吊杆、玻璃罩等样式；应根据不同材质、不同灯体垂吊长度、不同灯体直径等分别套用定额；

2）吸顶式艺术装饰灯具：串珠（穗）、串棒、挂片（碗、吊碟）、玻璃罩等样式；应根据不同材质、不同灯体垂吊长度、不同灯体几何形状等分别套用定额；

3）荧光艺术装饰灯具：组合荧光灯光带、内藏组合、发光棚灯、立体广告灯箱、荧光灯光沿等样式；应根据不同安装形式、不同灯管数量、不同几何尺寸、不同灯具形式等的组合，分别套用定额；

4）几何形状组合艺术灯具：繁星灯、钻石星灯、礼花灯、玻璃罩钢架组合灯、凸片灯、反射柱灯、筒型钢架灯、U形组合灯、弧型管组合灯等样式；应根据不同固定形式、不同灯具形式的组合，分别套用定额；

5）标志、诱导装饰灯具：应根据不同安装形式的标志灯、诱导灯，分别套用定额；

6）水下艺术装饰灯具：简易形彩灯、密封形彩灯、喷水池灯、幻光型灯等样式；应根据装饰灯具示意图集所示，区分不同安装形式，分别套用定额；

7）点光源艺术装饰灯具：筒灯、牛眼灯、射灯、轨道射灯等样式；应根据不同安装形式、不同灯体直径，分别套用定额；

8）草坪灯具：分立柱式、墙壁式，应根据装饰灯具示意图集所示，区分不同安装形式，以"套"计算；

9）歌舞厅灯具：分各种形式的变色转盘灯、雷达射灯、幻影转彩灯、维纳斯旋转彩灯、卫星（飞碟）旋转效果灯、多头转灯、滚筒灯、频闪灯、太阳灯、雨灯、歌星灯、边界灯、射灯、泡泡发生器、迷你满天星彩灯、迷你单立（盘彩）灯、多头宇宙灯、镜面球灯、蛇光管等；应根据装饰灯具示意图集所示，区分不同安装形式，以"套"计算。

（7）照明线路附件安装

1）开关、按钮种类多样，如拉线开关、板式开关、密闭开关、一般按钮等。应区别其安装形式、开关、按钮种类、单控或双控以及明装和暗装等按"套"计算工程量。

2）插座安装定额中列入了普通插座和防爆插座两类，应区别电源相数、额定电流、插座安装形式、插座插孔个数以及明装和暗装，按"套"计算工程量。

3）风扇安装，应区别风扇种类，以"台"计算工程量，定额已包括调速器开关的安装。

4）安全变压器安装，按容量划分档，以"台"计算工程量。至于支架的制作、安装可另

列项计算后，套用第二册第四章定额相应子目。

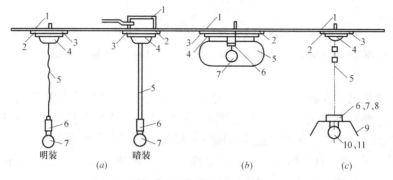

图 11-12　灯具组成示意图

（a）吊灯　明装；1—固定木台螺栓；2—元木台；3—固定吊线盒螺钉；4—吊线盒；
　　　　　　5—灯线（花线）；6—灯头（螺口 E，插口 C）；7—灯泡
　　　　暗装；1—灯头盒；2—塑料台固定螺栓；3—塑料台；4—吊线盒；5—吊杆
　　　　　　（吊链、灯线）；6—灯头；7—灯泡

（b）吸顶灯　1—固定木台螺钉；2—木台；3—固定木台螺钉；4—灯圈（灯架）；5—灯
　　　　　　罩；6—灯头座；7—灯泡

（c）日光灯　1—固定木台螺钉；2—固定吊线盒螺栓；3—木台；4—吊线盒；5—吊线
　　　　　　（吊链、吊杆、灯线）；6—镇流器；7—启辉器；8—电容器；9—灯罩；
　　　　　　10—灯管灯脚（固定式、弹簧式）；11—灯管

5）电铃安装，按直径划分档次，以"套"计算。

6）门铃安装，应区别门铃安装形式，以"个"计算。

8. 防雷与接地装置工程量计算

建筑物的防雷接地装置一般由接闪器、引下线和接地装置三部分组成。其作用是将雷电波通过这些装置导入大地，以确保建筑物免遭雷电袭击。图 11-13 为高层建筑暗装避雷网的安装。其原理是利用建筑物屋面板内钢筋作为接闪器，再将避雷网、引下线和接地装置三部分组成一个钢铁大网笼，亦称为笼式避雷网。图 11-14 是高层建筑为防止侧向雷击而采取的等电位措施。建筑物从首层起，每三层设均压环一圈。当建筑物全部是钢筋混凝土结构时，可将结构圈梁钢筋同柱内充当引下线的钢筋绑扎或焊接作为均压环；当建筑物为砖混结构但有钢筋混凝土组合柱和圈梁时，均压环的做法同钢筋混凝土结构；当没有组合柱和圈梁时，应每三层在建筑物外墙内敷设一圈 $\phi12mm$ 镀锌圆钢作为均压环，并与所有引下线连接。

防雷接地的三个组成部分，即接闪器（避雷针、避雷网、避雷带）、引下线和接地装置（接地体和接地母线），按照施工工艺的要求，要焊接为一体，形成闭合回路。2000 年《国安》已包括固定避雷网（避雷带）、引下线、接地母线的支持卡子的埋设工作。防雷接地部分可套用第二册（篇）第九章定额有关子目。高层建筑物屋顶的防雷接地装置应执行"避雷网安装"定额，电缆支架的接地线安装可执行"户内接地母线敷设"定额。

（1）避雷针安装根据不同的部位，定额中列入了安装在建筑物上和构筑物上，安装在烟囱及金属容器上等项目。图11-15、图11-16分别为避雷针在山墙上和在屋面上安装大样图。一般避雷针的加工制作、安装工程量以"根"计算；独立避雷针安装按"基"计算工程量；独立避雷针的加工制作应执行一般铁构件制作项目或按成品计算。半导体少长针消雷装置安装以"套"计算工程量，按设计安装高度分别执行相应定额。装置本身由设备制造厂成套供货。

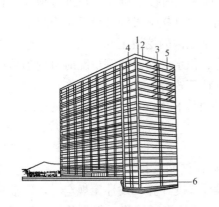

图11-13 框架结构笼式避雷网示意图

1—女儿墙避雷带；2—屋面钢筋；3—柱内钢筋；

4—外墙板钢筋；5—楼板钢筋；6—基础钢筋

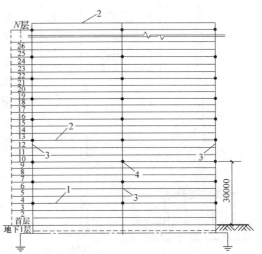

图11-14 高层建筑物避雷带

（网或均压环）引下线连接示意图

1—避雷带（网或均压环）；2—避雷带（网）；3—防雷引下线；

4—防雷引下线与避雷带（网或均压环）的连接处

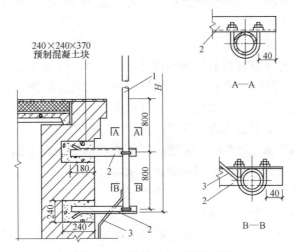

图11-15 避雷针在山墙上安装

1—避雷针；2—支架；3—引下线

（2）避雷网安装工程量按"延长米"计算。其计算公式为：

$$避雷网长度(m)=按图计算延长米×(1+3.9\%) \qquad (11-18)$$

式中 3.9%——避雷网附加长度，即为避绕障碍物、转弯以及上下波动等接头所占长度。

（3）引下线敷设按照所利用的金属导体分别套用定额相应子目，仍以"延长米"计算

171

工程量。其计算式为：

$$引下线长度(m)＝按图计算延长米×(1＋3.9\%) \qquad (11-19)$$

当工程中利用建（构）筑物主筋作为引下线安装时，可以"m"计算工程量，每一柱子内按焊接两根主筋考虑，如焊接主筋数超过两根时，可按比例调整。

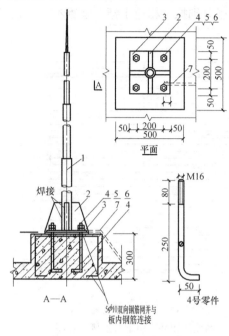

图 11-16　避雷针在屋面上安装

1—避雷针；2—肋板；3—底板；4—底脚螺栓；
5—螺母；6—垫圈；7—引下线

（4）接地体制作安装

1）接地母线敷设其材料通常采用直径≥$\phi 8$的镀锌圆钢或$\delta \geq 4mm$、截面≥$48mm^2$的角钢组合。定额分户内和户外接地母线安装。图 11-17 即为户内接地母线与户外接地体的连接示意图。户外接地母线敷设系按自然地坪考虑的，包括地沟的挖填土和夯实工作，遇有石方、矿渣、积水、障碍物等情况时可列项另行计算。其计算式为：

$$接地母线长度(m)＝按图计算延长米$$
$$×(1＋3.9\%)$$
$$(11-20)$$

2）接地极制安以"根"为计量单位。其长度按设计长度计算。设计无规定时，每根长度可按 2.5m 计算未计价材料的价值。但要根据定额规定，以不同土质划分档次分别套用定额。

如果设计有管帽时，管帽另按加工件计算。

（5）接地跨接线安装。当接地母线遇有障碍时，需要跨越，采用接头连接线相接即叫做跨接。接地跨接可按"处"计算工程量。其出现的部位通常是在伸缩缝、沉降缝、吊车轨道、管道法兰盘接缝等处。至于金属线管和箱、盘、柜、盒等焊接的连接线，线管同线管连接管箍之处的连接线，定额已综合考虑。不再计算跨接。图 11-18 即为接地跨接线示意图。

（6）均压环敷设以"m"为单位，定额主要考虑利用圈梁内主筋作均压环接地连线，焊接按两根主筋考虑，超过两根时，可按照比例调整。长度按设计需要作均压接地的圈梁中心线长度，以延长米计算。

（7）钢、铝窗接地以"处"为单位计量。

（8）高层建筑六层以上的金属窗设计一般要求接地，可按设计规定接地的金属窗数进行设计。

（9）柱子主筋与圈梁以"处"计算，每处按两根主筋与两根圈梁钢筋分别焊接连接考虑，若焊接主筋和圈梁钢筋超过两根时，可按比例调整，需要连接的柱子主筋和圈梁钢筋"处"数按规定设计计算。

（10）断接卡子制作安装以"套"计算。可按设计规定装设的断接卡子数量计算。图 11-19 即为明装引下线时，断接卡子安装图。

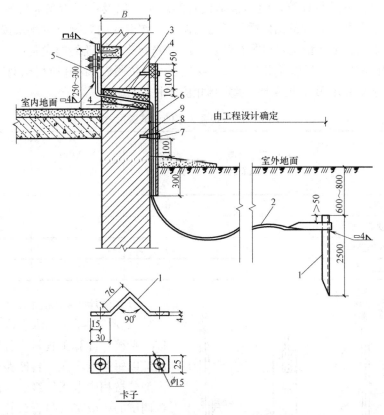

图 11-17　户内接地母线与户外接地体连接

1—接地极；2—接地线；3—硬塑料套管；4—沥青麻丝或建筑密封材料；
5—断接卡子；6—角钢；7—卡子；8—沉头螺栓；9—扁钢

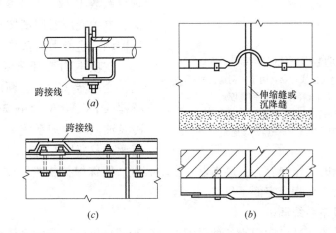

图 11-18　接地跨接线示意图

(a) 连接（法兰盘跨接）；(b) 跨接线连接（过伸缩缝）；(c) 在钢轨处跨接线连接

9. 电气调试工程量计算

电气调试系统的划分以电气原理系统图为依据，电气设备元件的本体均包括在相应定额的系统调试内，不另行计算，但不包括设备的烘干，以及由于设备元件缺陷造成的更换、修理等，也未考虑因设备元件质量低劣对调试工作造成的影响。定额系按新的合格设备考虑的，如果遇到上述情况，可另行计算。经过修配改或拆迁的旧设备调试，定额乘以系数1.1。其中各工序的调整费用需单独计算时，可以按照表11-10所列比例计算。

电气调试系统套用第二册第十一章定额相应子目。

电气调试系统各工序的调试费用　　　　　　　　　　　　　　表 11-10

项目　　比率(%)　　工序	发电机调相机系统	变压器系统	送配电设备系统	电动机系统
一次设备本体试验	30	30	40	30
附属高压二次设备试验	20	30	20	30
一次电流及二次回路检查	20	20	20	20
继电器及仪表试验	30	20	20	20

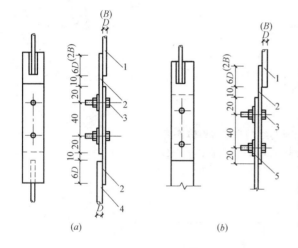

图 11-19　明装引下线时断接卡子安装

(a) 用于圆钢连接线；(b) 用于扁钢连接线；

D—圆钢直径；B—扁钢宽度

1—引下线；2—断接卡子；3—螺栓；

4—圆钢接地线；5—扁钢接地线

（1）变压器系统调试

以变压器容量（kVA）划分档次，按"系统"计算工程量。且变压器系统调试以每个电压侧一台断路器为准，多出部分按相应电压等级的送配电设备系统调试的相应基价另行计算。干式变压器、油浸电抗器调试，执行相应容量变压器调试定额乘以系数0.8。电力变压器如有"带负荷调压装置"，调试定额乘以系数1.12。三卷变压器、整流变压器、电炉变压器调试按同容量的电力变压器调试定额乘以系数1.2计算。

三项电力变压器系统调试工作包括：变压器（TM）、断路器（QF）、互感器（TV、TA）、隔离开关（QS）、风冷及油循环冷却系统装置，一、二次回路调试及变压器空载投入试验等工作。

该系统不包括的工作内容为：避雷器、自动装置、特殊保护装置、接地网调试。上述内容可另列项目后，套相应定额子目。

（2）送配电设备系统调试

送配电设备系统调试，适用于各种送配电设备和低压供电回路的系统调试。定额中列入了交流供电和直流供电两类，以电压等级划分档次，并按"系统"计算工程量。

调试工作包括：自动开关或断路器、隔离开关、常规保护装置、电气测量仪表、电力电缆及一、二次回路系统调试，如图11-20所示。

1）1kV以下送配电设备系统调试，该子目适用于所有低压供电回路。

① 系统划分：凡供电回路中设有仪表（PA、PV、PT、PC、PS 等）、继电器（KA、KD、KV、KT、KM 等）、电磁开关（接触器 KM、启动器 QT 等，不包括闸刀开关、电度表、保险器），均作为调试系统计算。反之，凡线路中不含调试元件者，均不作为一个独立调试系统计算。如民用楼房的供电，所设的分配电箱只装闸刀或熔断器装置，此时不作为独立单元的低压供电系统。因此，这种供电方式的回路不存在调试，只是回路接通的试亮工作。安装自动空气开关、漏电开关亦不计算调试费。

② 单独的电气仪表、继电器安装可执行第二册第四章控制、继电保护屏电气、仪表、小母线安装的相应项目，不计取调试费，所有仪表试验均已包括在系统调试费内，有些不作系统调试的一次仪表，只收取校验费，其费用标准可按校验单位的收费标准计算。

③ 送配电调试项目中的 1kV 以下子目适用于所有低压供电回路，如从低压配电装置至分配电箱的供电回路；但从配电箱至电动机的供电回路已包括在电动机的系统调试的项目之内。

2）10kV 以下送配电设备系统调试，供电系统调试包括系统内的电缆试验、瓷瓶耐压等全套调试工作。供电桥回路中的断路器、母线分段断路器皆作为独立的系统计算调试费。送配电设备系统定额是按一个系统一侧配一台断路器考虑的，若两侧皆有断路器时，则按两个系统计算调试工程量。

（3）特殊保护装置调试

特殊保护装置调试，以构成一个保护回路为一套，其工程量按如下规定计算：

1）发电机转子接地保护，按全厂发电机共同一套考虑。

2）距离保护，按设计规定所保护的送电线路断路器台数计算。

3）高频保护，按设计规定所保护的送电线路断路器台数计算。

4）零序保护，按发电机、变压器、电动机的台数或送电线路断路器的台数计算。

5）故障录波器的调试，以一块屏为一套系统计算。

6）失灵保护，按设置该保护的断路器台数计算。

7）失磁保护，按所保护的电机台数计算。

8）变流器的断线保护，按变流器台数计算。

9）小电流接地保护，按装设该保护的供电回路断路器台数计算。

10）保护检查以及打印机调试，按构成该系统的完整回路为一套计算。

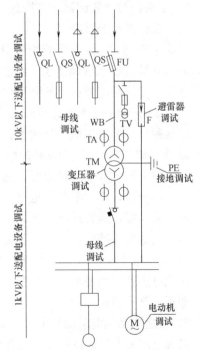

图 11-20　电气系统调试示意图

（4）自动投入、事故照明切换及中央信号装置调试

自动投入装置及信号系统调试，包括自动装置、继电器、仪表等元件本身以及二次回

路的调试。具体规定如下：

1）备用电源自动投入装置调试，其系统的划分是按连锁机构的个数来确定备用电源自动投入装置的系统数。例如：一台变压器作为三段工作母线的备用电源时，可计算三个系统的自动投入装置的调试。如图11-21所示。

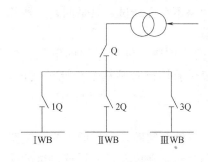

图11-21　备用电源投入装置

2）线路自动重合闸调试系统，可按所使用自动重合闸装置的线路中自动断路器的台数计算系统数量。

3）自动调频装置的调试，以一台发电机为一个系统计算。

4）同期自动装置调试，区分自动、手动，按设计构成一套能完成同期并车行为的装置为一个系统计算。

5）蓄电池及直流监视系统调试，一组蓄电池按一个系统计算。

6）事故照明切换装置调试，按设计能完成交、直流切换的一套装置为一个调试系统计算。

7）周波减负荷装置调试，凡有一个周波继电器，不论带几个回路，均按一个调试系统计算。

8）变送器屏以屏的个数计算。

9）中央信号装置调试，可按每一个变电所或配电室为一个调试系统计算工程量。

（5）母线系统调试

母线系统调试可按电压等级划分档次，以"段"计算工程量。其系统的划分定额规定，3～10kV母线系统调试含一组电压互感器，1kV以下母线系统调试定额不含电压互感器，适用于低压配电装置的各种母线（包括软母线）的调试。

以（TV）为一个系统计算的，其调试工作内容包括：

母线耐压试验、接触电阻测量、电压互感器、绝缘监视装置的调试。不包括特殊保护装置以及35kV以上母线和设备的耐压试验。

1kV以下母线系统调试定额，适用于低压配电装置母线及电磁站的母线。而不适用于动力配电箱母线，动力配电箱至电动机的母线已经综合考虑在电动机调试定额中。

（6）防雷接地装置调试

防雷接地装置调试可按"组"或者"系统"计算工程量。组和系统的划分如下：

1）接地极不论是由一根或两根以上组成的，均作为一次试验，计算一组调试费用。如果接地电阻达不到要求时，再打一根接地极，此时，要再作试验，则可另计一次试验费，即再计算一组调试费。

2）接地网接地电阻的测定。一般的发电厂或变电站连为一体的母网，按一个系统计算；自成母网不与厂区母网相连的独立接地网，另按一个系统计算。大型建筑群各有自己的接地网（接地电阻值设计有要求），虽然在最后也将各接地网连在一起，但应按各自的接地网计算，不能作为一个网，具体应按接地网的实验情况而定。

3）避雷器及电容器的调试，可按每三相为一组计算工程量；单个装设的亦按一组计算，上述设备如设置在发电机、变压器、输配电线路的系统或回路内，可按相应定额另计调试费用。

4）避雷针接地电阻测定，每一避雷针均有单独接地网（包括独立的避雷针、烟囱避雷针等），均按一组计算。

5）独立的接地装置按"组"计算。如一台柱上变压器有一独立的接地装置，即可按一组计算。

6）高压电气除尘系统调试，可按一台升压变压器、一台机械整流器及附属设备为一个系统计算，分别按除尘器平方米范围执行定额。

（7）硅整流装置调试，按一套硅整流装置为一个系统计算。

（8）电动机调试

1）普通电动机的调试，分别按电机的控制方式、功率、电压等级，以"台"计算。

2）可控硅调速直流电动机调试以"系统"计算，其调试内容包括可控硅整流装置系统和直流电动机控制回路系统两个部分的调试。

3）交流变频调速电动机调试以"系统"计算，其调试内容包括变频装置系统和交流电动机控制回路系统两个部分的调试。

4）微型电机指功率在 0.75kW 以下的电机，不分类别以及交、直流，一律执行微电机综合调试定额，以"台"为计量单位。电机功率在 0.75kW 以上的电机调试应按电机类别和功率分别执行相应的调试定额。

10. 电梯电气安装工程量计算

电梯电气安装工程量执行第二册第十四章"电梯电气装置"定额。该定额已包括程控调试。但不包括电源线路以及控制开关、电动发电机组安装、基础型钢和钢支架制作、接地极与接地干线敷设、电气调试、电梯喷漆、轿厢内的空调、冷热风机、闭路电视、步话机、音响设备、群控集中监视系统以及模拟装置等内容。

（1）交流手柄操纵或按钮控制（半自动）电梯电气安装工程量，应区别电梯层数、站数，以"部"计算。

（2）交流信号或集选控制（自动）电梯电气安装工程量，可区别电梯层数、站数，以"部"计算。

（3）直流信号或集选控制（自动）快速电梯电气安装工程量，应区别电梯层数、站数，以"部"计算。

（4）直流集选控制（自动）高速电梯电气安装工程量，应区别电梯层数、站数，以"部"计算。

（5）小型杂物电梯电气安装工程量，应区别电梯层数、站数，以"部"计算。

（6）电梯增加厅门、自动轿厢门及提升高度的工程量，应区别电梯形式、增加自动轿厢门数量、增加提升高度，分别以"个"、"延长米"计算。

五、建筑电气弱电安装工程量的计算

建筑弱电是建筑电气工程的重要组成部分。之所以称为弱电，是针对建筑物的动力、照明用电而言，人们通常将动力、照明等输送能量的电力称为强电；而将传输信号、进行信息交换的电能称为弱电。强电系统引入电能进入室内，再通过用电设备转换成机械能、热能和光能等。可是弱电系统则要完成建筑物内部以及内部同外部的信息传递和交流。作为一个日益复杂的建筑弱电工程，可谓是一个集成系统，功能越来越多。目前建筑弱电系统主要有：电话通信系统、共用天线电视系统、有线广播音响系统、安全防范系统等。现行《全国统一安装工程预算定额》对于弱电工程部分未单独颁布相应定额子目。在使用中，可采用强电定额相应子目套用，若定额没有的项目则可借用地方定额使用。

1. 室内电话管线工程量计算

根据专业的划分，建筑安装单位通常只作室内电话管线的敷设，安装电话插座盒、插座。而电话、电话交换机的安装以及调试等工作原则上由电讯工程安装单位施工。

（1）电话室内交接箱、分线盒、壁龛（端子箱、分线箱、接头箱）的安装

1）对于不设电话站的用户单位，可以用一个箱同市话网站直接连接，再通过箱的端子分配到单位内部分线箱或分线盒中去，此箱就称为"交接箱"。安装时可采用明装或暗装形式。以"个"计算工程量，按电话对数分档，箱、盒计算未计价价值。

2）室内电话管线进入用户，须转折、过墙、接头时采用分线箱（端子箱、接头箱）如为暗装时即称为壁龛。其箱体材料可用木质、铁质制作。

对于装设电话对数较少的盒称为接线盒或分线盒。壁龛、分线盒的安装按"个"计算。

（2）电话管线敷设

电话管线敷设分明敷、暗敷，按管径大小和管材分类以"米"计算。定额可按《国安》第二册或地方定额《电气设备安装工程》第十二章配管配线工程执行。接线盒与分线盒的计算方法同动力照明线路。

如为沿墙布放双芯电话线时，工程量计算方法同照明、动力线路。如果采用电话电缆明敷，可套用定额第二册第十二章"塑料护套线明敷"子目。

（3）话机插座安装

话机插座无论接线板式、插口式等，不分明、暗，一律按"个"计算。但应计算一个插座盒的安装。插座安装定额可套用第二册第十三章相应子目。插座盒安装套用第二册第十二章相应子目。

2. 共用天线电视系统（CATV）工程量计算

共用天线电视系统是由一组室外天线，通过输送网络的分配将许多用户电视接收机相连，传送电视图像、音响的系统。简称 CATV 系统。

（1）天线架设

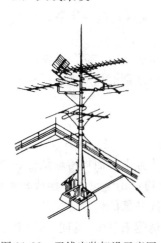

1）CATV 天线架设可按"套"计算。其工作内容包括：开箱检查、搬运、清洁、安装就位、调试等。天线的未计价材料包括天线本身、底座、天线支撑杆、拉线、避雷装置等。

天线安装架设如图 11-22 所示。

2）卫星接收抛物面天线安装，可按直径分档次，以"副"计算。其工作内容包括：天线和天线架设场内搬运、吊装、安装就位、调正方位及俯仰角、补漆、安装设备等。抛物面天线的未计价材料包括：天线架底座一套、底座与天线自带架加固件一套、底座与地面槽钢加固件一套。

图 11-22　天线安装架设示意图

抛物面天线调试按"副"计算。

（2）天线放大器（或称前置放大器）及混合器安装

适宜安装在天线杆上，距天线 1.5～2.0m。它是密封的，能防风雨。放大器的电源在室内前端设备中，电源线采用射频同轴电缆，这种电缆能兼容工频电流和射频电流。其工程量按"个"计算。

（3）天线滤波器安装

天线滤波器安装以"个"计算。

（4）主放大器、分配器、分支器等安装

插座或终端分支器工程量按"个"计算。

共用天线电视系统中定额里列有各种单项器件的安装，除天线放大器、混合器外，还有二分配器、四分配器、二分支器、四分支器、宽频放大器、用户插座等项。其工程内容均包含本体安装、接线、调试等。其单项器件的安装均以"个"计算工程量，适用于各种盘面的安装。如果在保护箱内安装，其箱体的制作安装费用可套用其他章节的子目。

（5）用户共用器安装

用户共用器属于 CATV 系统的前端设备，通常由高、低频衰减器各一个，高、低频放大器各一个，稳压电源一个，混合器一个，四分配器一个等组成，安装在一个箱内。其安装方式分明装或暗装，暗装时应计算一个接线箱的安装，其方法和定额套用与照明线路相同。如果用户共用器由现场加工，所列工程量计算项目有：

1）电器元件计算一次安装；

2）计算箱体制作；

3）计算箱体安装；

4）计算箱内配线。

（6）同轴电缆敷设

同轴电缆敷设按"米"计算。无论明敷、暗敷均与动力或照明线路的计算方法相同。

如果为穿管敷设可以按管内穿线工程量计算，套用配管、配线定额相应子目；如果在钢索上敷设，工程量计算、列项以及套定额同照明线路在钢索上敷设相同。

（7）CATV 系统中的箱、盒、盘、板等的制作、安装工程量计算与套用定额

CATV 系统中的箱、盒、盘、板等工程量的计算方法同定额的套用可参照第二册有关子目。

（8）CATV 系统调试

CATV 系统调试指调试接收指标，除天线等调试以外，可以用户终端为准，按"户"计算工程量。

3. 有线广播音响系统工程量计算

建筑物的广播系统包括：有线广播、舞台音乐、背景音乐、扩声系统等。如图 11-23所示

（1）广播线路配管安装

其安装方式分明装和暗装两种，工程量计算方法和套用定额均与第二册照明、动力配管相同，但是要注意分线盒的安装和计算。

（2）广播线路的明敷

广播线路的明敷，穿管敷设、槽板敷设计算方法和定额的套用均与第二册的照明、动

力线路敷设相同。

（3）广播线路中的箱、盒、盘、板的制作和安装，其工程量的计算方法和定额的套用均与第二册动力、照明工程相同。

（4）广播设备安装

按设备容量分档次，以"套"计算工程量。

（5）扩音转接机安装

按"部"计算工程量。

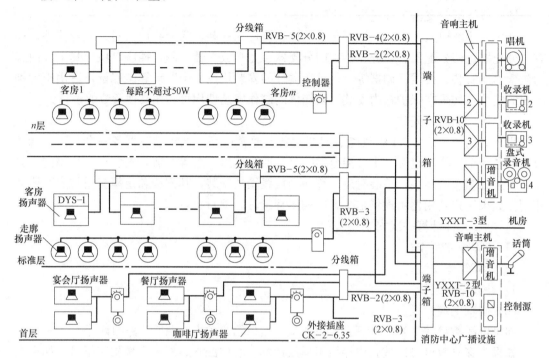

图 11-23　间频传输背景音乐与火灾广播系统图

（6）扬声器安装

无论是何种形式，其安装工程量一律按"个"计算工程量。

（7）扩音柱安装

扩音柱的安装按"部"计算。

（8）电子钟安装和调试，按"只"、"台"计算。

（9）线间变压器安装按"个"计算。

（10）端子箱安装

按"台"计算。套用第二册第四章相应子目。

4．建筑火灾自动报警及自动消防系统工程量计算

该系统主要由报警系统、防火系统、灭火系统和火警档案管理四个部分组成。其火灾消防系统示意如图 11-24 所示。其配管配线工程量按图纸计算，无论是明敷或暗敷的计算及定额的套用方法，均与第二册动力和照明线路有关子目相同。

（1）火灾探测器安装

点型探测器按线制的不同分为多线制与总线制，不分规格、型号、安装方式和位置，

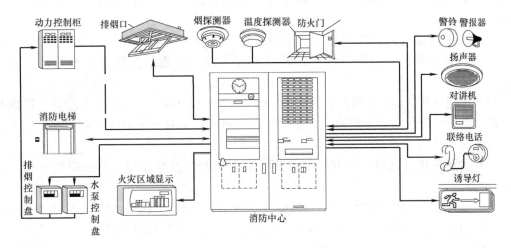

图 11-24 火灾灭火系统联动示意图

以"只"计算。探测器安装包括了探头及底座的安装及本体调试。红外线探测器均按"只"计算工程量，定额套用第七册消防及安全防范设备安装工程定额有关子目。红外线探测器是成对使用的，计算工程量时，一对为两只。定额中包括了探头支架安装和探测器的调试、对中。

火焰探测器、可燃气体探测器按线制的不同分为多线制和总线制两种，计算时不分规格、型号、安装方式与位置，以"只"计量。探测器安装包括了探头和底座的安装以及本体调试。

线型探测器的安装方式按环绕、正弦以及直线综合考虑，不分线制以及保护形式，以"m"计算。定额中未包括探测器连接的一只模块和终端，其工程量可按相应定额另行计算。定额套用第七册有关子目。

（2）火灾自动报警装置安装

1）区域火灾报警控制器安装

其安装形式一般有台式、壁挂式、落地式几种。壁挂式采用明装，安装在墙上时，底距地（楼）面≥1.5m，距门、窗框边≥25cm。按线制的不同分多线制和总线制两种，在不同线制、不同安装方式中，按照"点"数的不同划分定额项目，以"台"计算。定额套用第七册有关子目。如果设在支架上，则另外计算支架工程量，并且分别套用第二册第四章一般铁构件制作、安装定额子目。其多线制"点"是指报警控制器所带报警器件（探测器、报警按钮等）的数量。总线制"点"是指报警控制器所带的有地址编码的报警器件（探测器、报警按钮、模块等）的数量。如果一个模块带数个探测器，则只能计为一点。

2）联动控制器按线制的不同分多线制和总线制两种，其中又按安装方式不同分壁挂式和落地式。在不同线制、不同安装方式中按照"点"数的不同划分定额项目，以"台"计算。

多线制"点"是指联动控制器所带联动设备的状态控制和状态显示的数量。总线制"点"是指联动控制器所带的有控制模块（接口）的数量。定额套用第七册有关子目。因落地式较多，故采用型钢做基础。定额分别套用第二册第四章一般铁构件制作、安装定额子目。

（3）按钮包括消火栓按钮、手动报警按钮、气体灭火启停按钮，以"只"计算。定额按照在轻质墙体和硬质墙体上安装两种方式综合考虑，安装方式不同时，不得调整。

（4）控制模块（接口）是指仅能起控制作用的模块（接口），亦称为中继器，依据其给出控制信号的数量，分为单输出和多输出两种形式。不分安装方式，可按输出数量以"只"计算。

（5）报警模块（接口）不起控制作用，只起监视、报警作用，不分安装方式，以"只"计算。

（6）报警联动一体机按线制的不同分为多线制和总线制，其中又按其安装方式不同分为壁挂和落地式。在不同线制、不同安装方式中按照"点"数的不同划分定额项目，以"台"计算。

多线制"点"是指报警联动一体机所带报警器件与联动设备的状态控制和状态显示的数量。

总线制"点"是指报警联动一体机所带的有地址编码的报警器件与控制模块（接口）的数量。

（7）重复显示器（楼层显示器）不分规格、型号、安装方式，按总线制与多线制划分，以"台"计算。

（8）远程控制器按其控制回路数以"台"计算。

（9）火灾事故广播中的功放机、录音机的安装按柜内以及台上两种方式综合考虑，分别以"台"计算。

（10）消防广播控制柜是指安装成套消防广播设备的成品机柜，不分规格、型号以"台"计算。

（11）火灾事故广播中的扬声器不分规格、型号，按吸顶式与壁挂式以"只"计算。

（12）广播分配器是指单独安装的消防广播用分配器（操作盘），以"台"计算。

（13）消防通信系统中的电话交换机按"门"数不同以"台"计算；通信分机、插孔是指消防专用电话分机与电话插孔，不分安装方式，分别以"部"、"个"计算。

（14）报警备用电源综合考虑了规格、型号，以"台"计算。

（15）消防中心控制台、自动灭火控制台、排烟控制盘、水泵控制盘等安装，套用定额第二册有关子目。即非标准箱、屏、台等制作、安装子目。

（16）消防系统调试

消防系统调试包括：自动报警系统、水灭火系统、火灾事故广播系统、消防通信系统、消防电梯系统、电动防火门、防火卷帘门、正压送风阀、排烟阀、防火阀控制装置、气体灭火系统装置。

1）自动报警系统是由各种探测器、报警按钮、报警控制器组成的报警系统，区分不同点数以"系统"计算。其点数按多线制与总线制报警器的点数计算。

2）水灭火系统控制装置按照不同点数以"系统"计算。其点数按多线制与总线制联动控制器的点数计算。

3）火灾事故广播系统、消防通信系统中的消防广播喇叭、音箱和消防通信的电话分机、电话插孔，按其数量以"个"计算。

4）消防用电梯与控制中心间的控制调试以"部"计算。

5）电动防火门、防火卷帘门指可由消防控制中心显示与控制的电动防火门、防火卷帘门，以"处"计量，每樘为一处。

6）正压送风阀、排烟阀、防火阀以"处"计算，一个阀为一处。

（17）安全防范设备安装

1）设备、部件按设计成品以"台"或"套"计算。

2）模拟盘以"m²"计算。

3）入侵报警系统调试以"系统"计算，其点数按实际调试点数计算。

4）电视监控系统调试以"系统"计算，其头尾数包括摄像机、监视器数量之和。

5）其他联动设备的调试已考虑在单机调试中，其工程量不再另计。

5. 高层建筑电子联络系统安装工程量计算

随着现代化高层建筑和超高层建筑的日益增多，尤其是智能住宅小区的开发建设，楼宇的安全防范系统越来越复杂。可采用安全电子联络系统。在高层建筑电子联络系统中，可分为传呼系统和"直接对讲系统"。"直接对讲系统"又可分为"一般对讲系统"和"可视对讲系统"。在楼宇内"传呼系统"需设置值班员，通过"呼叫主机"再接通"用户应答器"即可对话。如图 11-25 所示为高层住宅电子传呼对讲系统接线图。直接对讲系统，来客可直接按动主机面板的对应房号，主人的户机会发出振动铃声，双方对讲之后，主人通过户机开启楼层的大门，客人方可进入。可视对讲系统是当客人按动主机面板对应房号时，主人户机会发出振动铃声，而显示屏自动打开，显示出客人的图

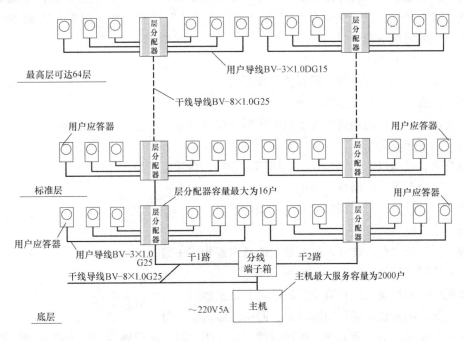

图 11-25　高层住宅电子传呼对讲系统接线图

像，主人同客人对讲并确定身份后，主人可通过户机开锁键遥控大门的电控锁打开大门，客人进入大门后，闭门器就将大门自动关闭并锁好。如图 11-26 所示为一楼宇可视对讲系统示意图。

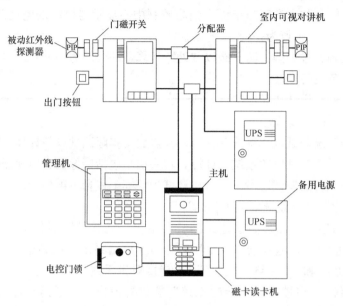

图 11-26 楼宇可视对讲系统示意图

（1）传呼（呼叫）主机安装

传呼主机通常安装在工作台上；而呼叫系统（不设值班员）的主机一般挂于墙上（明装）或在墙上暗装。其安装工程量可按"台"或"套"计算。在《国安》未颁布的情况下，可借用照明配电箱子目。

（2）主机电源插座

按"套"计算，套用第二册有关定额子目。

（3）主机同端子箱连接的屏蔽线

应考虑接入主机的预留长为主机的半周长以及与端子箱连接端预留 1m。

（4）端子箱安装

不分明、暗均以"台"计算。套用第二册第四章相应子目。

（5）层分配器、广播分配器的安装

按"台"计算，可套用第七册定额相应子目。

（6）用户应答器安装

按"只"或"台"计算，借用第七册扬声器相应子目。

（7）传呼系统调试

单机调试和系统调试按第十三篇第九章定额执行。

（8）管线的安装定额套用同动力、照明配线定额子目。

（9）电控锁、电磁吸力锁、可视门镜、自动闭门器、密码键盘、读卡器、控制器等安装可接按"台"计算。

（10）门磁开关、铁门开关等安装，无论何种规格、型号和安装位置，均按"套"计算。

（11）可视对讲系统射频同轴电缆敷设按"m"计算。

（12）可视对讲系统配电柜、稳压电源、UPS不间断电源安装（以电容量分档）等均按"台"计算。

（13）当不采用楼层分配器（端子箱），而用楼层解码板时其安装工程量按"套"计算。

6. 智能三表出户系统安装工程量计算

高层住宅中，为便于物业管理和满足用户的需要而设置的三种表（冷水、热水和中水表；电度表和气表）称为智能三表出户系统。如图 11-27 所示为某高层住宅标准层三种表出户系统和可视对讲系统图。

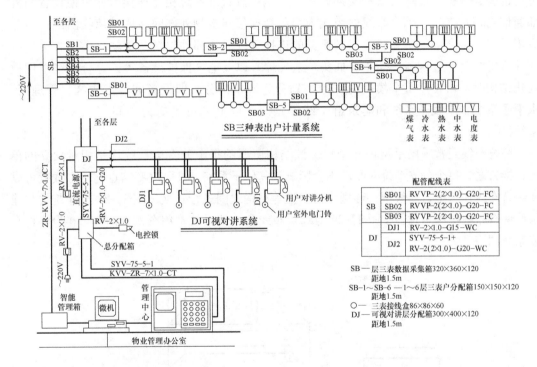

图 11-27　某高层住宅标准层三种表出户系统和可视对讲系统

（1）三表出户系统中配管、配线安装计算方法和定额套用与动力照明系统相同。

（2）三表出户管理器安装工程量按"台"计算，另列一个暗接线盒或暗接线箱安装项目。

（3）智能三表（水表、电表、气表）安装分别采用先进的脉冲式表，并在表中附加一块微型程序控制器，整个系统便会具备小型数据库功能，对三表的用户用（水、电、气）量可录入、排序、分类，并具抄表、计费、打印的输出功能。三表按"个"计算（远传冷/热水表、远传脉冲电表、远传煤气表的安装，套用第十三册定额《建筑智能化系统设备安装工程》第四章"建筑设备监控系统安装工程"的多表远传系统相应子目）。每个表计一个暗接线盒安装项目，套用第十三册或第二册定额相应项目。

（4）层分配器（箱）、户分配器（箱）安装按"个"计算，同时还要列端子板外接线项目，按"10 头"计算。

7. 综合布线系统安装工程量计算

智能建筑是信息时代的产物，综合布线是智能建筑的中枢神经系统。智能建筑系统功能设计的核心是系统集成设计，智能建筑物内信息通信网络的实现，是智能建筑系统功能上系统集成的关键。智能化建筑通常具有的四大主要特征是：建筑物自动化（BA）、通信自动化（CA）、办公自动化（OA）和布线综合化（GC）。智能建筑与综合布线之间的关系是：综合布线是智能建筑的一部分，像一条高速公路，可统一规划、统一设计，将连接线缆综合布置在建筑物内。人们定义综合布线为具有模块化的、灵活性极高的建筑物内或建筑群之间的信息传输通道，是智能建筑的"信息高速公路"。它既可使语音、数据、图像设备和交换设备与其他信息管理系统相互连接，亦可使设备与外部通信网相互连接。综合布线的组成内容包括连接建筑物外部网络或电信线路的连线与应用系统设备之间的所有线缆以及相关的连接部件。该部件包括：传输介质、相关连接硬件（配线架、连接器、插座、插头、适配器）以及电气保护设备等。综合布线采用模块化结构时，可按照每个模块的作用，划分为 6 个部分，即设备间、工作区、管理区、水平子系统、干线子系统和建筑群干线子系统。以上又可概括为一间、二区和三个子系统。

综合布线通常采用星型拓扑结构。该结构所属的每个分支子系统均是相对独立的单元，换言之，每个分支系统的改动不会影响到其他子系统，只要改变结点连接方式就可以使综合布线在星型、总线型、环型、树状型等结构之间进行转换。图 11-28 为建筑物与建筑群综合布线结构示意图；图 11-29 为综合布线和通信系统常用图例；图 11-30 为综合布线系统图。

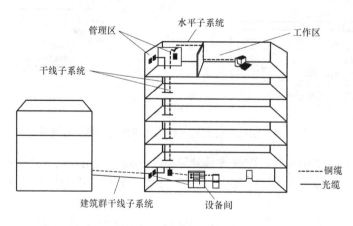

图 11-28　建筑物与建筑群综合布线结构示意图

（1）综合布线系统组成

1）设备间：设备间是楼宇放置综合布线线缆和相关连接硬件以及应用系统的设备的场地。通常设在每幢大楼的第二或第三层。包括建筑物入口区的设备或防雷电保护装置以及连接到符合要求的建筑物的接地装置。

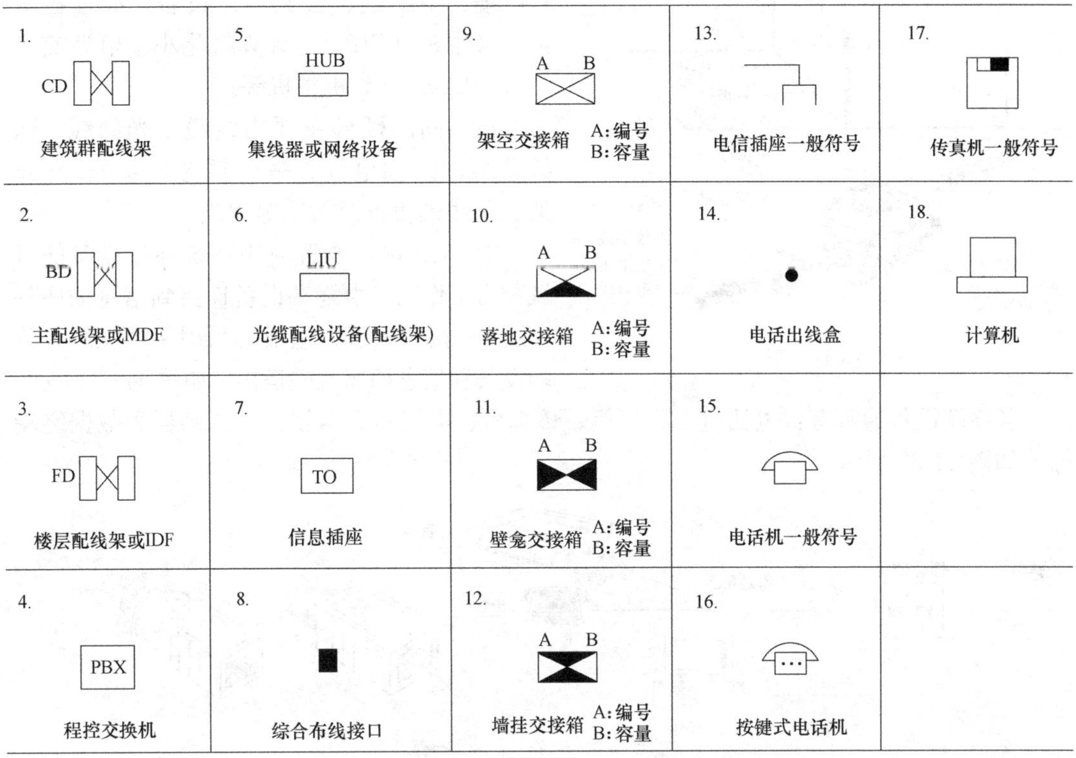

1.
CD
建筑群配线架
2.
BD
主配线架或MDF
3.
FD
楼层配线架或IDF
4.
PBX
程控交换机
5.
HUB
集线器或网络设备
6.
LIU
光缆配线设备(配线架)
7.
TO
信息插座
8.
综合布线接口
9.
A B
架空交接箱
A:编号
B:容量
10.
A B
落地交接箱
A:编号
B:容量
11.
A B
壁龛交接箱
A:编号
B:容量
12.
A B
墙挂交接箱
A:编号
B:容量
13.
电信插座一般符号
14.
电话出线盒
15.
电话机一般符号
16.
按键式电话机
17.
传真机一般符号
18.
计算机

图 11-29　综合布线和通信系统常用图例

弱电竖井
F4
F3
F2
F1
IDF
HUB
LIU
主干电缆
大对数主干电缆
A
A
A
注:
1.电话机房，计算机房已定位。
2.水平布线及信息插座为全五类，
投资稍高一些，但使用非常灵活。
计算机房
服务器
工作站
光纤MDF
HUB
电话交换机房
MDF
PBX
工作区子系统
水平布线子系统
管理子系统
干线子系统
设备间子系统

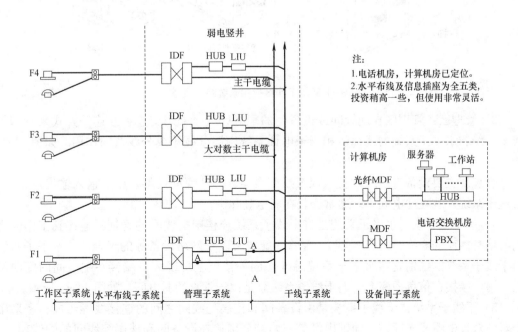

图 11-30　综合布线系统图

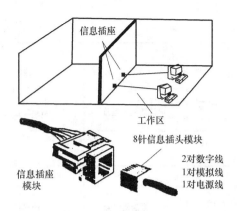

图 11-31　工作区

设备间主要设备有：电信部门的市话进户电缆、中继线、公共系统设备，如程控电话交换主机（PBX）、计算机化小型电话交换机（CBX）、计算机主机等。

设备间的硬件主要由线缆（光纤缆、双绞电缆、同轴电缆、一般铜芯电缆）、配线架、跳线模块以及跳线等构成。

2）工作区：放置应用系统终端设备的区域称为工作区。由终端设备连接到信息插座的连线（或接插软线）组成。采用接插软线在终端设备和信息插座之间搭接。如图 11-31 所示。

各终端设备通常有：电话机、计算机、传真机、电视机、监视器、传感器和数据终端等。如图 11-32 所示。

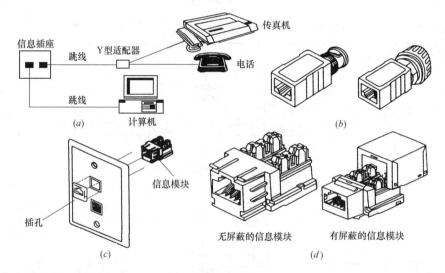

图 11-32　工作区应用系统终端设备

3）管理区：管理区在配线间或设备间的配线区域，采用交连和互连等方式来管理干线子系统和水平子系统的线缆。相当于电话系统中层分线箱或分线盒的作用。如图 11-33 所示。

管理区主要设备有配线设备（双绞线配线架、光纤缆配线架）以及输入输出设备等。管理子系统安装在配电间中，通常安装在弱电竖井中。

4）水平子系统：水平子系统是将干线子系统经楼层配线间的管理区连接到工作区之间的信息插座的配线（3、5 类线）、配管、配线架以及网络设备等的组合体。水平子系统与干线子系统的区别是：水平子系统总处在同一楼层上。线缆一端接在配线间的配线架上，另一端接在信息插座上。而干线子系统总是位于垂直的弱电间。如图 11-34 所示。

5）干线子系统：干线子系统是由设备间和楼层配线间之间的连接线缆组成。多采用大对数双绞电缆或光纤缆、同轴电缆等。两端分别接在设备间和楼层配线间的配线架上。如图 11-35 所示。

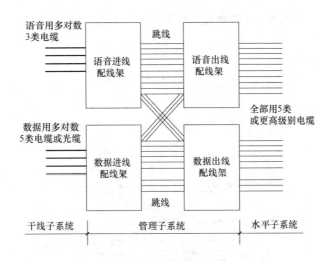

图 11-33　管理区

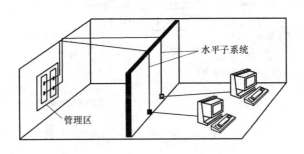

图 11-34　水平子系统

6）建筑群干线子系统：建筑群干线子系统是由连接各建筑物之间的线缆和相应配线设备等组成的布线系统。建筑群综合布线所需要的硬件，包括铜芯电缆、光纤缆、双绞电缆以及电气保护设备。建筑群干线子系统通常所涉及的设备有：电话、数据、电视系统装置及进入楼宇处线缆上设置的过流、过压的继电保护设备等。综合布线的各子系统与应用系统的连接关系如图 11-36 所示。

（2）综合布线系统工程量计算

1）入户线缆敷设：无论采用架空、直埋或电缆沟内敷设，其安装工程量分别以线缆芯数分档，均按"m"计算。

2）光纤缆、同轴电缆等安装，以沿槽盒、桥架、电缆沟和穿管敷设和线缆线芯分类，按"延长米"计算。

3）双绞、多绞线缆安装，不论 3、5 类，只根据屏蔽和非屏蔽（STP、UTP）分类，以缆线芯数分档，按"延长米"计算。其入户时计算公式为：

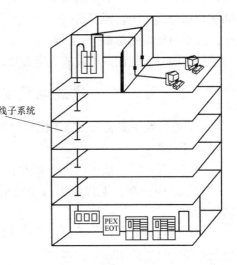

图 11-35　干线子系统

$$线缆长＝（槽盒长＋桥架长＋线槽长＋沟道长）$$
$$\times（1＋10\%）＋线缆端预留长度5m \tag{11-21}$$

其室内安装时计算公式：

$$线缆长＝（槽盒长＋桥架长＋线槽长＋沟道长$$
$$＋配管长＋引下线管长）\times（1＋10\%）$$
$$＋线缆端预留长度5m \tag{11-22}$$

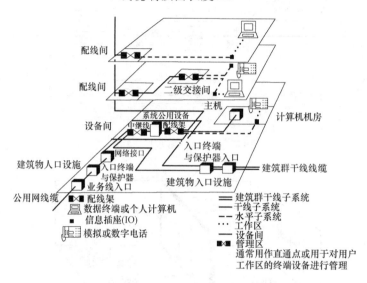

图 11-36　综合布线的各子系统与应用系统的连接关系

4）光纤缆中继段测试，以电话线路里的中继段为计算依托，按"段"计算。

5）光纤缆信息插座以单口、双口分档，按"个"计算。

箱、盒、头、支架制作、安装等项目的工程计量与定额套用同电缆敷设分部工程计算。

其余终端设备如传真机、电话机等多按"台"、"部"等计算。线路电源如配电电源控制柜、箱、屏等按"台"计算。UPS 不间断电源安装按"个"计算。线路设备如插头、插座、适配器、中转器等均按"个"计算。信息插座模块安装按"块"计算。综合布线系统、防雷与接地保护系统、屏蔽与防静电接地系统等应分开计算，其计算方法同强电防雷与接地相同。系统调试可按地方定额规定执行。

第二节　建筑电气安装工程施工图预算编制案例

一、电气照明安装工程施工图预算编制

1. 工程概况

（1）工程地址：该工程位于某市市区。

（2）结构类型：工程结构为现浇混凝土楼板，一楼一底建筑，层高 3.2m，女儿墙高 0.9m。

（3）进线方式：电源采用三相五线制，进户线管为 G32 钢管，从－0.8m 处暗敷至底层配电箱，钢管长 12m。

（4）配电箱安装在距地面 1.8m 处，开关插座安装在距地面 1.4m 处。配电箱的外形

尺寸（高＋宽）为（500＋400)mm，型号为 XMR—10。

（5）平面线路走向：均采用 BLV—500—2.5mm^2。两层建筑的平面图一样，详细尺寸如图 11-37 所示。

（6）避雷引下线安装：—25×4 镀锌扁钢暗敷在抹灰层内，上端高出女儿墙 0.15m。下端引出墙边 1.5m，埋深 0.8m。

2. 采用定额及取费标准

施工单位为某国营建筑公司，工程类别为三类。采用 2000 年《国安》和某市现行材料预算价格或部分双方认定的市场采购价格。管理费为人工费的 113.09％，利润为人工费的 32.98％。

合同中规定不计远地施工增加费和施工队伍迁移费。

3. 编制方法

（1）在熟读图纸、施工方案以及有关技术、经济文件的基础上，计算工程量。注意从配电箱出线为 4mm^2，经过楼板后，使用接线盒，之后再改为 2.5mm^2 的导线。工程量计算表见表 11-11；

（2）工程量汇总，见表 11-12；

（3）套用现行《国安》，进行工料分析，工程计价表见表 11-13；

（4）各地区可结合住建部建标 44 号文精神，汇总分部分项工程费，按照相应计费程序表计算各项费用（计费程序表略）；

（5）写编制说明（略）；

（6）自校、填写封面、装订施工图预算书。

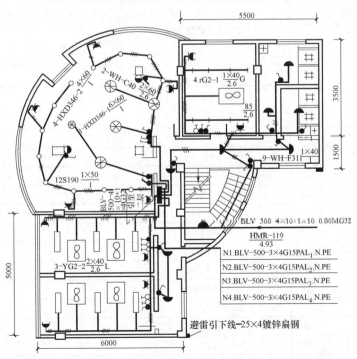

图 11-37 一、二层电气照明平面图 1∶100

工程量计算表

表 11-11

单位工程名称：某建筑电气照明工程

共 页 第 页

序号	分项工程名称	单位	数量	计算式
1	进户管 G32	m	17.3	12(进户)+0.8(埋地)+1.8(一层)+(3.2−1.8−0.5+1.8)(一～二层)
2	N_1 回路 G15	m	85	1+(4.5+3+2+7+7+3+2+2)水平距离+(3.2−1.4)×6垂直距离=42.5×2(两层)
3	管内穿线 BLV 16mm²	m	62	(12+0.8+1.8+0.5+0.4)×4
	10mm²	m	26.3	(12+0.8+1.8+0.5+0.4)+(3.2−1.8−0.5+1.8)×4
	4mm²	m	5.7	3.2−1.8−0.5+1.8+1×3
	2.5mm²	m	279.8	[4.5+3+7+(3.2−1.4)×6]×3+(2+7+3+2+2)×4=139.9×2(两层)
4	N_2回路 G15	m	61.6	1+(4+2+2+3+2+2+2+2)水平距离+(3.2−1.4)×6垂直距离=30.8×2(两层)
5	管内穿线 4mm²	m	6	1×3×2(两层)
	2.5mm²	m	202.8	(2+2)×5+(2+2)×4+[4+3+2+2+(3.2−1.4)×6]×3=101.4×2(两层)
6	N_3 回路 G15	m	135.6	1+(2+4+4+2+6+1+7+4.5+4+4+2.5+4+2)+(3.2−1.4)×11=67.8×2(两层)
7	管内穿线 4mm²	m	6	1×3×2(两层)
	管内穿线 2.5mm²	m	400.8	[2+4+4+2+6+1+7+4.5+4+4+2.5+4+2+(3.2−1.4)×11]×3=200.4×2(两层)
8	N_4 回路 G15	m	313.2	1+(9+7+6+2)×5+2×5+4+(3.2−1.4)×12=156.6×2(两层)
9	管内穿线 4mm²	m	6	1×3×2(两层)
	2.5mm²	m	457.6	(9+7+6+4)×4+[(2×5+2×5)+(3.2−1.4)×12]×3=228.8×2(两层)
10	接线盒 146H50	个	144	(插座盒11+灯头盒36+开关盒25)×2
11	配电箱 XMR—10	台	2	1×2(两层)
12	吊风扇安装	台	10	5×2(两层)
13	双管日光灯	套	12	6×2(两层)
14	单管日光灯	套	8	4×2(两层)
15	半圆球吸顶灯	套	18	9×2(两层)
16	艺术灯安装(HXD346)	套	10	5×2(两层)
17	牛眼灯安装	套	24	12×2(两层)
18	单联暗开关	套	40	20×2(两层)
19	暗装插座	套	22	11×2(两层)
20	壁灯安装	套	4	2×2(两层)
21	调速开关安装	个	10	5×2(两层)
22	避雷引下线—25×4	m	18	9×2
23	预留线 BLV4mm²	m	3.6	(0.5+0.4)×4

工程量汇总表　　表 11-12

单位工程名称：某建筑电气照明工程

序号	分项工程名称	单位	数量	备注
1	照明配电箱安装	台	2	500×400×180
2	吊风扇安装	台	10	$L=1400$
3	调速开关安装	套	10	
4	成套双管日光灯安装	套	12	YG2—2
5	成套单管日光灯安装	套	8	YG2—1
6	半圆球吸顶灯安装	套	18	WH—F311
7	艺术吸顶花灯安装	套	10	$HXD_{346}—1$
8	壁灯安装	套	4	WH—C40
9	牛眼灯安装	套	24	S—190
10	单联暗开关安装	套	40	$YA86—DK_{11}$
11	接线盒、开关盒安装	个	144	$146H_{50}$
12	钢管暗敷 G32	m	17.3	
13	钢管暗敷 G15	m	595.4	
14	管内穿线 BLV—16mm²	m	62	
	管内穿线 BLV—10mm²	m	26.3	
	管内穿线 BLV—4mm²	m	23.7	
	管内穿线 BLV—2.5mm²	m	1341	
15	接地引下线扁钢—25×4 敷设	m	19	
16	接地系统试验	系统	1	
17	低压配电系统调试	系统	1	

工程计价表　　表 11-13

单位工程名称：某建筑电气照明工程

定额编号	分项工程项目	单位	工程数量	人工费	材料费	机械费	人工费	材料费	机械费	管理费	利润	损耗	数量	单价	合价
2-264	照明配电箱安装	台	2	41.80	34.39		83.60	68.78		94.54	27.57		2	650	1300
2-1702	吊风扇安装	台	10	9.980	3.75		99.80	37.5		112.86	32.91		10	180	1800
2-1705	吊扇调速开关安装	10套	1	69.66	11.11		69.66	11.11		78.78	22.97		10	15	150
2-1589	成套双管日光灯安装	10套	1.2	63.39	74.84		76.07	89.81		71.69	20.91	10.10	12.12	76.75	930.21

193

续表

定额编号	分项工程项目	单位	工程数量	单位价值			合计价值					未计价材料			
				人工费	材料费	机械费	人工费	材料费	机械费	管理费	利润	损耗	数量	单价	合价
2-1591	成套单管日光灯安装	10套	0.8	50.39	70.41		40.31	56.33		56.99	16.62	10.10	8.08	47.45	383.40
	40W日光灯管	只											32	8	256
	法兰式吊链	m											60	3	180
2-1384	半圆球吸顶灯安装	10套	1.8	50.16	119.84		90.29	215.71		56.73	16.54	10.10	18.18	45	818.10
2-1436	艺术吸顶花灯安装	10套	1	400.95	321.70	4.28	400.95	321.70	4.28	453.43	132.23	10.10	10.10	1400	14140
2-1393	壁灯安装	10套	0.4	46.90	107.77		18.76	43.11		53.04	15.47	10.10	4.04	150	606
2-1389	牛眼灯安装	10套	2.4	21.83	58.83		52.39	141.19		24.69	7.20	10.10	24.24	31	751.44
2-1637	板式单联暗开关安装	10套	4	19.74	4.47		78.96	17.88		22.32	6.51	10.20	40.8	5	204
2-1673	暗插座1.5A以下安装	10套	2.2	33.90	14.93		74.58	32.85		38.34	11.18	10.20	22.44	8	179.52
2-1378	暗装开关盒、插座盒	10个	7.2	11.15	9.97		80.28	71.78		12.61	3.68	10.20	73.44	2.50	183.6
2-1377	暗装接线盒安装	10个	7.2	10.45	21.54		75.24	155.09		11.82	3.45	10.20	73.44	3.20	235.0
2-1011	钢管暗敷 G32	100m	0.173	215.71	92.29	20.75	37.32	15.97	3.59	243.95	71.14	103	17.82	5.80	103.35
2-1008	钢管暗敷 G15	100m	5.95	156.73	39.77	12.48	939.54	236.63	74.26	177.25	51.69	103	612.85	2.70	1655
2-1178	管内穿线 BLV16mm^2	100m	0.62	25.54	13.11	15.84	8.12	207.66		28.88	8.42	105	65.11	1.50	97.65

续表

定额编号	分项工程项目	单位	工程数量	单位价值			合计价值					未计价材料			
				人工费	材料费	机械费	人工费	材料费	机械费	管理费	利润	损耗	数量	单价	合价
2-1170	管内穿线 BLV4 mm²	100m	0.24	16.25	5.51		3.90	1.32		18.38	5.36	110	26.4	0.5	13.2
2-1169	管内穿线 BLV2.5mm²	100 m	13.41	23.22	6.83		311.38	91.59		26.26	7.66	116	1555	0.4	622
2-744	避雷引下线—25×4	10m	1.9	4.18	3.57	2.85	7.94	6.78	5.42	4.73	1.38	10.5	19.95	0.6	11.97
2-886	接地装置调试	系统	1	232.20	4.64	252.00	232.20	4.64	252.00	262.60	76.58				
2-849	交流低压配电系统调试	系统	1	232.20	4.64	166.20	232.20	4.64	166.20	262.60	76.58				
	白炽灯泡 60W												80	1.20	96
	白炽灯泡 40W												30	1.00	30
	合计						3013.49	1832.07	505.80	2112.49	616.05				24746

二、变配电安装工程施工图预算编制

1. 工程概况

（1）工程地址：该工程位于重庆市市区。

（2）工程结构：车间变配电所为砖混结构，层高 6m，女儿墙高 1m。所内有两台变压器，其中 1 号变压器为 S-800/10 型，2 号变压器为 S-1000/10 型。

（3）进线方式：电源采用高压 10kV 一次进线，分别采用电力电缆 ZLQ20-10kV-3× 70mm²，由厂变电所直接埋地引入室内电缆沟，再沿墙接引到高压负荷开关 FN₃-10。负荷开关和变压器高压侧套管的连接采用 LMY-40×4mm² 矩形母线。变压器低压侧出线采用 LMY-100×8mm² 矩形母线，采用支架架设，并分别引到配电室第 3 号和第 5 号低压配电屏，经刀开关和低压空气断路器接左、右两段母线，两段母线通过 4 号低压配电屏联络，形成单母线分段。左段母线上接 1 号、2 号低压馈电屏，右段母线上接 6、7、8 号低压馈电屏。

2. 编制依据

施工单位为某国营建筑公司，工程类别为一类。采用 2000 年《国安》和该市现行材料预算价格或部分双方认定的市场采购价格。管理费为人工费的 137.92%，利润为人工费的 65.20%。

合同中规定不计远地施工增加费和施工队伍迁移费。

3. 编制方法

（1）在熟读图纸、施工组织设计以及有关技术、经济文件的基础上，计算工程量。注意两台变压器均采用宽面推进方式，就位于变压器室基础台上。工程图如图 11-38～图 11-46 所示。工程量计算表见表 11-15。

（2）工程量汇总，见表 11-16；

（3）套用现行《国安》，进行工料分析，工程计价表见表 11-17；

（4）结合前建设部建标 44 号文精神，汇总分部分项工程费，按照相应计费程序表计取各项费用（计费程序表略）；

（5）写编制说明（略）；

（6）自校、填写封面、装订施工图预算书。

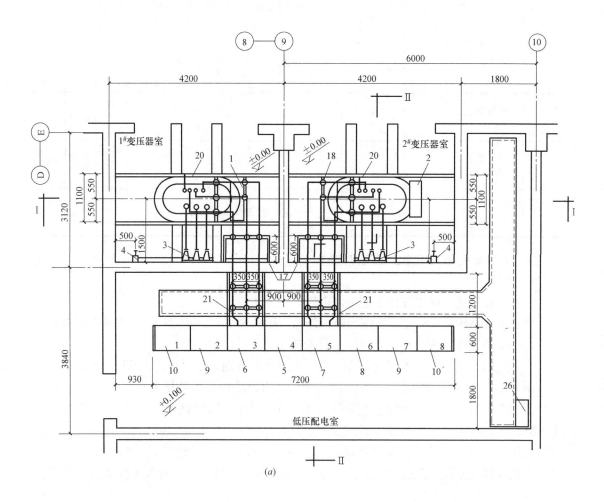

图 11-38　车间变电所平剖面图

(a) 平面图；

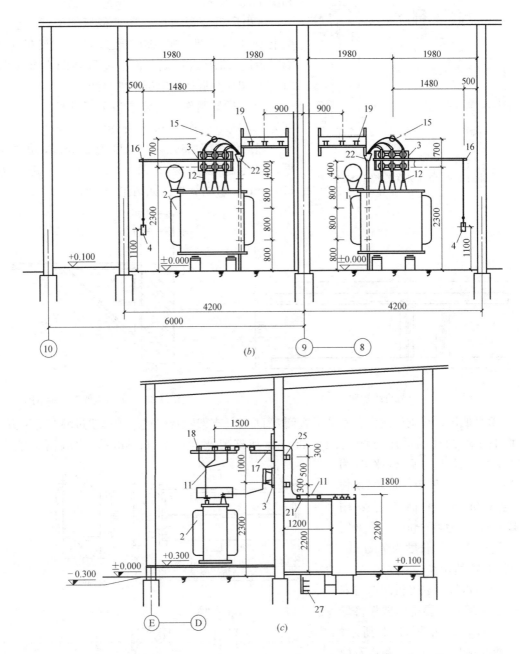

图 11-38　车间变电所平剖面图（续）

(b) Ⅰ-Ⅰ断面图；(c) Ⅱ-Ⅱ断面

高压负荷开关安装在变压器室与配电室隔墙的正中（变压器室一侧），中心距侧墙面 1.98m，与变压器中心一致，安装高度为下边绝缘子中心距地 2.3m，负荷开关的操纵机构为 CS$_3$ 型。与负荷开关安装在同一面墙上。安装高度为中心距地 1.1m，距侧面墙的距离为 0.5m。

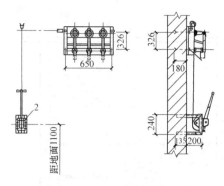

图 11-39　负荷开关在墙上安装

安装标准见国家标准图集 D263。如图 11-38 和图 11-39 所示。

变电所低压母线由变压器低压侧引线，套管引上至 20 号桥架，随后转弯经过 17 号支架穿过过墙隔板进入低压配电室，再经过两个 25 号支架和 21 号桥架接至低压配电屏上的母线。

20 号桥架制作、安装。20 号母线桥架横梁长度为 3960mm，采用∟63×5；角钢埋设件采用∟63×5，长度为 250mm，每副 4 根；固定绝缘子角钢采用∟30×4，宽度为 1100mm，每副 2 根；如图 11-40 所示。

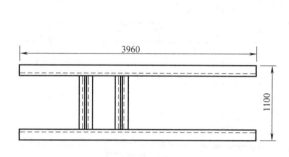

图 11-40　20 号母线桥架（∟63×5）

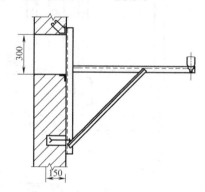

图 11-41　17 号支架安装示意图

17 号低压母线支架制作、安装可查阅 88D263。支架安装位置处于母线过墙洞的下方，根据平面图标注的低压母线间距 350mm，其支架宽度应为 1130mm，比墙洞宽度大

30mm，母线中心距地平面为 3300mm。支柱采用∟50×5，长度为 680mm，角钢支臂采用∟40×4，长为 600mm，角钢斜撑采用∟40×4，长度为 750mm。如图 11-41 所示。

19 号母线过墙夹板制作与安装。在过墙洞处要使用夹板将母线夹持固定，如图 11-42 所示。母线夹板采用厚 20mm 耐火石棉板制作，并分成上、下两部分，根据图纸标注的母线相间距离 350mm，则过墙洞应为 1100mm×300mm，而上、下两块夹板合并尺寸应为 1100mm×340mm。

安装方法是先在过墙洞两侧

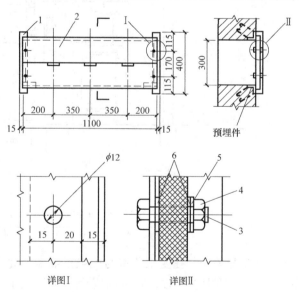

图 11-42　低压母线过墙板安装

1—解钢支架；2—石棉板；3—螺栓；4—螺母；5—垫圈；6—垫圈

埋设固定夹用的角钢支架，然后用螺栓将上、下夹板固定在角钢支架上，角钢支架选用∟50×5，长度为 400mm。螺栓规格为 M10×40。

25 号母线支架制作、安装。25 号母线支架有两个，安装在配电室和变压器室隔墙的配电室一侧，第一个支架安装高度为 2900mm，第二个支架安装高度为 2400mm，支架中心距⑨轴为 900mm，支架宽度为 900mm。安装时在墙上打洞，直接将支架埋在墙上。如图 11-43 所示。

母线连接通常采用焊接，接头部分可用螺栓连接。最后将连接好的母线放在母线支架上的瓷瓶夹板内，使用上、下夹板将母线固定于瓷瓶上。其形式如图 11-44 所示。

21 号母线桥架位于配电室，一端埋设于墙内，一端与低压配电屏连接，安装高度距地面 2200mm，材质采用∟50×5 角钢。如图 11-45 所示。

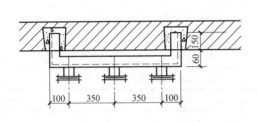

图 11-43　25 号母线支架安装

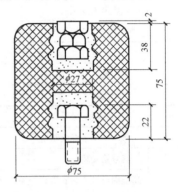

图 11-44　WX-01 型瓷瓶

该车间变电所高压进线电缆采用直埋方式由厂总降压变电所引来。电缆埋深不应小于0.7m。电缆的上、下应铺设不小于 100mm 厚的软土或砂层，顶部盖上混凝土保护板。

电缆沟内敷设。电力电缆在电缆沟内敷设时，通常采用电缆支架，支架间距为 1m，电缆首末两端以及转弯处应设置支架进行固定，一般根据电缆沟的长度计算电缆支架的数量。其支架采用角钢制作，如图 11-46 所示。主架用∟40×4，层架用∟30×4。支架层架最小距离为 150mm，最上层层架距沟顶为 150～200mm。最下层层架距沟底为 50～100mm。室内电缆沟支架布置规格见表 11-14。

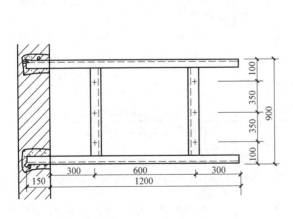

图 11-45　21 号母线桥架

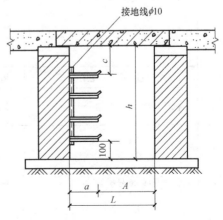

图 11-46　室内电缆沟单侧支架

室内电缆沟支架布置规格

表 11-14

沟宽 L	层架 a	通道 A	沟深 h
600	200	400	500
	300	300	
800	200	600	700
	300	500	
800	200	600	900
	300	500	

工程量计算表

表 11-15

单位工程名称：某车间变配电工程

共　页　第　页

序号	分项工程名称	单位	数量	计算式
1	三相电力变压器	台	2	1+1（图号为 1 和 2）
2	户内高压负荷开关	台	2	1+1　（图号为 3）
3	低压配电屏	台	7	图号为 6、7、8、9、10
4	低压配电屏（联络屏）	台	1	图号为 5
5	电车绝缘子	个	40	（14×2 台）+2 个/相×3 相×2 台（图号为 14）
6	高压支柱绝缘子	个	2	1+1　（边相处，图号为 15）
7	低压母线穿墙板制安	块	4	2×2　（图号为 19）
8	信号箱安装	台	1	图号为 26
9	高压铝母线 LMY 敷设—40×4mm（图号 12）	m	13.96	[1.5+0.326+0.5（预留）]×3 相×2 台=2.326×3 相×2 台=13.96
10	低压铝母线 LMY 敷设—100×8mm（图号 11）	m	49.83	立面 TM 中心至墙、1-1 剖面穿墙{[1+0.4+1.5+（1.98−0.9）+0.24 瓷瓶支架瓷瓶高 低压配电室至中心+0.06+0.075+（0.3×2+0.5）+1.2+0.35]预留+（0.3+0.5+0.5）}×3 相×2 台=8.305×3 相×2 台=49.83
11	低压母线支架（图号 17）	kg	31.19	①支臂∟ 40×4：0.6m×2 边×2 付×2.422kg/m= 5.81 ②支柱∟ 50×5，0.68m×2 边×2 付×3.77kg/m=10.25 ③斜撑∟ 40×4：0.75m×2 边×2 付×2.422kg/m=7.27 ④固定绝缘子用∟ 30×4：1.1m×2 边×2 付×1.786kg/m=7.86∑①+②+③+④=31.19
12	低压母线过墙板用支架	kg	6.03	∟ 50×5：0.4m×2 根/付×2 付×3.77kg/m=6.03
13	低压母线 25 号支架	kg	12.79	∟40×4，2 个/台×2 台=4 个 4×1.32m/个×2.422kg/m=12.79
14	低压母线 20 号桥架	kg	92.98	①横梁∟ 63×5：3.96m×2 根/付×2 付×4.822kg/m=76.38 ②固定绝缘子用角钢∟30×4：1.1m−（2×0.063）m×2 根/付×2 付×1.786kg/m = 6.96 查 88D263 ③角钢埋设件∟63×5：0.25m×4 根/付×2 付×4.822kg/m=9.64 ∑①+②+③=92.98

续表

序号	分项工程名称	单位	数量	计算式
15	低压母线21号桥架	kg	36.43	①横梁∟50×5：1.35m×2根/付×2付×3.77 kg/m=20.36 ②固定绝缘子用角钢∟30×4：0.9m×2根/付×2付×1.786kg/m=6.43 查88D263 ③角钢埋设件∟63×5：0.25m×4根/付×2付×4.822 kg/m=9.64 Σ①+②+③=36.43
16	电缆沟支架	kg	63.14	主体量首尾转角支架个数：(7.2+1+3.84+3.12)÷1+2+2+3(TM转弯处)=22个。94D164 ① 主架∟40×4：22×(0.5−0.2)m×2.422kg/m=15.99 ② 层架∟30×4：22×4个×0.3m/个×1.786 kg/m=47.15 Σ①+②=63.14
17	高压负荷开关在墙上安装支架（FN₃-10）	kg	23.83	∟50×5；88D263[(0.49+0.59+0.4)×2+0.2]×2付×3.77 kg/m=23.83
18	手动操纵机构在墙上安装支架（CS3）	kg	9.41	①∟40×4；88D263 0.902×2根×2付×2.422kg/m=8.74 ②−40×4；88D263 0.145×2个×2付×1.26kg/m=0.731 Σ①+②=9.41
19	电缆终端头在墙上安装支架（NTN-33）	kg	1.99	① ∟30×4；93D165 0.35×2付×1.786kg/m=1.25 ②−30×4；93D165(2×0.08+лD)×2个×0.94kg/m=(0.16+3.14×0.074)×2个×0.94kg/m=0.74 Σ①+②=1.99
20	电缆终端头制安	个	2	1+1
21	供电送配电系统调试	系统	2	1+1
22	母线系统调试	段	2	1+1
23	变压器系统调试	系统	2	1+1
24	接线端子安装	个	7	
25	其他			略

工程量汇总表　　　　　　　　　　　　　　表 11-16

单位工程名称：某车间变配电工程

序号	分项工程名称	单位	数量	备注
1	三相电力变压器安装	台	2	S-800/10 为 800kVA，图号为1；S-1000/10 为 1000kVA 图号为2
2	户内高压负荷开关安装	台	2	FN₃-10 400A，图号为3
3	低压配电屏安装	台	7	图号为 6、7、8、9、10
4	低压联络屏安装	台	1	图号为5
5	电车绝缘子安装	个	40	图号为14
6	高压支柱绝缘子安装	个	2	图号为15

续表

序号	分项工程名称	单位	数量	备注
7	低压母线穿墙板制安	块	4	图号为19
8	高压铝母线 LMY 敷设—40×4mm	m	13.96	图号为12
9	低压铝母线 LMY 敷设—100×8mm	m	49.83	图号为11
10	中性铝母线 LMY 敷设—40×4mm	m	14	图号为13
11	一般铁构件制作	kg	277.79	Σ11＋…＋19
12	一般铁构件安装	kg	277.79	
13	电缆终端头制安	个	2	图号为22,NTN-33,10kV
14	供电送配电系统调试 10kV	系统	2	
15	母线系统调试 10kV	段	2	
16	母线系统调试 1kV	段	2	
17	变压器系统调试	系统	2	
18	低压配电系统调试 1kV	系统	2	
19	接线端子安装	个	7	

工程计价表　　　　　　　　　　　　　表 11-17

单位工程名称：某建筑电气照明工程

定额编号	分项工程项目	单位	工程数量	单位价值			合计价值					未计价材料			
				人工费	材料费	机械费	人工费	材料费	机械费	管理费	利润	损耗	数量	单价	合价
2-3	三相电力变压器安装	台	2	470.67	245.43	348.44	941.34	490.86	696.88	1298.30	306.88			9000	18000
2-45	户内高压负荷开关安装 400A	台	2	64.09	163.36	8.92	128.18	326.72	17.84	176.79	83.57			6500	13000
2-240	低压配电屏安装	台	7	109.83	117.49	46.25	768.81	822.43	323.75	1060.34	501.26			7300	51100
2-236	低压联络屏安装	台	1	110.06	118.86	46.25	110.07	118.86	46.25	151.80	71.76			7500	7500
2-108	电车绝缘子安装	个	40	19.74	74.10	5.35	789.60	2964	214.00	1089.02	514.82			3.6	144
2-108	高压支柱绝缘子安装	个	2	19.74	74.10	5.35	39.48	148.20	10.70	54.45	25.74			9.0	18
2-352	低压母线穿墙板制安	块	4	52.02	66.50	5.35	208.08	266.00	21.40	286.98	135.67				

续表

定额编号	分项工程项目	单位	工程数量	单位价值			合计价值					未计价材料			
				人工费	材料费	机械费	人工费	材料费	机械费	管理费	利润	损耗	数量	单价	合价
2-137	高压铝母线 LMY 敷设—40×4mm	10m	1.4	29.25	68.07	49.24	40.95	95.30	68.94	56.48	26.70		(kg) 6.05	13.5	81.68
2-138	低压铝母线 LMY 敷设—100×8mm	10m	4.98	41.80	70.66	68.68	208.16	351.89	342.03	287.10	135.72		(kg) 107.6	16.0	1722
2-137	中性铝母线 LMY 敷设—40×4mm	10m	1.4	29.25	68.07	49.24	40.95	95.30	68.94	56.48	26.70		(kg) 6.05	13.5	81.68
2-358	一般铁构件制作	100kg	2.78	250.78	131.90	41.43	697.17	366.68	115.18	961.54	454.55	105	291.9	2.8	817.32
2-359	一般铁构件安装	kg	2.78	163.00	24.39	25.44	453.14	67.80	70.72	624.97	295.45				
2-637	电缆终端头制安	个	2	48.76	276.62		97.52	553.24		134.50	63.58			155	310
2-850	供电送配电系统调试 10kV	系统	2	580.50	11.61	655.14				1601.25	756.97				
2-849	低压配电系统调试 1kV	系统	2	232.20	4.64	166.12				640.50	302.79				
2-881	母线系统调试 10kV	段	2	510.84	10.22	937.88				1409.10	666.14				
2-880	母线系统调试 1kV	段	2	139.32	2.79	192.92				384.30	181.67				
2-844	变压器系统调试	系统	2	1996.92	39.94	2660.36				5508.30	2603.98				
2-333	接线端子安装	个	7	11.61	210.84		81.27	1475.88		112.09	52.99			12	84
	合计						4604.72	8143.16	1996.63	15894.29	7206.94				92858.68

思 考 题

1. 什么是施工图预算？

2. 简述建安工程费用的构成。

3. 简述施工图预算的编制原则、编制依据、编制条件。

4. 简述施工图预算的编制步骤。

5. 何谓分部分项工程费？

6. 何谓人工费？何谓材料费？何谓机械费？

7. 何谓间接费？间接费用的构成有哪些？其计算基础是什么？

8. 何谓利润？其计算基础是什么？

9. 何谓税金？其计算基础是什么？

10. 何谓城市维护建设税？何谓教育费附加？各自的计算基础是什么？

11. 变压器安装工程量怎样计算？如何套定额？

12. 母线安装工程量怎样计算？如何套定额？

13. 10kV 以下的电缆进线，通常会发生哪些调试工作内容？怎样计算工程量？如何套用定额？

14. 简述变配电所工程量常列哪些项目。

15. 简述防雷接地工程量常列哪些项目。

16. 简述不同电缆施工的工艺形式及工程量常列哪些项目。

17. 简述照明器具分部工程工程量常列哪些项目。

18. 简述一般灯具和装饰灯具的划分。

19. 何谓组装型、何谓成套型照明灯具。其工程量如何计算？

20. 配管、配线工程量如何计算？

21. 何谓进户线？何谓接户线？工程量如何计算？

22. 成套配电箱和非成套配电箱工程量如何计算？如何套用定额？

23. 导线预留长度通常发生在哪些部位？

24. 简述接线盒、分线盒、开关盒、插座盒、灯头盒等工程量的计算规律。

25. 简述电梯安装工程量的计算方法。

26. 简述强电工程和弱电工程的区别。

27. 简述智能建筑的概念；简述智能建筑和综合布线的区别。

28. 建筑弱电系统主要有哪些组成？

29. 简述室内电话通信系统主要内容及工程量常列项目。

30. 简述共用天线电视系统（CATV）组成和常列工程项目以及工程量的计算。

31. 简述有线广播音响系统组成及常列工程项目以及工程量的计算。

32. 简述火灾自动报警系统、安全防范系统及自动消防系统组成及常列工程项目以及工程量的计算。

33. 简述综合布线系统组成及常列工程项目以及工程量的计算。

第十二章 工程量清单的编制

第一节 概 述

一、工程量清单及其计价规范

1. 工程量清单

工程量清单是载明建设工程分部分项工程项目、措施项目、其他项目的名称和相应数量以及规费、税金项目等内容的明细清单。由招标人按照"计算规范"附录中统一的项目编码、项目名称、计量单位和工程量计算规则、招标文件以及施工图、现场条件计算出的构成工程实体、可供编制标底及其投标报价的实物工程量的汇总清单。其内容包括分部分项工程量清单、措施项目清单、其他项目清单、规费项目清单和税金项目清单。

（1）招标工程量清单

招标人依据国家标准、招标文件、设计文件以及施工现场实际情况编制的，随招标文件发布供投标报价的工程量清单。

（2）已标价工程量清单

构成合同文件组成部分的投标文件中已标明价格，经算术性错误修正（如有）且承包人已确认的工程量清单，包括其说明和表格。

工程量清单——BOQ 始于 19 世纪 30 年代，那时西方一些国家把工程量的计量、提供工程量清单专业作为业主估价师的职责。凡所有的投标都要以业主提供的工程量清单为基础，从而使得最终投标结果具有相应的可比性。

我国现今已加入 WTO，必然应与国际惯例接轨，2001 年 10 月 25 日建设部召开的第四十九次常务会议审议通过，自 2001 年 12 月 1 日起施行的《建筑工程发包与承包计价管理办法》标志着工程量清单报价的开始。

2. 计价规范

《建设工程工程量清单计价规范》是统一工程量清单编制，调整建设工程工程量清单计价活动中发包人与承包人各种关系的规范文件。国家标准《建设工程工程量清单计价规范》GB 50500—2013 于 2013 年 12 月 25 日住建部以 1567 号公告发布，于 2013 年 7 月 1 日正式实施。此外，《建设工程工程量清单计价规范》和宣贯辅导教材的推出，介绍了计价规范的编制情况、内容以及依据和在招标投标中如何应用上述规范编制工程量清单、编制招标控制价、投标报价以及竣工结算价。GB 50500—2013 计价规范的内容包括 16 章，分别为总则、术语、一般规定、工程量清单编制、招标控制价、投标报价、合同价款约定、工程计量、合同价款调整、合同价款期中支付、竣工结算与支付、合同解除的价款结算与支付、合同价款争议的解决、工程造价鉴定、工程计价资料与档案、工程计价表格。其中第 3.1.1（使用国有资金投资的建设工程发承包，必须采用工程量清单计价）、3.1.4（工程量清单应采用综合单价计价）、3.1.5（措施项目中的安全文明施工费必须按国家或省级、行业建设主管部门的规定计算，不得作为竞争性费用）、3.1.6（规费和税金必须按国家或省级、行业建设主管部门的规定计算，不得作为竞争性费用）、3.4.1（建设工程发承包，必须在招标文件、合同中明确计价中的风险内容及其范围，不得采用无限风险、所有风险或类似语句规定计价中的风险内容及范围）、4.1.2（招标工程量清单必须作为招标文件的组成部分，其准确性和完整性应由招标人负责）、4.2.1（分部分项工程项目清单必须载明项目编码、项目名称、项目特征、计量单位和工程量）、4.2.2（分部分项工程项目清单必须根据相关工程现行国家工程量计算规范规定的项目编码、项目名称、项目特征、计量单位和工程量计算规则进行编制）、4.3.1（措施项目清单必须根据相关工程现行国家工程量计算规范的规定编制）、5.1.1（国有资金投资的建设工程招标，招标人必须编制招标控制价）、6.1.3（投标报价不得低于工程成本）、6.1.4（投标人必须按招标工程量清单填报价格。项目编码、项目名称、项目特征、计量单位、工程量必须与招标工程量清单一致）、8.1.1（工程量必须按照相关工程现行国家计量规范规定的工程量计算规则计算）、8.2.1（工程量必须以承包人完成合同工程应予计量的工程量确定）、11.1.1（工程完工后，发承包双方必须在合同约定时间内办理工程竣工结算）为强制性条文，必须严格执行。

此外，颁布了九个专业的计算规范。如房屋建筑与装饰工程计算规范自 2013 年 7 月 1 日起执行。2013 建设工程计价计量规范辅导从第三篇到第十一篇中各专业的计算规则是编制工程量清单与计价的重要依据之一。

与 2013 计价规范配套的 2013 建设工程计价计量规范辅导教材对本规范进行了剖析和进一步说明，同时附有部分计算案例。

广义讲"计价规范"适用于建设工程工程量清单计价活动，但就承发包方式而言，主要适用于建设工程招标投标的工程量清单计价活动。工程量清单计价是与现行"定额"计价方式共存于招标投标计价活动中的另一种计价方式。本规范所称建设工程是指建筑与装饰装修工程、安装工程、市政工程和园林绿化工程以及矿山工程等。凡是建设工程招标投标实行工程量清单计价，不论招标主体是政府、国有企事业单位、集体企业、私人企业和外商投资企业，还是资金来源是国有资金、外国政府贷款以及援助资金、私人资金等都应遵守本规范。

二、工程量清单的作用

（1）工程量清单可作为编制标底、招标控制价和投标报价的依据

工程量清单作为信息的载体，为潜在的投标者提供必要的信息，可作为计价、询价、评标和编制标底价、招标控制价及投标报价书的依据。

（2）工程量清单可作为支付工程进度款和办理工程结算的依据

工程量清单作为招标文件的重要组成部分，可作为编制招标控制价、投标报价、计算工程量的依据；并为工程招投标合同价的确定奠定了基础，同时也为合同的签订和调整以及未来工程形象进度款的支付、工程完工后办理竣工结算提供了重要依据。

（3）工程量清单还可作为调整工程量以及工程索赔的依据

当工程量清单出现漏项或误算，或者由于设计更改引发新的工程量项目时，承包人可将因工程设计的变更，导致实际发生量与合同规定的用量产生增加或减少，提出索赔，并提供所测算的综合单价，在同业主方和业主委托的工程师商议确认后，由业主方给予经济

补偿，即产生索赔。但前提是应扣除合同部分的价值，所以，工程量清单应作为调整工程量以及工程索赔的依据。

三、工程量清单的编制原则

（1）政府宏观调控、企业自主报价、市场竞争形成价格

工程量清单的编制应具备"计价规范"所规定的工程量计算规则、项目编码、计量单位、项目名称和工程量五大要件。企业自主进行报价，反映企业自身的施工方法、工料机消耗量水平以及价格、取费等由企业自定或自选，在政府宏观控制下，由市场全面竞争形成，从而形成工程造价的价格运行的良性机制。

既要统一工程量清单的计算规则，规范建筑安装工程的计价行为，亦要统一建筑安装工程量清单的计算方法。投标报价由投标人自主确定，这意味着投标人在报价时，可以自主来确定人工、材料和机械台班的消耗量；并进一步自主测定三者的相应单价；自主来确定除安全文明施工费和规费、税金等强制性规定以外的费用的内容以及相关费率。从而实现量价分离、清单工程量和计价工程量分离的原则。

（2）与现行预算定额既有机结合又有明显区别的原则

"计价规范"在编制过程中，以现行的建筑工程基础定额、"全国统一安装工程预算定额"、相应的机械台班定额、施工与设计规范、相应标准等为基础，尤其在项目划分、计量单位、工程量计算规则等方面，尽可能地与预算定额衔接。因为预算定额是我国工程造价工作者经过几十年总结得到的，其内容具有一定的科学性和实用性。与工程预算定额有区别的地方是：预算定额是按照计划经济的要求制定颁布贯彻执行的，主要表现在其一，定额项目是国家规定以单一的工序为划分项目的原则；其二，施工工艺、施工方法是根据大多数企业的施工方法综合取定的；其三，人工、材料、机械台班消耗量是根据"社会平均水平"综合测定的；其四，取费标准是根据不同地区平均测算的。因此，企业的报价难免表现出平均主义，不利于充分调动企业自主管理的积极性。而工程量清单项目的划分，一般是以一个"综合实体"考虑的，通常包括了多项工程内容，依次规定了相应的工程量计算规则。因此，两者的工程量计算规则是有着区别的。

（3）利于进入国际市场竞争，并规范建筑市场计价管理行为

"计价规范"是根据我国当前工程建设市场发展的形势，逐步解决定额计价中与当前工程建设市场不相适应的因素，适应我国市场经济的发展需要，适应与国际接轨的需要，积极稳妥的推行工程量清单计价的。借鉴了世界银行、FIDIC、英联邦诸多国家以及我国香港等的一些做法，同时，亦结合了我国现阶段的具体情况。如实体项目的设置，就结合了当前按专业设置的一些情况。

（4）按照统一的格式实行工程量清单计价

工程量清单项目的设置、计算规则、工程量清单编制或报价书（编制招标控制价）等均推行统一格式化形式。

1）工程量清单编制使用表格

按照2013计价规范的要求通常工程量清单编制使用表格在运用中有如下规定：封-1、扉-1、表-01、表-08、表-11、表-12（不含表-12-6～表-12-8）、表-13、表-20、表-21和表-22。详2013计价规范。

2）招标控制价使用表格

按照2013计价规范的要求通常招标控制价使用表格在运用中有如下规定：封-2、扉-2、表-01、表-02、表-03、表-04、表-08、表-09、表-11、表-12（不含表-12-6～表-12-8）、表-13、表-20、表-21和表-22。详2013计价规范。

3）投标报价使用表格

按照2013计价规范的要求通常投标报价使用表格在运用中有如下规定：封-3、扉-3、表-01、表-02、表-03、表-04、表-08、表-09、表-11、表-12（不含表-12-6～表-12-8）、表-13、表-16、招标文件提供的表-20、表-21和表-22。详2013计价规范。

4）竣工结算使用表格

按照2013计价规范的要求通常竣工结算使用表格在运用中有如下规定：封-4、扉-4、表-01、表-05、表-06、表-07、表-08、表-09、表-10、表-11、表-12、表-13、表-14、表-15、表-16、表-17、表-18、表-19、表-20、表-21和表-22。详2013计价规范。

四、工程量清单的编制依据

（1）计价规范及相配套2013建设工程计价计量规范辅导

依据国家标准《建设工程工程量清单计价规范》GB 50500—2013以及相配套的2013建设工程计价计量规范辅导、住建部44号文，以及统一工程量计算规则和标准格式进行工程量清单的编制。

（2）招标文件规定的相关内容

依据招标文件及其补充通知、答疑纪要的内容进行工程量清单的编制。

（3）国家及行业颁布的计价方式

依据国家或省级、行业建设主管部门颁布的计价依据和办法，如依据1999年建筑工程基础定额、2000年《全国统一安装工程预算定额》结合地方现行建筑与安装工程预算定额或现行计价定额、《全国统一安装工程施工仪器、仪表台班定额》、现行劳动定额及其相关专业定额，现行设计、施工验收规范、安全操作规程、质量评定标准等进行工程量清单的编制。

（4）设计图纸，现行标准图集

依据施工设计图纸、现行标准图集可同时满足工程量清单计价和定额计价两种模式，依据"计价规范"所规定的标准计价格式进行工程量清单的编制。

（5）相关标准、规范、技术资料

依据与建设工程项目有关的标准、规范、技术资料进行工程量清单的编制。

（6）施工现场与施工方案

依据施工现场情况、工程特点以及常规施工方案进行工程量清单的编制。

（7）其他相关资料

其他相关资料应包括补充定额、补充说明等。

五、某市建筑安装工程计价定额划分

定额作为确定工程造价的基础，尤其在我国，推行采用国际通用的工程量清单计价的通式，不能全盘否定预算定额计价，根据"计价规范"的特征（强制性、实用性、竞争性和通用性），目前许多省、市是采取现行的预算定额体系同工程量清单计价办法相结合的方式，进行工程量清单的报价。因为"计价规范"中对人工、材料和机械台班没有规定具体消耗量，所以投标企业可根据企业的定额和市场价格信息，也可参照建设行政主管部门发布的社会平均消耗量定额进行报价，就是说"计价规范"将报价权交给了企业。投标企业可结合自身的生产率、消耗量水准以及管理能力与已储备的本企业的报价资料，按照"计价规范"规定的原则和方法，进行投标报价。工程造价的最终确定，由承发包双方在市场竞争中按价值规律通过合同来确定。如重庆市为贯彻计价规范的精神，适应工程量清单编制与报价而制定了建筑工程计价定额、装饰工程计价定额、安装工程计价定额等。2013建筑、装饰、安装工程计价定额等适于作为该市辖区内建筑安装工程编制招标控制价、编制投标报价、计算工程量、支付工程款、调整合同价款、办理竣工结算以及工程索赔等的依据。

六、工程量清单编制综合案例

1. 建筑工程工程量清单编制

【例 12-1】 某多层砖混结构住宅楼基础施工图如图 12-1、图 12-2 所示（包括基础平面布置图、基础断面图）。

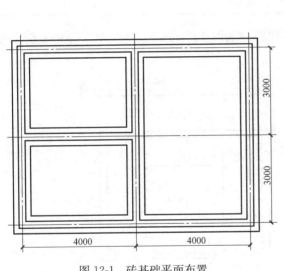

图 12-1 砖基础平面布置

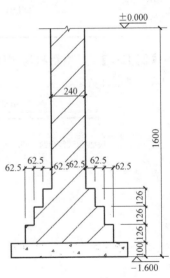

图 12-2 砖基础断面图

本工程采用条形基础，建筑内外墙及基础采用 M5 水泥石灰砂浆砌筑，且内外墙厚均为 240mm，无防潮层，条形基础为三级等高大放脚砖基础，砖基础深 1.5m。砖基础垫层为 C10 混凝土（现场搅拌），厚 100mm，垫层底宽 815mm，垫层底标高为 −1.6m。

试编制砖基础工程量清单。

【解】 编制砖基础工程量清单

（1）业主根据条形砖基础断面图和平面布置图以及《工程量清单计价规范》求出砖基础的工程量。

$$V_{砖基} = 基础长度(L_{中} + L_{内}) \times 宽度 \times (设计高度 + 大放脚折加高度)$$

$$L = L_{内} + L_{中} = [(4-0.24) + (6-0.24) + (6+8) \times 2] = 37.52\text{m}$$

$$大放脚折加高度 = 增加断面面积(大放脚两边)/基顶宽度(墙厚)$$

$$= 2 \times (126 \times 62.5 \times 3 + 126 \times 62.5 \times 2 + 126 \times 62.5)/240$$

$$= 393.75\text{mm}$$

故 $$V_{砖基}=37.52×0.24×(1.5+0.394)=17.06\text{m}^3$$
$$V_{垫层}=[(4-0.815)+(6-0.815)+(6+8)×2]×0.815×0.1$$
$$=36.37×0.815×0.1=2.96\text{m}^3$$

（2）根据《工程量清单计价规范》，进行砖基础项目编码、项目特征描述、编制砖基础工程量清单。砖基础分部分项工程和单价措施项目清单与计价表，如表12-1所示。

分部分项工程和单价措施项目清单与计价表　　表12-1

工程名称：某多层砖混结构住宅楼（建筑工程）　　　　　　　　　第1页　共1页

项目编码	项目名称	项目特征描述	计量单位	工程数量	金额（元）		
					综合单价	合价	其中：暂估价
		A.3 砌筑工程					
010401001001	砖基础	MU10 机制红砖 基础类型：砖大放脚条形基础 基础深度：1.5m 砂浆强度等级：M5 水泥石灰砂浆	m³	17.06			

【例12-2】 某电话机房照明系统中一回路，如图12-3所示。此照明工程相关费用按表12-2规定计算。

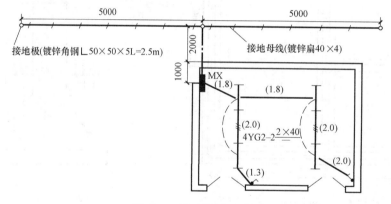

图12-3　接地装置平面图

照明工程相关费用　　表12-2

序号	项目名称	单位	安装费单价（元）					主材	
			人工费	材料费	机械费	管理费	利润	单价	损耗率
1	镀锌钢管 $\phi20$ 沿砖、混凝土结构暗配	m	1.98	0.58	0.20	1.09	0.89	4.50	1.03
2	管内穿阻燃绝缘导线为 ZRBV1.5mm²	m	0.30	0.18	0.00	0.17	0.14	1.20	1.16
3	接线盒暗装	个	1.20	2.20	0.00	0.66	0.54	2.40	1.02
4	开关盒暗装	个	1.20	2.20	0.00	0.66	0.54	2.40	1.02
5	角钢接地极制作与安装	根	14.51	1.89	14.32	7.98	6.53	42.40	1.03
6	接地母线敷设	m	7.14	0.09	0.21	9.92	3.21	6.30	1.05
7	接地电阻测试	系统	30.00	1.49	14.52	25.31	20.71		
8	配电箱 MX	台	18.22	3.50	0.00	10.02	8.20	58.50	
9	荧光灯 $4YG2-2\dfrac{2×40}{}$	套	4	2.50	0.00	2.20	1.80	120.00	1.02

工程说明：

（1）照明配电箱 MX 为嵌入式安装，箱体尺寸：600mm×400mm×200mm（宽×高×厚），安装高度为下口离地 1.60m。

（2）管路均为电线管 $\phi20$ 沿砖墙、顶板内暗配，顶板内管标高为 4m。

（3）接地母线采用－40×4 镀锌扁钢，埋深 0.7m，由室外进入外墙皮后的水平长度为 1m，进入配电箱后预留 0.5m。室内外地坪无高差。

（4）单联单控暗开关安装高度为下口离地 1.4m。

（5）接地电阻要求小于 4Ω。

（6）配管水平长度见图示括号内数字，单位为 m。

分部分项工程的统一编码见表 12-3。

通用安装工程量清单计算规范编码

表 12-3

项目编码	项目名称	项目编码	项目名称
030404017	配电箱	030411001	电气配管（镀锌钢管 $\phi20$ 沿砖、混凝土结构暗配）
030404019	控制开关	030411004	电气配线（管内穿阻燃绝缘导线 ZRBV1.5mm²）
030404031	小电器（单联单控暗开关）	030412005	荧光灯 4YG2－2 $\dfrac{2\times40}{}$
030409001	接地装置		
030414011	接地装置电阻调整试验	030409006	避雷针装置

要求根据图示内容和《建设工程工程量清单计价规范》的规定，计算相关工程量和编制分部分项工程量清单与计价表。

【解】 （1）列表计算工程量，见表 12-4

工程量计算表

表 12-4

序号	分项工程名称	单位	数量	计 算 式
1	照明配电箱	台	1	
2	单联单控暗开关	套	2	
3	接地母线敷设	m	16.42	（5＋5＋2＋1＋0.7＋1.6＋0.5）×1.039
4	角钢接地极	根	3	
5	接地装置电阻调整试验	组	1	
6	电气配管（镀锌钢管 $\phi20$ 沿砖、混凝土结构暗配）	m	18.10	（4－1.6－0.4）＋1.8×2＋2×3＋（4－1.4）×2＋1.3
7	管内穿阻燃绝缘导线 ZR-BV1.5mm²	m	42.20	（4－1.6－0.4＋1.8×2）×2＋（2＋2）×3＋（4－1.4）×2×2＋（2＋1.3）×2＋（0.6＋0.4）×2 或配线长＝[18.10＋（0.6＋0.4）]×2＋2×2
8	避雷针装置	根	1	
9	荧光灯	套	4	

（2）编制电话机房电气照明分部分项工程量清单与计价表，见表 12-5。

分部分项工程和单价措施项目清单与计价表　　　　　　表 12-5

工程名称：电话机房电气照明

序号	项目编码	项目名称	项目特征描述	计量单位	工程数量	金额（元）		
						综合单价	合价	其中：暂估价
1	030404017001	照明配电箱	XRM 型	台	1			
2	030404031001	小电器	单联单控暗开关	个（套）	2			
3	030409001001	接地装置	角钢接地极 3 根，接地母线 16.42m	项	1			
4	030414011001	接地装置电阻调整试验	接地电阻调试	组	1			
5	030411001001	电气配管	（镀锌钢管 $\phi20$ 沿砖、混凝土结构暗配）含接线盒 4 个，开关盒 2 个	m	18.10			
6	030411004001	电气配线	管内穿阻燃绝缘导线 ZRBV1.5mm^2	m	42.20			
7	030409006001	避雷针装置	一般避雷针	根	1			
8	030412005001	荧光灯	4YG2－2 $\frac{2\times40}{}$	套	4			

第二节　工程量清单的内容

一、计价规范颁布期间

在计价规范颁布期间，各省、直辖市采用的工程量清单报价大多由以下内容组成：

（1）分部分项工程名称以及相应的计量单位和工程数量。

（2）说明

1）分部分项工程工作内容的补充说明；

2）分部分项工程施工工艺特殊要求的说明；

3）分部分项工程中主要材料规格、型号以及质量要求的说明；

4）现场施工条件、自然条件；

5）其他。

二、计价规范颁布之后

1. 工程量清单编制人

即工程量清单由具有编制招标文件能力的招标人或委托具有资质的工程造价咨询机构、招标代理机构编制。工程量清单包括由承包人完成工程施工的全部项目。

2. 强制性规定

在"计价规范"推出以后，各地区要采用统一的工程量清单格式。

2013"计价规范"规定，工程量清单按照以下格式组成：封-1，见表 12-6；扉-1，见表 12-7；

总说明（表-01），见表 12-8；

分部分项工程和单价措施项目清单与计价表（表-08），见表 12-9；

总价措施项目清单与计价表（表-11），见表 12-10；

其他项目清单与计价汇总表（表-12），见表 12-11；

暂列金额明细表（表-12-1），见表 12-12；

材料暂估单价表（表-12-2），见表 12-13；

专业工程暂估价及结算价表（表-12-3），见表 12-14；

计日工表（表-12-4），见表 12-15；

总承包服务费计价表（表-12-5），见表 12-16；

索赔与现场签证计价汇总表（表-12-6），见表 12-17；

规费、税金项目计价表（表-13），见表 12-18；

发包人提供材料和工程设备一览表（表-20），见表 12-19；

承包人提供主要材料和工程设备一览表（表-21），见表 12-20。

即：计价规范规定用于工程量清单编制使用的表格主要有封-1、扉-1、表-01、表-08、表-11、表-12（不含表-12-6～表-12-8）、表-13、表-20、表-21 和表-22 等。

表 12-6

＿＿＿＿＿＿＿＿＿＿＿＿＿＿＿＿＿工程

招标工程量清单

招　标　人：＿＿＿＿＿＿＿＿＿

（单位盖章）

造价咨询人：＿＿＿＿＿＿＿＿＿

（单位盖章）

年　　月　　日

封-1

××电气设备安装　　工程　　　　　表 12-7

工程量清单

招标人：＿＿××单位＿＿	咨询人：＿＿×××＿＿
（单位盖章）	（单位资质专用章）
法定代表人	法定代表人
或其授权人：＿＿×××＿＿	或其授权人：＿＿×××＿＿
（签字或盖章）	（签字或盖章）
编制人：＿＿×××＿＿	复核人：＿＿×××＿＿
（造价人员签字盖专用章）	（造价工程师签字盖专用章）
编制时间：××××年××月××日	复核时间：××××年××月××日

扉-1

总说明　　　　　　　　　　　表 12-8

工程名称：××电气设备安装工程　　　　　　　　　第　页　共　页

> 1. 工程概况
>
> 2. 工程招标范围
>
> 3. 工程量清单编制依据
>
> 4. 资金来源
>
> 5. 质量、价差（暂估价）
>
> 6. 环保要求

表-01

总说明要求投标人填写的内容应包括工程概况，如建设规模、工程特征、计划工期、施工现场实际情况、交通运输情况、自然地理条件、环境保护要求等；工程招标和分包范围；工程量清单编制依据；工程质量、材料、施工等特殊要求；招标人自行采购材料的名称、规格型号、数量等；暂定金额、自行采购材料的金额数量；其他需说明的问题。此表在招标人发给投标人时可以是空表。

分部分项工程和单价措施项目清单与计价表 　　表 12-9

工程名称：××电气设备安装工程　　　　　　标段：　　　　　　　第　页　共　页

序号	项目编码	项目名称	项目特征描述	计量单位	工程量	金额（元）		
						综合单价	合价	其中：暂估价
			C.2 电气设备安装工程					
1	030201001001	油浸式电力变压器	SL1－1000kVA/10kV	台	2			
2	030204004001	低压开关柜	低压配电盘基础槽钢[10，手工除锈红丹防锈漆2遍	台	10			
3	030204018001	配电箱	总照明配电箱 XL－1	台	1			
4	030204018002	配电箱	总照明配电箱 AL－1	台	1			
5	030204031001	小电器	板式暗开关单控双联	套	6			
6	030204031002	小电器	板式暗开关单控单联	套	10			
7	030204031003	小电器	单相暗插座 15A	套	30			
8	030204031004	小电器	三相暗插座 15A	套	6			
9	030208001001	电力电缆	35mm² 内铜芯电力电缆	km	4.00			
10	030212001001	电气配管	PVC15 管	m	300.00			
11	030212003001	电气配线	BV－2.0×1.5mm²	m	750.00			
12	030213001001	白炽灯	60W	套	80.00			
13	030213004001	荧光灯	40W	套	100.00			
			其 他 略					
			分部小计					
			本页小计					
			合　计					

注：根据前建设部、财政部颁布的《建筑安装工程费用项目组成》（建标〔2003〕206号文件）的规定，为计取规费等的使用，可在表中增设"直接费"、"人工费"或"人工费＋机械费"。

表-08

分部分项工程量清单所包含的内容，主要分五个方面。即分部分项工程量清单、措施项目清单、其他项目清单、规费项目清单和税金项目清单。计价规范诠释每个分部分项工程量清单项目又由项目编码、项目名称、项目特征、计量单位和工程量这五大基本要件组成。在编制工程量清单时，需满足两方面的要求，一是规范管理，二是满足计价要求。而分部分项工程量清单项目编码其加以定义："项目编码——分部分项工程量清单项目名称的数字标识"。在2013计价规范中说明分部分项工程量清单的项目编码，应采用12位阿拉伯数字表示。1～9位应按附录的规定设置，10～12位应根据拟建工程的工程量清单项目名称设置，同一招标工程的项目编码不得有重码。由清单编制人根据设置的清单项目编制。而分部分项工程量清单的项目名称亦应按照计量规范附录中的项目名称，并结合拟建工程的实际情况确定。2013 计价规范规定，编制工程量清单出现附录中未包括的项目，编制人应作补充，并报省级或行业工程造价管理机构备案，省级或行业工程造价管理机构应汇总报住房和城乡建设部标准定额研究所。

补充项目的编码由附录的顺序码与 B 和三位阿拉伯数字组成，并应从×B001 起顺序编制，同一招标工程的项目不得重码。工程量清单中需要附有补充项目的名称、项目特征、计量单位、工程量计算规则、工程内容。

总价措施项目清单与计价表　　　　　　　　　　表 12-10

工程名称：××电气设备安装工程　　　　　　标段：　　　　　　第　页　共　页

序号	项目编码	项 目 名 称	计算基础	费率(%)	金额(元)	调整费率(%)	调整后金额(元)	备注
1		安全文明施工费						
2		夜间施工费						
3		二次搬运费						
4		冬雨期施工						
5		已完工程及设备保护						
		合　　计						

注：本表适用于以"项"计价的措施项目。

表-11

措施项目清单反映为完成分项实体工程所必须进行的措施性工作。措施项目清单应根据拟建工程的实际情况列项。通用措施项目可按总价措施项目清单与计价表和单项措施项目清单与计价表选择列项。若出现本规范未列的项目，可根据工程实际情况补充。其内容设置可按照住建部 44 号文件规定的项目列入。规定措施项目中可以计算工程量的项目清单宜采用分部分项工程量清单的方式编制，列出项目编码、项目名称、项目特征、计量单位和工程量计算规则；不能计算工程量的项目清单，以"项"为计量单位。

其他项目清单与计价汇总表　　　　　　　　　表 12-11

工程名称：××电气设备安装工程　　　　　　标段：　　　　　　第　页　共　页

序号	项 目 名 称	计量单位	金额(元)	备　　注
1	暂列金额	项	10000.00	明细详见表-12-1
2	暂估价			
2.1	材料暂估价			明细详见表-12-2
2.2	专业工程暂估价	项		明细详见表-12-3
3	计日工			明细详见表-12-4
4	总承包服务费			明细详见表-12-5
5	索赔与现场签证			明细详见表-12-6
	合　　计			

注：材料暂估单价进入清单项目综合单价，此处不汇总。

表-12

　　其他项目清单表现招标人提出的一些与拟建工程有关的特殊要求。并且按照招标人部分的金额可估算确定；按照投标人部分的总承包服务费应根据招标人提出的所发生的费用确定。其他项目清单主要内容为暂列金额、暂估价（包括材料暂估单价、专业工程暂估价）、计日工和总承包服务费等。

　　暂列金额，2003 计价规范称为预留金，是招标人在工程量清单中暂定并包括在合同价款中的一笔款项。用于施工合同签订时尚未确定或者不可预见的所需材料、设备、服务的采购，施工中可能发生的工程变更、合同约定调整因素出现时的工程价款调整以及发生的索赔、现场签证确认等的费用。

　　暂估价指招标人在工程量清单中提供的用于支付必然发生但暂时不能确定的材料单价以及专业工程的金额。

　　计日工指施工过程中，完成发包人提出的施工图纸以外的零星项目或工作，可按合同中约定的综合单价计价。在表格中应列出人工、材料、机械台班的名称、计量单位和相应数量。

　　总承包服务费是指总承包人为配合协调发包人进行的工程分包自行采购的设备、材料等进行管理、服务以及施工现场管理、竣工资料汇总整理等服务所需的费用。

暂列金额明细表　　　　　　　　　　　　　　　　表 12-12

工程名称：××电气设备安装工程　　　　　　标段：　　　　　　第　页　共　页

序号	项目名称	计量单位	金额(元)	备注
1	材料价格风险	项	6000.00	
2	设备价格风险	项	4000.00	
3				
	合　计		10000.00	

　　注：此表由招标人填写，如不能详列，也可只列暂定金额总额，投标人应将上述暂列金额计入投标总价中。

表-12-1

材料暂估单价表　　　　　　　　　　　　　　　　表 12-13

工程名称：××电气设备安装工程　　　　　　标段：　　　　　　第　页　共　页

序号	材料名称	计量单位	单价(元)	备注
1	型钢	kg	5.00	
2	XL—型配电箱	台	3500.00	

　　注：1. 此表由招标人填写，并在备注栏说明暂估价的材料拟用在哪些清单项目上，投标人应将上述材料暂估单价计入工程量清单综合单价报价中。

　　　　2. 材料包括原材料、燃料、构配件以及按规定应计入建筑安装工程造价的设备。

表-12-2

专业工程暂估价及结算价表

表 12-14

工程名称：××电气设备安装工程　　　　　　　标段：　　　　　　　　第 页 共 页

序号	工程名称	工程内容	暂估金额（元）	结算金额（元）	差额±(元)	备 注
合　计						

注：此表由招标人填写，投标人应将上述专业工程暂估价计入投标总价中。

表-12-3

计日工表

表 12-15

工程名称：××电气设备安装工程　　　　　　　标段：　　　　　　　　第 页 共 页

序号	项 目 名 称	单位	暂定数量	综合单价	合 价	
					暂定	实际
一	人工					
1	高级焊工	工日	8			
2	木工	工日	10			
	人工小计					
二	材料					
1	电焊条	kg	6.00			
2	油毡	m²	30			
	材料小计					
三	机械					
1	直流电焊机	台班	2			
2	灰浆搅拌机(400L)	台班	1			
	施工机械小计					
	总　计					

注：此表中项目名称、暂定数量由招标人填写，编制招标控制价时，单价由招标人按有关计价规定确定；投标时，
　　单价由投标人自主报价，计入投标总价中。

表-12-4

总承包服务费计价表

表 12-16

工程名称：××电气设备安装工程　　　　　　标段：　　　　　　　　第　页　共　页

序号	项目名称	项目价值（元）	服务内容	计算基础	费率（%）	金额（元）
1	发包人发包专业工程		1. 按专业工程承包人的要求提供施工工作面并对施工现场进行统一管理；对竣工资料进行统一整理汇总； 2. 为专业工程承包人提供垂直运输机械和焊接电源接入点，并承担垂直运输费和电费			
2	发包人供应材料		对发包方供应的材料进行验收及保管和使用发放			
	合　　计					

注：此表中项目名称、服务内容由招标人填写，编制招标控制价时，费率及金额由招标人按有关计价规定确定；投标时，费率及金额由投标人自主报价，计入投标总价中。

表-12-5

索赔与现场签证计价汇总表

表 12-17

工程名称：××电气设备安装工程　　　　　　标段：　　　　　　　　第　页　共　页

序号	签证及索赔项目名称	计量单位	数量	单价(元)	合价(元)	索赔及签证依据

注：签证及索赔依据是指经双方认可的签证单和索赔依据的编号。

表-12-6

规费、税金项目计价表　　　　　　　　　　　　表 12-18

工程名称：××电气设备安装工程　　　　标段：　　　　　　第　页　共　页

序号	项目名称	计算基础	费率(%)	金额(元)
1	规费	定额人工费		
1.1	社会保险费	定额人工费		
(1)	养老保险费	定额人工费		
(2)	失业保险费	定额人工费		
(3)	医疗保险费	定额人工费		
(4)	工伤保险费	定额人工费		
(5)	生育保险费	定额人工费		
1.2	住房公积金	定额人工费		
1.3	工程排污费	按工程所在地环境保护部门收取标准，按实计入		
2	税金	分部分项工程费＋措施项目费＋其他项目费＋规费－按规定不计税的工程设备金额		
	合　计			

注：根据住建部、财政部颁布的 44 号文，"计算基础"可以是"直接费"、"人工费"或"人工费＋机械费"。

表-13

发包人提供材料和工程设备一览表　　　　　　表 12-19

序号	材料(工程设备)名称、规格、型号	单位	数量	单价(元)	交货方式	送达地点	备注

注：此表由招标人填写，供投标人在投标报价确定总承包服务费时参考。

表-20

承包人提供主要材料和工程设备一览表

表 12-20

序号	名称、规格、型号	单位	数量	风险系数（％）	基准单价（元）	投标单价	发承包人确认单价（元）	备注

注：1. 此表由招标人填写除"投标单价"栏以外的内容，投标人在投标时自主确定投标单价。

2. 招标人应优先采用工程造价管理机构发布的单价作为基准单价，未发布的，通过市场调查确定其基准单价。

表-21

第十三章　工程量清单计价

第一节　推行工程量清单计价的意义与作用

一、工程量清单计价的概念

工程量清单计价应包括按招标文件规定，完成工程量清单所列项目的全部费用，包括分部分项工程费、措施项目费、其他项目费和规费、税金。其中，分部分项工程费是指完成分部分项工程量所需的实体项目费用。措施项目费是指分部分项工程费以外，为完成工程项目施工，发生于该工程施工前和施工过程中的技术、生活、安全等方面的非工程实体项目所需的费用。其他项目费是指分部分项工程费以外，该工程项目施工中可能发生的其他费用。工程量清单计价应采用综合单价计价。

工程量清单计价包括三个层面的含义：投标人根据招标人提供的工程量清单进行自主报价；招标人编制招标控制价；承发包双方确定工程量清单合同价款、调整工程竣工结算等活动。如图 13-1 所示为工程量清单计价概念示意图。

狭义地讲，工程量清单计价是在建设工程招标投标过程中，招标人依据计价规范统一的规定提供工程数量，并由投标人按照工程量清单进行自主报价，且经评审低标中标的工程造价的计价方式。

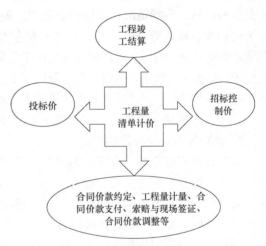

图 13-1　工程量清单计价概念示意图

广义地讲，工程量清单计价是工程建设项目从招标控制价的编制、投标价、合同价款约定、工程计量与合同价款支付、索赔与现场签证、工程价款调整到工程竣工结算办理及工程造价计价争议处理等的诸多内容。

1. 招标控制价

按照 2013 计价规范诠释，"招标人根据国家或省级、行业建设主管部门颁布的有关计价依据和办法，以及拟定的招标文件和招标工程量清单，结合工程具体情况编制的招标工程的最高投标限价"。一些省、市称为预算控制价、最高报价值。其实质是通常所说的标底。

我国《招标投标法》规定，在招标工程中如果设有标底，则评标时应参考标底。标底的参考价值，决定着标底的编制应具有一定的强制性。换言之，该强制性体现出标底编制需要按工程造价主管部门指定的相关计价办法实行。标底的编制必须既符合计价规范的要求和住建部令第 107 号《建设工程施工发包与承包计价管理办法》第六条的要求，又要考虑企业或地方消耗量定额与计价规范接轨的需要。招标控制价的编制依据除按照计价规范规定外，还应结合国家或省级、行业建设主管部门颁布的计价定额和计价办法；建设工程设计文件及相关资料；招标文件中的工程量清单及有关要求；与建设项目相关的标准、规范、技术资料；工程造价管理机构发布的工程造价信息和市场价；其他相关资料等。同时，2013 计价规范规定，招标控制价应由具有编制能力的招标人，或受其委托具有相应资质的工程造价咨询人编制。"招标控制价应在招标时公布，不应上调或下浮，招标人应将招标控制价及有关资料报送工程所在地工程造价管理机构备案"。招标控制价采用下列公式计算：

招标控制价＝分部分项工程费＋措施费＋其他项目费＋规费＋税金

2. 投标价

按照 2013 计价规范诠释，投标价是投标人投标时响应招标文件要求所报出的对已标价工程量清单汇总后标明的总价。除本规范强制性规定外，投标价由投标人自主确定，但不得低于成本。投标报价的编制依据按照计价规范规定，除国家规范以外，还应结合国家或省级、行业建设主管部门颁布的计价办法；企业定额，国家或省级、行业建设主管部门颁发的计价定额；招标文件，工程量清单及其补充通知、答疑纪要；建设工程设计文件及相关资料；施工现场情况、工程特点及拟定的投标施工组织设计或施工方案；与建设项目相关的标准、规范等技术资料；市场价格信息或工程造价管理机构发布的工程造价信息；其他相关资料等。投标价可以理解为是在工程采用招标发包过程中，由投标人按照招标文件的要求，依据工程特点，同时结合自身的施工技术力量和管理、装备水准和有关计价规定自主确定的工程造价。是投标人希望达成的工程承包交易的期望价格。投标价组合如下：

投标价＝分部分项工程费＋措施项目费＋其他项目费＋规费＋税金

3. 合同价与合同价款的约定

按照计价规范诠释，合同价为"发、承包双方在施工合同中约定的工程造价"。换言之，是在工程发、承包交易完成后，由发、承包双方以合同形式确定的工程承包交易价格。采用招标发包的工程，其合同价应为投标人的中标价格，也就是投标人的投标报价。

对于合同价款的约定，计价规范诠释，在合同价款调整因素出现后，发、承包双方依据合同约定，对合同价款进行变动的提出、计算和确认。

4. 索赔与现场签证

计价规范诠释："在工程合同履行过程中，合同当事人一方因非己方的原因而遭受损失，按合同约定或法律法规规定应由对方承担责任，从而向对方提出补偿的要求。"规定了索赔的条件（包括索赔理由、索赔证据以及合同约定时间三要素）；规定了发包人在批准承包人的索赔报告时，应将索赔事件造成的费用损失和工期延长联系起来，综合做出批准费用索赔和工期延长的决定；规定了发包人向承包人提出索赔的时间、程序和要求；规定了发包人与承包人平等的索赔权利与相同的索赔程序；规定了承包人应发包人要求完成合同以外的零星工作或非承包人责任事件发生时，承包人应按合同约定及时向发包人提出现场签证。

现场签证是指现场代表（或其授权的监理人、工程造价咨询人）与承包人现场代表就施工过程中涉及的责任事件所做的签认证明。

5. 工程造价鉴定

2013 计价规范规定了工程造价咨询人接受人民法院、仲裁机关委托，对施工合同纠纷案件中的工程造价争议，运用专门知识进行鉴别、判断和评定，并提供鉴定意见的活动。也称为工程造价司法鉴定。

二、工程量清单计价的意义

1. 与国际惯例接轨的需要

自从我国加入 WTO 以后，全球经济一体化的趋势促使国内经济更多地融入世界经济中。在建筑业，许多国际资本进一步进入我国工程建筑市场，因此使得我国工程建筑市场竞争日益激烈。而我国建筑市场必然会更多地走向世界。因此，要想顺利进入国际建筑市场，在强大的竞争对手中占有一席之地，必须熟悉其运作规律、游戏规则。以便适应建筑市场行业管理发展趋势，与国际惯例接轨。所以，我国工程造价价格体系发生的剧烈变化以及工程量清单计价模式的实施，是融入国际先进的计价模式的需要，是时代发展的需要。工程量清单计价的实行，正是遵循工程造价管理的国际惯例，亦是实现我国工程造价管理改革的终极目标——建立适合市场经济的计价模式的需要。国际工程招投标必须采用工程量清单计价形式。

2. 建筑市场化和国际化的需要

市场经济的计价模式，简言之，就是国家制定统一的工程量计算规则，在招标时，由招标方提供工程量清单，各投标单位（承包商）依据自身实力，按照竞争策略自主报价，业主择优定标，采用工程合同使报价法定化，施工中出现与招标文件或合同规定不符合的情况或工程量发生变化时，依据相关技术经济资料据实索赔，调整支付。而这种计价模式，实质上就是一种国际惯例，广东省佛山市顺德区早在 2000 年 3 月就已经实施了这种计价模式，它当时的具体内容是"控制量，放开价，由企业自主报价，最终由市场形成价格"。这种竞争相对公平，打破垄断建筑市场的地方保护主义，不允许排斥潜在的投标人。市场化促使工程量清单计价势在必行。

在国际上，工程量清单计价方法是通用的原则，是大多数国家所采用的工程计价方式。为适应在建筑行业方面的国际交流，实现国际化，我国在加入 WTO 谈判中，在建设领域方面作了多项承诺，并拟废止部门规章、规范性文件 12 项，拟修订部门规章、规范性文件 6 项。并在适当的时候，允许设立外商投资建筑企业，外商投资建筑企业一经成立，便有权在中国境内承包建筑工程。形成国际性竞争。

3. 降低工程造价和节约投资需要

对于国有资金和国有控股的投资项目，在充分竞争的基础上确定的工程造价，有着相应的合理性，可防止国有资产流失，使投资效益得到最大的发挥，并且也增加了招标、投标的透明度，进一步体现出招标过程中公平、公正、公开的三公原则，以防暗箱操作，利于遏制腐败的产生。此外，因为招标的原则是合理低标中价，因此施工企业在投标报价时，就要掌握一个合理的临界点，这就是既要报价最低，又要有一定的利润空间。这样必将促使企业采取一切手段提高自身竞争能力，如在施工中采用新的工艺技术、新的材料去降低工程成本，增加利润，以便在同行业中保持领先地位。

三、工程量清单计价的作用

1. 利于规范建设市场管理行为

虽然工程量清单计价形式上只是要求招标文件中列出工程量表，但在具体计价过程中涉及造价构成、计价依据、评标办法等一系列问题，这些与定额预结算的计价形式有着根本的区别，所以说工程量清单计价又是一种全新的计价形式。计价规范附录中工程量清单项目以及计算规则的项目名称表现的是工程实体项目，项目名称明确清晰，工程量计算规则简洁，尤其还列有项目特征和工程内容。易于编制工程量清单时确定其具体项目名称和投标报价。《计价规范》不仅适应市场定价机制，亦是规范建设市场秩序的治本措施之一。实行工程量清单计价，并将其作为招标文件和合同文件的重要组成部分，可规范招标人的计价行为，从技术上避免在招标中弄虚作假，从而确保工程款的支付。

2. 利于造价管理机构职能转变

工程量清单计价模式的实施，促使我国从业人员转变以往单一的管理方式和业务适应范围，有利于提高造价工程师的素质和职能部门人员的业务水平和管理思路，转变管理模式，从而逐渐成为既懂技术又懂管理的复合型人才。全面提高我国工程造价管理水平。

3. 利于控制建设项目投资

采用现行的施工图预算形式，业主对因设计变更、工程量增减所引起的工程造价变化不敏感，但竣工结算时发现这些对项目投资的影响非常重大。采用工程量清单计价方式，在进行设计变更时，可即刻得知其对工程造价的影响，业主此时，可根据投资情况做出正确的抉择，可合理利用建设资源和有效控制建设投资。

四、工程量清单计价特点

1. 统一性

工程量清单编制与报价，全国统一采用综合单价形式。工程量清单编制与报价在我国作为一种全新的计价模式，同以往采用的传统定额加费用的计价方法相比，内容有相当大的不同。其综合单价中包含了工程直接费、工程间接费、利润等。如此综合后，工程量清单报价更为简捷，更适合招投标需要。

2. 规范性

工程量清单计价要求招标人和投标人根据市场行情及自身实力编制标底与报价。通过采用计价规范，约束建筑市场行为。其规则和工程量清单计价方法均是强制性的，工程建设诸方必须遵守。具体表现在规定全部使用国有资金或以国有资金投资为主的大、中型建设工程应按照计价规范执行；并且明确了工程量清单是招标文件的组成部分；此外，规定了招标人在编制工程量清单时应实施项目编码、项目名称、计量单位、工程量计算规则四统一；同时，采用规定的标准格式来表述。

建筑工程的招投标，在相当程度上是单价的竞争，倘若采用以往单一的定额计价模式，就不可能体现竞争，因此，工程量清单编制与报价打破了工程造价形成的单一性和垄断性，反映出高、低不等的多样性。

3. 法令性

工程量清单计价具有合同化的法定性。从其统一性和规范性均反映出其法制特征，许多发达国家经验表明，合同管理在市场机制运行中作用非常重大。通过竞争形成的工程造价，以合同形式确定，合同约束双方在履约过程中的行为，工程造价要受到法律保护，不得任意更改，如果违反了游戏规则，将受到法律质疑或制裁。

4. 竞争性

《计价规范》中的措施项目，在工程量清单中只列"措施项目"一栏，具体采用什么措施，如模板、脚手架、临时设施、施工排水等详细内容由投标人根据企业的施工组织设计，视具体情况报价，为企业留有相应的竞争空间；此外，《计价规范》中人工、材料和施工机械没有具体的消耗量，而将工程消耗量定额中的工、料、机价格和利润、管理费等全面放开，由市场供求关系自行确定价格。投标企业可依据企业定额和市场价格信息，亦可参照建设行政主管部门发布的社会平均消耗量定额进行报价，就是说《计价规范》将定价权交给了企业。

五、工程量清单计价与传统定额计价区别

1. 计价形式不同

其单位工程造价构成形式不同，工程量清单计价与传统定额计价在工程造价构成上是存在着相当大的差异的。按定额计价时单位工程造价由直接工程费、间接费、利润、税金构成，计价时先计算直接费，再以直接费（或其中的人工费）为基数计算出间接费、利润、税金等各项费用，汇总后为单位工程造价。工程量清单计价时，造价由工程量清单费用（＝∑清单工程量×项目综合单价），即分部分项工程费用、措施项目清单费用、其他项目清单费用、规费、税金五部分构成，作这种划分的考虑是将施工过程中的实体性消耗和措施性消耗分开，对于措施性消耗费用只列出项目名称，由投标人根据招标文件要求和施工现场情况、施工方案自行确定，从而体现出以施工方案为基础的造价竞争；对于实体性消耗费用，则列出具体的工程数量，投标人要报出每个清单项目的综合单价，以便在投标中比较。

2. 分项工程单价构成不同

按照传统定额计价规定，分项工程单价是工料单价，只包括人工、材料、机械费用。而工程量清单计价中分项工程单价一般为综合单价。除了人工、材料、机械费，还包含管理费（现场管理费和企业管理费）、利润和相应的风险金等。实行综合单价有利于工程价款的支付、工程造价的调整及其工程结算。同时避免了因为"取费"产生的纠纷。综合单价中的直接费、利润等由投标人根据本企业实际支出及利润预期、投标策略确定，是施工企业实际成本费用的反映，是工程的个别价格。综合单价的报价是诸多个别计价、市场竞争的过程。

3. 单位工程项目划分不同

按定额计价的工程项目划分即预算定额中的项目划分，一般土建定额有几千个项目，其划分原则是按工程的不同部位、不同材料、不同工艺、不同施工机械、不同施工方法和材料规格型号进行划分，且十分详细。工程量清单计价的工程项目划分较之定额项目的划分有较大的综合性，考虑了工程部位、材料、工艺特征，但不考虑具体的施工方法或措施，如人工或机械、机械的不同型号等。同时对于同一项目不再按阶段或过程分为几项，而是综合在一起，如混凝土，可将同一项目的搅拌（制作）、运输、安装、接头灌缝等综合为一项，门窗也可以将制作、运输、安装、刷油、五金等综合到一起，这样能够减少原来定额对于施工企业工艺方法选择的限制，报价时有更多的自主性。工程量清单中的量应该是综合的工程量，而不是按定额计算的"预算工程量"。综合的量有利于企业自主选择施工方法并以此为基础竞价，也能使企业摆脱对定额的依赖，逐渐建立起企业内部报价以及管理企业定额和企业价格的体系。

4. 计价依据不同

这是清单计价和按定额计价的最根本区别。按定额计价的唯一依据就是定额，而工程量清单计价的主要依据除国家计价规范和建设工程计价计量规范辅导外，还有企业定额。而企业定额包括企业生产要素消耗量标准、材料价格、施工机械配备及管理状况、各项管理费支出标准等。目前可能多数企业没有企业定额，但随着工程量清单计价形式的推广和报价实践的增加，企业将逐步建立起自身的定额和相应的项目单价，当企业都能根据自身状况和市场供求关系报出综合单价时，企业自主报价、市场竞争（通过招投标）定价的计价格局也将形成，这也正是工程量清单所要促成的目标。工程量清单计价的本质是要改变政府定价模式，建立起市场形成造价机制，只有计价依据个别化，这一目标才能实现。

六、工程量清单计价涉及的相关税费及术语

1. 规费

规费是指根据国家法律、法规规定，由省级政府或省级有关权力部门规定施工企业必须缴纳的，应计入建筑安装工程造价的费用。四川省规费项目组成及标准见表 13-1。

规费标准 表 13-1

序号	规费名称	计费基础	规费费率（%）
1	养老保险费	分部分项清单人工费＋措施项目清单人工费	8～14
2	失业保险费	分部分项清单人工费＋措施项目清单人工费	1～2
3	医疗保险费	分部分项清单人工费＋措施项目清单人工费	4～6
4	住房公积金	分部分项清单人工费＋措施项目清单人工费	3～6
5	危险作业意外伤害保险	分部分项清单人工费＋措施项目清单人工费	0.5
6	工程定额测定费	税前工程造价	工程在成都市 1.3‰； 工程在中等城市 1.4‰； 工程在县级城市 1.5‰

施工企业对规费的缴纳按照国家有关规定执行，并随之调整。规费标准在工程招标中为不可竞争性费用，应按照规费标准计取。全部使用国有资金或国有资金投资为主的大、中型建设工程，采用工程量清单招标编制标底或预算控制价时，规费计取标准暂按其费率的上限计取。

重庆市规费内容包括工程排污费（按实计算）、工程定额测定费、养老保险统筹基金、失业保险费以及医疗保险费、住房公积金等。

2. 税金

税金是指国家税法规定的应计入建筑安装工程造价内的营业税、城市维护建设税、教育费附加和地方教育附加。

3. 索赔

在合同履行过程中，对于非已方的过错而应由对方承担责任的情况造成的损失，向对方提出补偿的要求。

4. 现场签证

发包人现场代表与承包人现场代表就施工过程中涉及的责任事件所做的签证证明。

5. 企业定额

施工企业根据本企业的施工技术和管理水平而编制的人工、材料和施工机械台班等的消耗标准。

6. 发包人

具有工程发包主体资格和支付工程价款能力的当事人以及取得该当事人资格的合法继承人。有时又称招标人。

7. 承包人

被发包人接受的具有工程施工承包主体资格的当事人以及取得该当事人资格的合法继承人。有时又称投标人。

8. 造价工程师

取得《造价工程师注册证书》，在一个单位注册从事建设工程造价活动的专业人员。

9. 造价员

取得《全国建设工程造价员资格证书》，在一个单位注册从事建设工程造价活动的专业人员。

10. 工程造价咨询人

取得工程造价咨询资质等级证书，接受委托从事建设工程造价咨询活动的企业。

七、工程量清单计价方法

1. 采用综合单价计价方法

为简化计价程序，实现与国际接轨，工程量清单计价采用综合单价的计价方法，综合单价计价是有别于现行定额工料单价法计价的另一种单价计价方法，应包括完成规定计量单位合格产品所需的全部费用，考虑我国的现状，综合单价包括除规费、税金以外的全部费用。综合单价不但适用于分部分项工程量清单，亦适用于措施项目清单、其他项目清单。对于综合单价的编制，各省、直辖市、自治区工程造价管理机构，制定具体办法，统一综合单价的计算和编制。

分部分项工程量清单计价为不可调整的闭口清单，投标人对招标文件提供的分部分项工程量清单必须逐一计价，对清单列出的内容不允许作任何更改变动。投标人如果认为清单内容有不妥或遗漏，只能通过质疑的方式由清单编制人作统一的修改更正，并将修正后的工程量清单发给所有投标人。

2. 计价规范与地方计价定额接口

《计价规范》采用项目编码制，计价规范对于分部分项工程量清单的四个统一，即项目编码统一、项目名称统一、计量单位统一、工程量计算规则统一，标志着工程量清单计价的规范管理日益成熟。因此，分部分项工程量清单编码实行统一的以 12 位阿拉伯数字表示，前 9 位为全国统一编码，编制分部分项工程量清单时，要按照附录中相应编码设置，不得变动，后 3 位是清单项目名称编码，由清单编制人根据设置的清单项目编制。清单各级编码含义如下：

（1）第一级（一、二位）为《计价规范》附录顺序码，01 表示建筑与装饰工程，02 表示仿古建筑工程，03 表示通用安装工程，04 表示市政工程，05 表示园林绿化工程，06 表示矿山工程，07 表示构筑物工程，08 表示城市轨道交通工程，09 表示爆破工程。

（2）第二级（三、四位）为专业工程顺序码，如建筑与装饰工程中的 01 表示土石方工程，02 表示地基基础工程，03 表示桩基工程，04 表示砌筑工程，05 表示混凝土及钢筋混凝土工程，06 表示金属结构工程，07 表示木结构工程，08 表示门窗工程，09 表示屋面及防水工程，10 表示保温、隔热、防腐工程，与前级代码结合表示为 0101、0102、0103、

0104、0105、0106、0107、0108、0109、0110。

（3）第三级（五、六位）为分部工程顺序码，如混凝土及钢筋混凝土工程中的 01 表示现浇混凝土基础，02 表示现浇混凝土柱，03 表示现浇混凝土梁，04 表示现浇混凝土墙，加上前面两级代码则分别为 010501、010502、010503、010504。

（4）第四级（七、八、九位）为分项工程项目名称顺序码。例如：现浇混凝土柱又分为矩形柱、异型柱两个分项工程，其编码分别为 010502001、010502002。

（5）第五级（十、十一、十二位）为清单项目名称编码，由工程量清单编制人自行编制，从 001 起开始编码，如某多层现浇框架政府办公楼，其现浇混凝土矩形框架柱按照混凝土的强度等级可分为两种，一种是 C35 的现浇混凝土矩形框架柱（基顶～7.20m 标高），另一种是 C30 的现浇混凝土矩形框架柱（7.20m 标高～柱顶）。因此，可以按照现浇混凝土柱的项目特征之一——混凝土强度等级来进行第五级项目编码，把 C35 的现浇混凝土矩形框架柱编为 010502001001，C30 的现浇混凝土矩形框架柱编为 010502001002。

【例 13-1】 清单项目编码结构如图 13-2 所示。

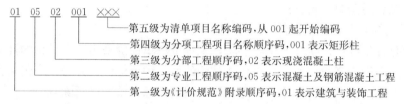

图 13-2　清单项目编码结构

此外，对分部分项工程量清单项目名称的设置，应考虑三个因素，其一是附录中的项目名称；其二是附录中的项目特征；其三是拟建工程的实际情况。工程量清单编制时，以附录中的项目名称为主体，考虑该项目的规格、型号、材质等特征要求，并考虑拟建工程具体实际条件，从而具体化工程量清单项目名称。

项目特征是指构成分部分项工程量清单项目、措施项目自身价值的本质特征。应结合拟建工程项目的实际予以描述。分部分项工程量清单的计量单位应按照附录中规定的计量单位确定。分部分项工程量清单列出的工程量应按照附录中的工程量计算规则计算。

值得注意的是现行"预算定额"的项目一般是按照施工工艺进行设置，工程所包括的内容是单一的，依此规定了相应的工程量计算规则。但是，工程量清单项目的划分，一般是以一个"综合实体"，且包括了许多项工程的内容考虑实施，依此规定了工程量计算规则。所以，两者在工程量计算规则上的区别决定了工程量清单编制与传统定额计价模式上的较大差别。

3. 地方消耗量定额编码应与计价规范接轨

编制分部分项工程量清单计价表时，其项目编码的编号必须要满足地方计价定额编码与计价规范项目编码相接口。换言之，地方计价定额编码所规定的项目，必须与计价规范项目编码相一致。以分部分项工程量清单综合单价分析表为例，综合单价除招标文件或合同约定外，结算时不得调整。

【例 13-2】 项目为平整场地工程量计算出 $500m^2$，试分析项目？

【解】 查套（转换）步骤如下：

（1）查 2013 房屋建筑与装饰工程工程量计算规范第 6 页，表 A.1（编码：010101）；

（2）在表中查得 010101001 对应的项目名称为平整场地，同时注意项目特征以及计量单位"m²"、项目工程量计算规则，按设计图示尺寸为建筑物首层面积；

（3）查看工程内容：a. 土方挖填；b. 场地找平；c. 运输；

（4）在地方计价定额中组装工作内容相对应的项目。组装工程量清单项目编码为 010101001001（在此例中，使用的是某市建筑工程消耗量定额 AA0036，分别进行人工、材料、机械费和相应管理费、利润等项目的分析，即查阅与 AA0036 相对应的综合单价为 116.17 元/100m²）。

则：综合费＝5×116.17＝580.85 元。而工程量清单的综合单价应为：580.85/500＝1.16 元/m²。

【例 13-3】　项目为 PVC15 电气配管工程量按图计算出 14.10m，试分析项目？

【解】　查套（转换）步骤如下：

（1）查 2013 计价规范第 63 页，表 D.12 配管、配线（编码：030411）；

（2）在表中查得 030411001 对应的项目名称为配管，同时注意项目特征以及计量单位"m"、项目工程量计算规则，按设计图示尺寸以长度计算；

（3）查看工程内容：a. 电线管路敷设；b. 钢索架设（拉紧装置安装）；c 预留沟槽；d. 接地；

（4）在地方计价定额中组装工作内容相对应的项目。组装工程量清单项目编码为 030411001001（在此例中，使用的是某市安装工程消耗量定额，分别进行人工、材料、机械费和相应管理费、利润等项目的分析后得到∑安装工程消耗量定额×相应的分项工程量计算汇总的综合费结果为 186.01 元）。而工程量清单的综合单价应为：186.01/14.10＝13.19 元/m。

4. 工程量清单中的工程量调整及综合单价确定

（1）对于工程量清单中的工程量，在工程竣工结算时，可根据招标文件规定对实际完成的工程量进行调整。但要经工程师或发包方核实确认后，方可作为进行结算的依据。

（2）综合单价确定：因分部分项工程量清单漏项或非承包人原因的工程变更，造成增加新的工程量清单项目，其对应的综合单价按以下方法确定：

1）合同中已有适用的综合单价，按合同中已有的综合单价确定。

2）合同中有类似的综合单价，参照类似综合单价确定。

3）合同中没有适用或类似的综合单价，由承包人提出综合单价，经发包人确认后执行。

第二节　工程量清单计价依据

一、工程量清单计价依据

在计价规范推出后，重庆市为配合工程量清单的实施，颁布了《重庆市建设工程工程量清单计价实施细则（试行）》，并编制了重庆市建设工程消耗量定额《建筑工程消耗量定额》、《装饰工程消耗量定额》、《安装工程消耗量定额》、《市政工程消耗量定额》、《园林工程消耗量定额》以及《重庆市建设工程消耗量定额综合单价》（建筑、装饰、市政通用）、《安装工程综合单价》《园林工程综合单价》（以下简称综合单价），并编制了重庆市建设工程消耗量定额施工机械台班定额混凝土及砂浆配合比表等。其计价依据主要是 GB

50500—2013 以及住房和城乡建设部关于建筑安装工程费用计算规则的有关规定。四川省颁布了《四川省建筑工程工程量清单计价管理试行办法》（以下简称"办法"）。该"办法"对工程造价计价依据作了如下规定：

（1）国家法律、法规和政府及有关部门规定的规费；

（2）《建设工程工程量清单计价规范》GB 50500—2013；

（3）《四川省建设工程工程量清单计价定额》（简称计价定额）；

（4）工程造价管理机构发布的人工、材料、机械台班等价格信息以及组价办法等；

（5）发、承包人签订的施工合同及有关补充协议、会议纪要以及招投标文件；

（6）工程施工图纸及图纸会审纪要、设计变更以及经发包人认可的施工组织设计或施工方案；

（7）现场签证。如施工中涉及合同价款之外的责任事件所做的签认证明。包括双方签字认可的非工程量清单项目用工签证、机械台班签证、零星工程签证以及材料价格的变动签证等；

（8）索赔。指发、承包人一方未按照合同约定履行义务或发生错误给另一方造成损失，依据合同约定向对方提出给予补偿的要求。经双方按约定程序办理后，作为计价的依据，办理价款支付。

二、其他

指发、承包人不能预见的事项或风险等。

第三节　工程量清单计价适用范围

一、国有资金投资项目

计价规范强调"全部使用国有资金投资或国有资金投资为主的工程建设项目，必须采用工程量清单计价"。

这是一条强制性规定，根据《工程建设项目招标范围和规模标准规定》（国家计委第3号令）的规定，国有资金投资的工程建设项目包括使用国有投资和国家融资投资的工程建设项目。

"国有资金"是指国家财政性的预算内或预算外资金，国家机关、国家企事业单位和社会团体的自有资金及借贷资金。国有资金投资为主的工程是指国有资金占总投资额的50％以上，或虽不足50％，但国有资产投资者实质上拥有控股权的工程建设项目。

1. 使用国有资金投资的项目范围

使用国有资金投资的项目范围包括使用各级财政预算资金的项目；使用纳入财政管理的各种政府性专项建设基金的项目；使用国有企事业单位自有资金，并且国有资产投资者实际拥有控制权的项目。

2. 国家融资投资的项目范围

国家融资投资的项目范围包括使用国家发行债券所筹资金的项目；使用国家对外借款或者担保所筹资金的项目；使用国家政策性贷款的项目；国家授权投资主体融资的项目；国家特许的融资项目。

二、非国有资金投资项目

2013 计价规范声明："非国有资金投资的工程建设项目，宜采用工程量清单计价"。

此条条款，有以下三层含义：

（1）对于非国有资金投资的工程建设项目，是否采用工程量清单方式计价由项目业主自主确定；

（2）当确定采用工程量清单计价时，则应执行本规范；

（3）对于即便确定不采用工程量清单方式计价的非国有投资工程建设，除不执行工程量清单计价的专门性规定外，由于计价规范规定了工程价款调整、工程计量和价款支付、索赔与现场签证、竣工结算以及工程造价争议处理等方面的内容，这类条文仍要执行。

三、招标投标的工程量清单计价

工程量清单计价是与现行"定额"计价方式共存于招标投标计价活动中的另一种计价方式。

第四节　工程量清单计价格式与程序

一、工程量清单计价格式

1. 工程量清单计价应采用统一格式

工程量清单计价应采用统一格式，其格式内容应随招标文件发至投标人。工程量清单计价格式（此处描述的是投标报价）由下列内容组成：

（1）投标总价（封-3），见表13-2；

（2）投标总价（扉-3），见表13-3；

（3）工程计价总说明（表-01），见表13-4；

（4）建设项目招标控制价/投标报价汇总表（表-02），见表13-5；

（5）单项工程招标控制价/投标报价汇总表（表-03），见表13-6；

（6）单位工程招标控制价/投标报价汇总表（表-04），见表13-7；

（7）分部分项工程和单价措施项目清单与计价表（表-08），见表13-8；

（8）综合单价分析表（表-09），见表13-9；

（9）总价措施项目清单与计价表（表-11），见表13-10；

（10）其他项目清单与计价汇总表（表-12），见表13-11；

（11）暂列金额明细表（表-12-1），见表13-12；

（12）材料（工程设备）暂估单价及调整表（表-12-2），见表13-13；

（13）专业工程暂估价表（表-12-3），见表13-14；

（14）计日工表（表-12-4），见表13-15；

（15）总承包服务费计价表（表-12-5），见表13-16；

（16）索赔与现场签证计价汇总表（表-12-6）见表13-17；

（17）规费、税金项目清单与计价表（表-13），见表13-18；

（18）总价项目进度款支付分解表（表-16），见表13-19；

（19）发包人提供材料和工程设备一览表（表-20），见表13-20；

（20）承包人提供主要材料和工程设备一览表（表-21），见表13-21；

（21）承包人提供主要材料和工程设备一览表（表-22），见表13-22。

投标报价使用的表格有封-3、扉-3、表-01、表-02、表-03、表-04、表-08、表-09、表-11、表-12（不含表-12-6～表-12-8）、表-13、表-16、表-20、表-21和表-22。

2. 工程量清单计价格式的填写

工程量清单计价格式（投标报价）的填写应符合下列规定：

（1）工程量清单计价格式（投标报价）应由投标人填写。

（2）封面应按规定内容填写、签字、盖章。除承包人自行编制的投标报价和竣工结算外，受委托编制的招标控制价、投标报价、竣工结算若由造价员编制的，应有负责审核的造价工程师签字、盖章以及工程造价咨询人盖章。

（3）投标总价应按工程项目投标报价汇总表合计金额填写。

（4）总说明应填写：

1）工程概况：包括建设规模、工程特征、计划工期、合同工期、实际工期、施工现场及变化情况、施工组织设计的特点、自然地理条件、环境保护要求等。

2）填写编制依据等。

（5）工程项目投标报价汇总表

1）表中单项工程名称应按单项工程投标报价汇总表的工程名称填写。

2）表中金额应按单项工程投标报价汇总表的合计金额填写。

（6）单项工程投标报价汇总表

1）表中单位工程名称应按单位工程投标报价汇总表的工程名称填写。

2）表中金额应按单位工程投标报价汇总表的合计金额填写。

（7）单位工程投标报价汇总表中的金额部分应分别按照分部分项工程量清单与计价表、措施项目清单与计价表和其他项目清单与计价表的合计金额及有关规定计算的规费、税金项目清单与计价表填写。

（8）分部分项工程量清单与计价表的序号、项目编码、项目名称、项目特征描述、计量单位、工程数量必须按分部分项工程量清单与计价表中的相应内容填写。

（9）措施项目清单与计价表

1）表中的序号、项目名称必须按措施项目清单与计价表中的相应内容填写。

2）注意以"项"计价的措施项目和以综合单价形式计价的措施项目。投标人可根据施工组织设计采取措施增加或减少项目。

（10）其他项目清单与计价汇总表

表中的序号、项目名称必须按其他项目清单与计价汇总表中的相应内容填写。

（11）规费、税金项目清单与计价表

表中序号、项目名称、计算基础、费率等应按规费、税金项目清单与计价表中相应的内容填写。

（12）工程量清单综合单价分析表，应由招标人根据需要提出要求后填写。

表 13-2

_____工程

投 标 总 价

投 标 人：_____

（单位盖章）

年　　　月　　　日

投标总价　　　　　　　　　　　　表 13-3

招　　标　　人：_____

工　程　名　称：_____

投标总价(小写)：_____

　　　　　(大写)：_____

投　　标　　人：_____

(单位盖章)

法 定 代 表 人
或 其 授 权 人：_____

(签字或盖章)

编　　制　　人：_____

(造价人员签字盖专用章)

编 制 时 间：　　年　　月　　日

扉-3

工程计价总说明　　　　　　　　　　表 13-4

工程名称：　　　　　　　　　　　　　　　　　第 页 共 页

表-01

建设项目招标控制价/投标报价汇总表　　　表 13-5

工程名称：　　　　　　　　　　　　　　　　　第 页 共 页

序号	单项工程名称	金额(元)	其 中		
			暂估价(元)	安全文明施工费(元)	规费(元)
合　计					

注：本表适用于工程项目投标报价的汇总。

表-02

233

单项工程招标控制价/投标报价汇总表

表 13-6

工程名称：　　　　　　　　　　　　　　　　　　　　　　　　　　第　页　共　页

序号	单项工程名称	金额 （元）	其　中		
			暂估价 （元）	安全文明施工费 （元）	规费 （元）
合　计					

注：本表适用于单项工程投标报价的汇总，暂估价包括分部分项工程中的暂估价和专业工程暂估价。

表-03

单位工程招标控制价/投标报价汇总表

表 13-7

工程名称：　　　　　　标段：　　　　　　　　　　　　　　　　第　页　共　页

序号	汇　总　内　容	金额（元）	其中:暂估价（元）
1	分部分项工程		
1.1			
1.2			
1.3			
1.4			
2	措施项目		
2.1	其中:安全文明施工费		
3	其他项目		
3.1	其中:暂列金额		
3.2	其中:专业工程暂估价		
3.3	其中:计日工		
3.4	其中:总承包服务费		
4	规费		
5	税金		
投标报价合计＝1＋2＋3＋4＋5			

注：本表适用于单位工程投标报价的汇总，如无单位工程划分，单项工程也使用本表汇总。

表-04

分部分项工程和单价措施项目清单与计价表　　　　表 13-8

工程名称：　　　　　　标段：　　　　　　　　　　　　　　　第　页　共　页

序号	项目编码	项目名称	项目特征描述	计量单位	工程量	金额(元)		
						综合单价	合价	其中:暂估价
				本页小计				
				合　　计				

注：根据建设部、财政部发布的《建筑安装工程费用组成》(建标〔2003〕206 号文件) 的规定，为计取规费等的
　　使用，可在表中增设"直接费"、"人工费"或"人工费＋机械费"。

表-08

综合单价分析表　　　　　　　表 13-9

工程名称：　　　　　　标段：　　　　　　　　　　　　　　　第　页　共　页

项目编码			项目名称				计量单位		

清单综合单价组成明细

定额编号	定额名称	定额单位	数量	单　价				合　价			
				人工费	材料费	机械费	管理费和利润	人工费	材料费	机械费	管理费和利润
人工单价			小计								
元/工日			未计价材料费								
			清单项目综合单价								

材料费明细表	主要材料名称、规格、型号	单位	数量	单价(元)	合价(元)	暂估单价(元)	暂估合价(元)
	其他材料费			—		—	
	材料费小计			—		—	

注：1. 如不使用省级或行业建设主管部门发布的计价依据，可不填定额项目、编号等。
　　2. 招标文件提供了暂估单价的材料，按暂估单价填入表内"暂估单价"栏及"暂估合价"栏。

表-09

总价措施项目清单与计价表　　　　　　　　表 13-10

工程名称：　　　　　标段：　　　　　　　　　　第　页　共　页

序号	项目名称	计算基础	费率（％）	金额（元）	调整费率（％）	调整后金额（元）	备注
1	安全文明施工费						
2	夜间施工费						
3	二次搬运费						
4	冬雨季施工						
5	已完工程及设备保护						
6							
7							
8							
9							
10							
11							
12							
合　计							

表-11

其他项目清单与计价汇总表　　　　　表 13-11

工程名称：　　　　　标段：　　　　　　　　　　第　页　共　页

序号	项目名称	计量单位	金额(元)	备注
1	暂列金额			明细详见表-12-1
2	暂估价			
2.1	材料(工程设备)暂估/结算价			明细详见表-12-2
2.2	专业工程暂估价			明细详见表-12-3
3	计日工			明细详见表-12-4
4	总承包服务费			明细详见表-12-5
5	索赔与现场签证			表-12-6
合　计			—	

注：材料暂估单价进入清单项目综合单价，此处不汇总。

表-12

暂列金额明细表

表 13-12

工程名称： 标段： 第 页 共 页

序号	项 目 名 称	计 量 单 位	暂定金额(元)	备 注
1				
2				
3				
4				
5				
6				
合 计				

注：此表由招标人填写，如不能详列，也可只列暂定金额总额，投标人应将上述暂列金额计入投标总价中。

表-12-1

材料（工程设备）暂估单价及调整表

表 13-13

工程名称： 标段： 第 页 共 页

序号	项目名称、规格、型号	计量单位	数量		暂估(元)		确认(元)		差额±(元)		备注
			暂估	确认	单价	合价	单价	合价	单价	合价	

注：1. 此表由招标人填写，并在备注栏说明暂估价的材料拟用在哪些清单项目上，投标人应将上述材料暂估单价计入工程量清单综合单价报价中。

2. 材料包括原材料、燃料、构配件以及按规定应计入建筑安装工程造价的设备。

表-12-2

专业工程暂估价表

表 13-14

工程名称： 标段： 第 页 共 页

序号	工程名称	工程内容	暂估金额(元)	结算金额(元)	差额±(元)	备注
合 计						

注：此表由招标人填写，投标人应将上述专业工程暂估价计入投标总价中。

表-12-3

计日工表

表 13-15

工程名称： 　　　标段： 　　　　　　　　　　　　　　第 　页 共 　页

编号	项目名称	单位	暂定数量	综合单价	合　价
一	人工				
1					
2					
3					
	人工小计				
二	材料				
1					
2					
3					
	材料小计				
三	施工机械				
1					
2					
3					
四	企业管理费和利润				
	施工机械小计				
	总　计				

注：此表中项目名称、暂定数量由招标人填写，编制招标控制价时，单价由招标人按有关计价规定确定，投标时，单价由投标人自主报价，计入投标总价中。

表-12-4

总承包服务费计价表

表 13-16

工程名称： 　　　标段： 　　　　　　　　　　　　　　第 　页 共 　页

序号	项目名称	项目价值（元）	服务内容	计算基础	费率（%）	金额（元）
1	发包人发包专业工程					
2	发包人供应材料					
	合　计					

表-12-5

索赔与现场签证计价汇总表

表 13-17

工程名称：　　　　　　标段：　　　　　　　　　　　　　　　　　　　第　页　共　页

序号	签证及索赔项目名称	计量单位	数量	单价(元)	合价(元)	索赔及签证依据
	本页小计					
	合计					

表-12-6

规费、税金项目清单与计价表

表 13-18

工程名称：　　　　　　标段：　　　　　　　　　　　　　　　　　　　第　页　共　页

序号	项目名称	计算基础	计算基数	计算费率(%)	金额(元)
1	规费	定额人工费			
1.1	社会保险费	定额人工费			
(1)	养老保险费	定额人工费			
(2)	失业保险费	定额人工费			
(3)	医疗保险费	定额人工费			
(4)	工伤保险费	定额人工费			
(5)	生育保险费	定额人工费			
1.2	住房公积金	定额人工费			
1.3	工程排污费	按工程所在地环境保护部门收取标准,按实计入			
	工程定额测定费				
2	税金	分部分项工程费＋措施项目费＋其他项目费＋规费－按规定不计税的工程设备金额			
	合　计				

编制人（造价人员）：　　　　　　　　　　　　　　　复核人（造价工程师）：

表-13

总价项目进度款支付分解表

表 13-19

工程名称：　　　　　　　标段：　　　　　　　　　　　　　　　　单位：元

序号	项目名称	总价金额	首次支付	二次支付	三次支付	四次支付	五次支付	
	安全文明施工费							
	夜间施工增加费							
	二次搬运费							
	社会保险费							
	住房公积金							
	合计							

编制人（造价人员）：　　　　　　　　　　　　　　　　复核人（造价工程师）：

注：本表应由承包人在投标报价时根据发包人在招标文件中明确的进度款支付周期与报价填写，签订合同时，发承包双方可就支付分解协商调整后作为合同附件。

表-16

发包人提供材料和工程设备一览表

表 13-20

工程名称：　　　　　　　标段：　　　　　　　　　　　　　　第　页　共　页

序号	材料(工程设备)名称、规格、型号	单位	数量	单价(元)	交货方式	送达地点	备注

注：此表由招标人填写，供投标人在投标报价、确定总承包服务费时参考。

表-20

承包人提供主要材料和工程设备一览表 　　　　表 13-21

（适用于造价信息差额调整法）

工程名称：　　　　　　标段：　　　　　　　　　　　第　页　共　页

序号	名称、规格、型号	单位	数量	风险系数（%）	基准单价（元）	投标单价（元）	发承包人确认单价	备注

注：此表由招标人填写除"投标单价"栏以外的内容，投标人在投标时自主确定投标单价。

表-21

承包人提供主要材料和工程设备一览表 　　　　表 13-22

（适用于价格指数差额调整法）

工程名称：　　　　　　标段：　　　　　　　　　　　第　页　共　页

序号	名称、规格、型号	变值权重 B	基本价格指数 F_0	现行价格指数 F_t	
	定植权重 A		—	—	
	合　计	1	—	—	

注：1. "名称、规格、型号"、"基本价格指数"栏由招标人填写，基本价格指数应首先采用工程造价管理机构发布的价格指数，没有时，可采用发布的价格代替。如人工、机械费也采用本法调整，由招标人在"名称"栏填写。

　　2. "变值权重"栏由投标人根据该项人工、机械费和材料、工程设备价值在投标总报价中所占的比例填写。1减去其比例为定值权重。

　　3. "现行价格指数"按约定的付款证书相关周期最后一天的前42天的各项价格指数填写，该指数应首先采用工程造价管理机构发布的价格指数，没有时，可采用发布的价格代替。

表-22

二、工程量清单计价过程

　　广义讲工程量清单计价的基本过程可以描述为：在统一的工程量计算规则的基础上，制定工程量清单项目设置规则，根据具体工程的施工图纸计算出各个清单项目的工程量，再根据各种渠道获得的工程造价信息和经验数据计算得到工程造价。这一基本计算过程如图 13-3 所示。从工程量清单计价过程示意图中可以看出，其编制与计价过程分为招标控制价的编制、投标报价、合同价款约定、工程计量与合同价款支付、索赔与现场签证、合同价款调整、工程竣工结算价的编制以及办理工程造价计价争议处理等多个阶段。

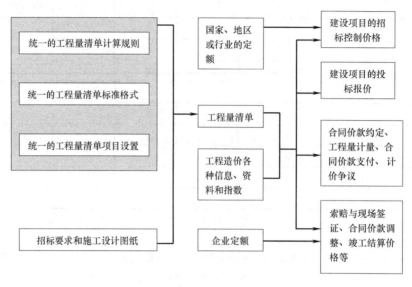

图 13-3　工程量清单计价过程示意图

三、工程量清单计价的主要工作程序

工程量清单计价工作可遵循以下基本程序：

（1）做好招标投标前期准备工作，即招标单位在工程方案、初步设计或部分施工图设计完成后，即可由招标单位自己或委托具备资质的中介单位编制工程量清单。工程造价人员根据工程的特点和招标文件的有关要求，依据施工图纸和国家统一的工程量计算规则计算工程量。

（2）工程量清单由招标单位编制完成后，投标单位依据招标文件、工程量清单的编制规则和设计图纸对工程量清单进行复核。

（3）工程量清单的答疑会议。投标单位对工程量清单进行复核，提出不明白的地方，并且招标单位要在 3 天内召开答疑会议，解答投标单位提出的问题，并以会议纪要的形式记录下来，发放给所有投标单位，作为统一调整的依据。

（4）投标单位依照统一的工程量清单确定投标综合单价。

（5）通过对综合单价的分析对工程量清单中每一分项单价确定后，投标单位对招标单位提供的工程量清单的每一项均需要填报单价和合价，最后将各项费用汇总即可得到工程总造价。

（6）评标与定标。在评标的过程中，要淡化标底（招标控制价）的作用，改革评标过程中以标底价格作为唯一尺度的做法，代之以审定的标底价格，各投标人的投标价格及招标人在审定的标底价格基础上的期望浮动率等组成的合成标底价格作为评审标价的标准尺度。

工程量清单计价的主要工作程序如图 13-4 所示。

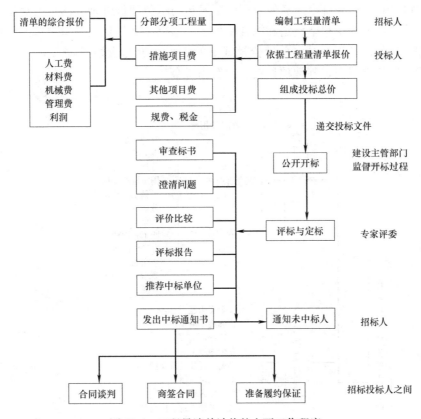

图 13-4 工程量清单计价的主要工作程序

四、费用分类与工程造价计价

1. 费用分类

采用工程量清单计价中，从理想思维的角度，除直接成本（人工、材料、机械）以外的其他费用，分为不可竞争性费用和竞争性费用两类。

（1）不可竞争性费用

该类费用亦属于法定性费用，其组成有构成税金的企业营业税、城乡维护建设税以及教育费附加等，有诸如劳动保险费、财产保险费、工会和职工教育费、工程保险费、工程排污费、社会保险费、住房公积金、危险作业意外伤害保险费和定额管理费等政府规定性的费用。

（2）竞争性费用

1）施工企业以及现场管理费，如管理人员工资、办公费、差旅交通费、固定资产使用费、工具用具使用费和财务费用等。各地区可根据确定的人工、材料、机械台班价格为计算基数，按照社会平均水平测算费率计算后再进入综合单价。

2）措施项目费用，指为完成工程项目施工，发生的技术、安全、环保、文明生产等方面的费用。2013计价规范中总价措施项目费用列入了9项。

3）施工企业利润，是施工企业完成所承包工程应收取的利润。其计算思路以及计算方法同管理费。

2. 工程造价组成

根据建设部第 107 号部令《建筑工程施工发包与承包计价管理办法》的规定，发包与承包价的计算方法分为工料单价法和综合单价法。值得注意的是工程量清单的编制与计价一律采用综合单价法。工程量清单计价模式下的工程造价构成如图 13-5 所示。包括分部分项工程费、措施项目费、其他项目费、规费和税金。

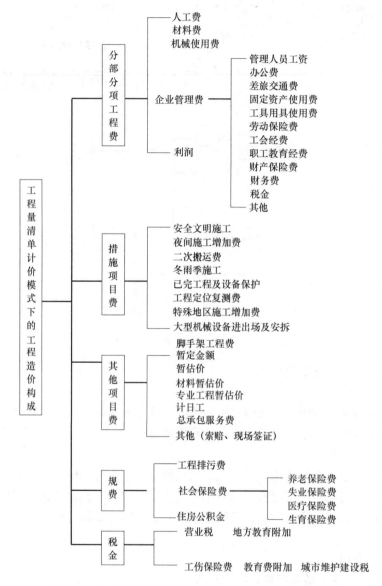

图 13-5　工程量清单计价模式下的工程造价构成示意图

3. 工程造价计价步骤与计价程序

（1）计价步骤

按照综合单价法，工程量清单的计价步骤可表述如下：

1）根据招标人编制的分部分项工程量清单及投标人编制的施工方案等，编制（分部分项）工程量清单综合单价分析表，可再分解为：

①（分部分项工程）综合单价构成分析、测算；

②（分部分项）工程量清单综合单价计算。

2）根据编制的（分部分项）工程量清单综合单价分析表，编制分部分项工程和单价措施项目清单与计价表。

3）根据招标人提供的措施项目清单与计价表及投标人编制的施工方案等，编制总价措施项目清单与计价表。

4）根据招标人提供的其他项目清单及投标人编制的施工方案等，编制其他项目清单与计价汇总表。

5）编制单位工程投标报价汇总表。

6）编制单项工程投标报价汇总表。

7）编制工程建设项目投标报价汇总表。

8）计算投标总价，确定工程总造价。

（2）计价程序

按照综合单价法，其计价程序可表述如下：

1）计算工程量清单项目费

工程量清单项目费＝分部分项工程量×综合单价（含人工费、
材料费、机械费、管理费、利润和风险因素）

2）计算措施项目费

措施项目费＝措施项目工程量×措施项目综合单价

3）计算其他项目费（含暂定金额、暂估价、计日工、总承包服务费）

其他项目费＝工程量×综合单价（单列表计算）

招标人部分：按估算金额确定；

投标人部分：根据招标人提出要求所发生的费用确定。

4）计算规费［(1)＋(2)＋(3)］×费率。

5）计算税金：［(1)＋(2)＋(3)＋(4)］×税率，［(1)＋(2)＋(3)＋(4)］为不含税工程造价。

6）计算工程总造价：［(1)＋(2)＋(3)＋(4)＋(5)］（含税工程造价）。

第五节　工程量清单综合单价的组价

一、综合单价

综合单价是指完成一个规定计量单位的分部分项工程量清单项目或措施清单项目所需的人工费、材料费、施工机械使用费和企业管理费与利润，以及一定范围内的风险费用。分部分项工程量清单的综合单价包括除规费和税金以外的全部费用。

二、单价的组成、计算与分解

1. 单价的组成

各地区综合单价的确定与组成，不必强调完全一致，可视各省、直辖市或国内外招标情况而定。如重庆市综合单价组成包括人工费、材料费、机械费、管理费和利润等。

2. 单价的计算

重庆市计算的综合单价，计费基价装饰、安装、仿古建筑及园林工程专业综合取定为28元/工日；建筑、市政、房屋修缮、机械土石方工程为25元/工日；材料、机械台班单价是以编制基期的社会平均价进入综合单价的；管理费、利润是根据确定的人工、材料、机械台班价格为计算基数，按社会平均水平测算费率进入综合单价。其计算程序见以下两张表格。

（1）建筑、市政、机械土石方、仿古建筑、炉窑砌筑工程以定额基价人工费、材料费、机械费之和为计算基础，其计算程序见表 13-23。

综合单价计算程序　　　　　　　　　　　　　　　表 13-23

序号	费用名称	计算式
1	分项直接工程费	1.1＋1.2＋1.3
1.1	人工费	定额基价人工费
1.2	材料费	定额基价材料费
1.3	机械费	定额基价机械费
2	企业管理费	1×费率
3	利润	1×费率
4	人、材、机价差	4.1＋4.2＋4.3
4.1	人工费价差	
4.2	材料费价差	
4.3	机械费价差	
5	风险因素	一般风险因素
6	综合单价	1＋2＋3＋4＋5

（2）装饰、安装、市政安装、人工土石方、园林、绿化工程以定额人工费为计算基础，其计算程序见表 13-24。

综合单价计算程序　　　　　　　　　　　　　　　表 13-24

序号	费用名称	计算式
1	分项直接工程费	1.1＋1.2＋1.3＋1.4
1.1	人工费	定额基价人工费
1.2	材料费	定额基价材料费
1.3	机械费	定额基价机械费
1.4	未计价材料费	
2	企业管理费	1.1×费率
3	利润	1.1×费率
4	人、材、机价差	4.1＋4.2＋4.3
4.1	人工费价差	
4.2	材料费价差	
4.3	机械费价差	
5	风险因素	一般风险因素
6	综合单价	1＋2＋3＋4＋5

3. 单价的分解

单价的构成归结起来可分解为：

（1）全费用单价

由直接成本费用＋不可竞争性费用＋竞争性费用组成。

（2）部分费用单价——综合单价

由直接成本费用＋竞争性费用组成。

（3）直接成本费用单价

由人工费、材料费和机械费用组成。

4. 综合单价的调整

四川省规定，综合单价中的人工费、材料费按工程造价管理机构公布的人工费标准及材料价格信息调整；综合单价中的计价材料费（指安装工程、市政工程的给水、燃气、给水排水机械设备安装、路灯工程的材料费）、机械费和综合费由四川省工程造价管理总站根据全省实际进行统一调整，并在其网站上定时发布。

三、综合单价的组价

四川省对工程量清单综合单价做出规定如下。

1. 综合单价费用构成

四川省《计价定额》对应的定额项目综合单价组成，其内容有为完成工程量清单中一个规定计量单位项目所需要的人工费、材料费、机械台班使用费和综合费（指管理费和利润）。其定额项目综合单价编号分 6 位设置，从《计价定额》中查找。

①	②	③
装饰装修工程	楼地面	定额编号
B	A	0001

其中①表示计价定额册，A 代表建筑工程、B 代表装饰装修工程、C 代表安装工程、D 代表市政工程、E 代表园林绿化工程。②表示计价定额的章（分部），由一位英文大写字母表示。③表示计价定额的项目编号，由 4 位阿拉伯数字表示。

2. 综合单价组成公式

工程量清单项目的综合单价由定额项目综合单价组成，其计算公式由四川省工程造价管理总站发布（重庆市由该市造价站发布）。下面三种组价对策，建筑安装工程以四川省《计价定额》为例。

（1）当《计价规范》的工程内容、计量单位以及工程量计算规则与《计价定额》或消耗量定额一致，只与一个定额项目对应时，其计算公式为：

清单项目综合单价＝定额项目综合单价　　（1 对 1 的对号入座）

【例 13-4】　工程量清单如表 13-25 所示。

分部分项工程量清单　　　　　　　　　　　　　　　　　表 13-25

工程名称：略

序号	项目编码	项目名称	项目特征及工程内容	计量单位	工程数量
1		A4 混凝土及钢筋混凝土工程			
2	010502001001	现浇混凝土矩形柱	混凝土强度等级 C30	m³	3.2
3	010515001001	现浇混凝土钢筋	φ10 以内圆钢	t	0.2
4	010515001002	现浇混凝土钢筋	φ10 以上螺纹钢	t	0.8

组价见表 13-26。

分部分项工程量清单项目综合单价计算表　　　　表 13-26

工程名称：略

序号	项目编码	项目名称	计量单位	工程数量	定额编号	综合单价（元）	其　中（元）			
							人工费	材料费	机械费	管理费和利润
1	010502001001	现浇混凝土矩形柱 C30	m³	3.2	AD0065	246.59	53.58	161.89	4.89	26.23
2	010515001001	现浇混凝土钢筋 φ10 以内圆钢	t	0.2	AD0897	3315.84	378.88	2735.64	21.26	180.06
3	010515001002	现浇混凝土钢筋 φ10 以上螺纹钢	t	0.8	AD0899	3088.41	190.16	2722.17	62.42	113.66

（2）当《计价规范》的计量单位以及工程量计算规则与《计价定额》一致，但工程内容不一致，需要几个定额项目组成时，其计算公式为：

清单项目综合单价＝∑（定额项目综合单价）

【例 13-5】 某工程天棚抹混合砂浆工程量清单如表 13-27 所示。

分部分项工程量清单　　　　表 13-27

工程名称：略

序号	项目编码	项目名称	项目特征及工程内容	计量单位	工程量
	011301001001	天棚抹混合砂浆	板底刷 107 胶水泥浆，面抹混合砂浆（细砂），刮滑石粉混合胶水腻子 2 遍	m²	10.8

组价见表 13-28。

分部分项工程量清单项目综合单价计算表　　　　表 13-28

项目编码：011301001001

项目名称：天棚抹混合砂浆　　计量单位：m²　　清单项目综合单价：17.16 元/m²

序号	定额编号	工程内容	单位	数量	综合单价（元）	其中（元）			
						人工费	材料费	机械费	管理费和利润
1	BC005	混合砂浆天棚抹面	m²	1	12.44	5.32	3.88	0.05	3.19
2	BE0289×2	满刮腻子 2 遍	m²	1	4.72	1.75	1.84		1.13
3		清单项目综合单价			17.16	7.07	5.72	0.05	4.32

（3）当《计价规范》的工作内容、计量单位以及工程量计算规则与《计价定额》不一致时，其计算公式为：

清单项目综合单价＝（∑该清单项目所包含的各定额项目工程量×定额综合单价）÷
该清单项目工程量

【例 13-6】 某工程屋面 SBS 卷材防水工程量清单如表 13-29 所示。

分部分项工程量清单 表 13-29

工程名称：略

序号	项目编码	项目名称	项目特征及工程内容	计量单位	工程量
1		A.7 屋面及防水工程			
2	010902001001	屋面 SBS 卷材防水	找平层：1：2 水泥砂浆找平，厚 20mm 防水层：SBS 卷材防水 保护层：1：3 水泥砂浆找平，厚 20mm 找平层上撒石英砂，厚 20mm	m²	120

组价见表 13-30。

分部分项工程量清单项目综合单价计算表 表 13-30

项目编码：010902001001

项目名称：屋面 SBS 卷材防水计量单位：m²　　　　清单项目综合单价：58.44 元/m²

序号	定额编号	工程内容	计量单位	工程数量	综合单价（元）		其　中(元)							
							人工费		材料费		机械费		管理费和利润	
					单价	合价	单价	合价	单价	合价	单价	合价	单价	合价
1	BA0004	1：2 水泥砂浆找平	m²	120	8.70	1044.00	3.16	379.20	4.70	564.00	0.05	6.00	0.79	94.80
2	AG.0375	SBS 卷材防水	m²	130	27.38	3559.40	2.16	280.80	24.25	3152.50	—		0.97	126.10
3	BA0003	1：3 水泥砂浆找平	m²	120	8.57	1028.40	2.96	355.20	4.81	577.20	0.06	7.20	0.74	88.80
4	AG0432	撒石英砂保护层厚 20mm	m²	120	11.51	1381.20	0.17	20.40	11.26	1351.20	—		0.08	9.60
5	清单项目合价		m²	120	7013.00		1035.60		5644.90		13.20		319.30	
6	清单项目综合单价		m²	1	58.44		8.63		47.04		0.11		2.66	

同理，安装工程以重庆市现行《安装工程计价定额》为例，举例如下。

【例 13-7】 工程量清单见表 13-31。

分部分项工程量清单 表 13-31

项目编号：031003001001

项目名称：阀门安装

序号	项目编码	项目名称	项目特征及工程内容	计量单位	工程数量
1	031003001	DN32 截止阀安装	类型、材质、型号、规格、螺纹连接	个	7
2	031003001	DN25 截止阀安装	类型、材质、型号、规格	个	2
3	031003003	DN50 法兰阀安装	类型、材质、型号、规格、焊接	个	1

【解】 该题符合 2 中（1）组价对策，故组价见表 13-32（不含未计价材料费和价差，管理费率 37.65％、利润率 25.50％）。

【例 13-8】 工程量清单见表 13-33。

【解】 该题符合 2 中（2）组价对策，故组价见表 13-34（不含未计价材料费和价差，管理费率 37.65％、利润率 25.50％）。

分部分项工程量清单项目综合单价计算表　　　　表 13-32

项目编码：030803001001

项目名称：阀门安装

序号	项目编码	项目名称	计量单位	工程数量	定额编号	综合单价（元）	其　中（元）			
							人工费	材料费	机械费	管理费和利润
1	031003001001	DN32 截止阀安装（螺纹连接）	个	7	CH0473	31.80	7.59	19.42		4.79
2	031003001002	DN25 截止阀安装（螺纹连接）	个	2	CH0472	25.86	6.55	15.17		4.14
3	031003003001	DN50 法兰阀安装（焊接）	个	1	CH0478	50.60	12.82	21.31	8.37	8.10

分部分项工程量清单　　　　表 13-33

项目编码：**031001001001**

项目名称：**镀锌钢管安装**

序号	项目编码	项目名称	项目特征及工程内容	计量单位	工程数量
1	031001001001	镀锌钢管	类型、材质、型号、规格、管按延长米计算、管道消毒冲洗亦按延长米计量	m	120

分部分项工程量清单项目综合单价计算表　　　　表 13-34

项目编码：031001001001

项目名称：室内给水镀锌钢管 DN40 安装　计量单位：m²　清单项目综合单价：144.35 元/10m

序号	定额编号	工程内容	计量单位	工程数量	综合单价（元）	其中（元）			
						人工费	材料费	机械费	管理费和利润
1	CH0123	室内给水镀锌钢管 DN40 安装（螺纹连接）	10m	12.0	141.08	69.69	26.45	0.93	44.01
2	CH0444	室内给水管道消毒冲洗	100m	1.20	32.71	13.83	10.15		8.73
3	031001001001	清单项目综合单价	10m	12.0	$\Sigma(12 \times 141.08 + 1.2 \times 32.71)/12 = 144.35$				

【例 13-9】　某车间工业管道安装工程工程量清单见表 13-35。

分部分项工程量清单　　　　表 13-35

工程名称：某车间工业管道安装工程

序号	项目编码	项目名称	项目特征及工程内容	计量单位	工程数量
1	030801001	低压碳钢 $\phi 219 \times 8$ 无缝钢管安装	热轧 20 号钢，手工电弧焊、一般钢套管制作、安装、水压试验、水冲洗、刷防锈漆两次、硅酸盐涂抹绝热 $\delta = 50$	m	315

工程量计算：

管道安装：315m，其中：未计价材料低压碳钢 $\phi 219 \times 8$ 无缝钢管 315m×0.941＝296.42m，剩余 18.58m 为管件所占长度及损耗量。

一般套管：5 个

手工除锈：315m×0.688m＝216.72m²

刷防锈漆：315m×0.688m＝216.72m²

硅酸盐涂抹绝热：315m×1.0431m＝328.58 m²

【解】　该题符合 2 中（3）组价对策，故组价见表 13-36。

表13-36

分部分项工程量清单项目综合单价计算表

工程名称：某车间工业管道安装工程
项目编码：030801004001
项目名称：低压碳钢 φ219×8 无缝钢管安装

计量单位：m
工程数量：315m
清单项目综合单价：222.21元/m

定额编号	工程内容	计量单位	工程数量	综合单价（元） 单价	综合单价（元） 合价	其中（元）人工费 单价	人工费 合价	材料费 单价	材料费 合价	机械费 单价	机械费 合价	管理费和利润 单价	管理费和利润 合价	未计价材料	计量单位	工程数量	单价	合价
CF0084	管道安装	10m	31.50	232.00	7308.00	70.75	2228.63	39.63	1248.35	75.63	2382.35	45.99	1448.69	无缝钢管热轧 φ219×8	m	296.42	161.15	47768.08
CF3722	钢套管制作安装	个	5.00	100.89	504.45	48.08	240.40	21.13	105.65	0.44	2.20	31.24	156.20					
CN0001	管道手工除锈	10m²	21.67	17.43	377.71	8.50	184.20	3.41	73.89			5.52	119.62					
CN0053	管道刷防锈漆	10m²	21.67	26.86	582.06	6.75	146.27	15.72	340.65			4.39	95.13					
CN2169	管道硅酸盐涂抹绝热	10m²	32.86	174.32	5728.16	102.25	3359.94	0.73	23.99	4.87	160.03	66.47	2184.20	管道硅酸盐涂漆绝热	m²	16.69	463.00	7727.47
清单项目合价		m	315.00		69995.93		6159.44		1792.53		2544.58		4003.84					55495.55
清单项目综合单价		m	222.21				19.55		5.69		8.08		12.71					176.18

注：综合单价计算应填写进入分部分项工程量清单综合单价分析表中。

第六节　工程量清单计价综合案例

一、编制建筑工程计价综合案例

【例 13-10】 已知砖基础 $1m^3$，防潮层 $0.588m^2$，根据某省现行计价定额和 2013 计价规范：

（1）计算出砖基础清单项目的综合单价；

（2）进行工程量清单综合单价分析并编制砖基础分部分项工程量清单与计价表。

【解】 投标人根据业主提供的工程量清单、施工图纸，参照地方建设主管部门颁发的计价定额表 22，并结合企业自身的实力进行综合单价的计算、报价。本工程砖基础清单项目包括砖基础砌筑、做防潮层，因此要对清单项目的两项工作内容分别套计价定额，计算出其相应的直接费，并求出管理费、利润，从而可以求出清单项目所包括的各项工作内容的定额合价，也即清单项目综合合价，最后将其除以砖基础的清单工程量即可得到砖基础清单项目的综合单价。

砖基础分部分项工程量清单综合单价分析表和分项工程量清单与计价表分别见表13-37、表 13-38。

工程量清单综合单价分析表　　　　　　　　　表 13-37

工程名称：某接待室工程（建筑）　　　　标段：　　　　　　第　页　共　页

项目编码	010401001001		项目名称		砖基础		计量单位		m^3

清单综合单价组成明细

定额编号	定额名称	计量单位	工程数量	单价（元）				合价（元）			
				人工费	材料费	机械费	管理费和利润	人工费	材料费	机械费	管理费和利润
AC0003	砖基础	$10m^3$	0.100	302.90	1073.89	6.10	139.05	30.29	107.39	0.61	13.91
AG0523	防潮层	$100m^2$	0.00588	227.84	565.65	3.97	103.31	1.34	3.33	0.02	0.61
人工单价		小　　计						31.63	110.72	0.63	14.52
25 元/工日		未计价材料费									
清单项目综合单价								157.50			

材料费明细	主要材料名称、规格、型号	计量单位	工程数量	单价（元）	合价（元）	暂估单价（元）	暂估合价（元）
	防水粉	kg	0.39	1.20	0.47		
	水泥 32.5	kg	61.09	0.30	18.33		
	中　砂	m^3	0.0126	50.00	0.63		
	水	m^3	0.202	1.30	0.26		
	机制砖	块	524	0.15	78.60		
	细　砂	m^3	0.276	45.00	12.43		
	其他材料费			—		—	
	材料费小计			—	110.72	—	

注：1. 如不使用省级或行业建设主管部门发布的计价依据，可不填写定额项目、编号等。

　　2. 招标文件提供了暂估价单价的材料，则按暂估的单价填入表内"暂估单价"栏及"暂估合价"栏。

分部分项工程和单价措施项目清单与计价表 表 13-38

工程名称：某接待室工程（建筑）　　　　标段：　　　　　　　第 1 页 共 1 页

| 序号 | 项目编码 | 项目名称 | 项目特征描述 | 计量单位 | 工程数量 | 金额（元） | | |
						综合单价	合价	其中：暂估价
			A.3 砌筑工程					
1	010401001001	砖基础	砖品种、规格、强度：MU10 标砖 基础类型：带形 基础深度：1.20m 砂浆强度等级：M5 水泥砂浆	m³	1.00	157.50	157.50	
			本页小计				157.50	
			合　　计				157.50	

二、编制安装工程计价综合案例

【例 13-11】 照明工程相关费用表即已知条件。

（1）根据相关费用，计算接地装置、配管和配线分项工程的工程量清单综合单价。

（2）编制该工程分部分项工程量清单与计价表。工程量计算略。

分析：本案例要求按照 2013《通用安装工程工程量计算规范》规定，掌握编制电气照明单位工程的工程量清单计价的基本方法。编制分部分项工程量清单计价表时，应按照《通用安装工程工程量计算规范》的规定进行接轨，即将主材费、小电器费等与制作、安装工程费组合到综合单价中。其中管理费率和利润率，因防雷接地是三类工程为：56.40% + 30.00% = 86.40%；线路与照明器具是二类工程为：67.00% + 48.50% = 115.50%；接地电阻调试是一类工程为：72% + 60.40% = 132.40%，照明工程相关费用见表 13-39。

【解】 列表编制电话机房电气照明分部分项工程量清单综合单价计算表。分部分项工程量清单计价规范的统一编码见表 13-40。

照明工程相关费用 表 13-39

| 序号 | 项目名称 | 计量单位 | 安装费单价（元） | | | | 主材 | |
			人工费	材料费	机械费	管理费和利润	单价（元）	损耗率（%）
1	镀锌钢管 φ20 沿砖、混凝土结构暗配	m	1.86	0.51	0.17	2.93	4.5	1.03
2	管内穿阻燃绝缘导线 ZRBV1.5mm²	m	0.26	0.069	——	0.38	1.20	1.16
3	接线盒暗装	个	1.16	0.79	0.00	2.25	2.40	1.02
4	开关盒暗装	个	1.24	0.37	0.00	1.86	2.40	1.02
5	角钢接地极制作与安装	根	13.66	3.12	8.69	22.01	42.40	1.03
6	接地母线敷设	m	3.48	0.20	0.19	3.34	6.30	1.05
7	接地电阻测试	系统	103.04	1.75	100.80	272.20		
8	配电箱 MX	台	20.44	18.43	2.42	47.69	250.00	
9	荧光灯 4YG2-2 $\frac{2\times40}{}$	套	6.36	28.36	0.00	40.10	45.00	1.02

通用安装工程工程量计算规范编码　　表 13-40

项目编码	项 目 名 称	项目编码	项 目 名 称
030404017	配电箱	030411001	配管（镀锌钢管 ϕ20 沿砖、混凝土结构暗配）
030404019	控制开关	030411004	配线（管内穿阻燃绝缘导线 ZRBV1.5mm²）
030404031	小电器（单联单控暗开关）	030412005	荧光灯 4YG2-2 $\dfrac{2\times40}{}$
030409001	接地极		
030409002	接地母线		
030414011	接地装置电阻调整试验		

（1）编制接地极综合单价，见表 13-41。

综合单价分析表　　表 13-41

工程名称：电话机房电气照明工程（安装）　　标段：　　第　页　共　页

项目编码	030409001001	项目名称	接地极	计量单位	根

清单综合单价组成明细

定额编号	定额名称	计量单位	工程数量	单 价（元）				合 价（元）			
				人工费	材料费	机械费	管理费和利润	人工费	材料费	机械费	管理费和利润
CB1118	角钢接地极制安（坚土）	根	3	13.66	3.12	8.69	22.01	40.98	9.36	26.07	66.03
人工单价		小计						40.98	9.36	26.07	66.03
28 元/工日		未计价材料费						131.02			
清单项目综合单价								273.46/3＝91.15 元/根			

材料费明细	主要材料名称、规格、型号	计量单位	工程数量	单价（元）	合价（元）	暂估单价（元）	暂估合价（元）
	镀锌扁钢—60×6	kg	0.78	5.10	3.98		
	钢锯条	根	3	0.47	1.41		
	电焊条结 422Φ3.2	kg	0.45	6.67	3.01		
	沥青清漆	kg	0.06	16.04	0.96		
	材料费小计				9.36		

（2）编制接地母线综合单价，见表 13-42。

综合单价分析表　　表 13-42

工程名称：电话机房电气照明工程（安装）　　标段：　　第　页　共　页

项目编码	030409002001	项目名称	接地母线	计量单位	m

清单综合单价组成明细

定额编号	定额名称	计量单位	工程数量	单 价（元）				合 价（元）			
				人工费	材料费	机械费	管理费和利润	人工费	材料费	机械费	管理费和利润
CB1124	接地母线敷设—40×4	m	16.42	3.48	0.19	0.19	3.34	57.14	3.10	3.12	54.84

续表

人工单价		小计	57.14	3.10	3.12	54.84
28元/工日		未计价材料费		108.62		
清单项目综合单价			226.92/16.42＝13.82 元/m			

材料费明细	主要材料名称、规格、型号	计量单位	工程数量	单价(元)	合价(元)	暂估单价(元)	暂估合价(元)
	电焊条结 422Φ3.2	kg	0.33	6.67	2.20		
	沥青清漆	kg	0.02	16.04	0.10		
	其他材料费				0.80		
	材料费小计				3.10		

（3）编制电气配管综合单价，见表13-43。

综合单价分析表

表 13-43

工程名称：电话机房电气照明工程（安装）　　　标段：　　　　　　第　页　共　页

项目编码	030411001001	项目名称	配管 φ20	计量单位	m

清单综合单价组成明细

定额编号	定额名称	计量单位	工程数量	单价(元)				合价(元)			
				人工费	材料费	机械费	管理费和利润	人工费	材料费	机械费	管理费和利润
CB1506	镀锌钢管 φ20（沿砖、混凝土结构暗配）	m	18.10	1.86	0.51	0.17	2.93	33.67	9.23	3.08	53.03
CB1889	接线盒暗装	个	4	1.16	0.79	0.00	2.25	4.64	3.16	0.00	9.00
CB1890	开关盒暗装	个	2	1.24	0.37	0.00	1.86	2.48	0.74	0.00	3.72
人工单价		小计						40.79	13.13	3.08	65.75
28元/工日		未计价材料费						83.89＋9.79＋4.90＝98.58			
清单项目综合单价								221.36/18.10＝12.23 元/m			

材料费明细	主要材料名称、规格、型号	计量单位	工程数量	单价(元)	合价(元)	暂估单价(元)	暂估合价(元)
	圆钢 Φ5.5～Φ9	kg	0.132	4.30	0.59		
	电焊条结 422Φ3.2	kg	0.124	6.67	0.83		
	醇酸防锈漆 C53-1	kg	0.17	17.00	2.89		
	管接头 DN20	个	2.98	0.87	2.60		
	镀锌锁紧螺母 3×20	个	2.80	0.24	0.67		
	塑料护口(钢管用)20	个	2.80	0.08	0.22		
					7.80		
	其他材料费			0.0791	1.43		
	镀锌锁紧螺母 3×15～20	个	8.90	0.24	2.14		
	塑料护口(钢管用)15～20	个	8.90	0.08	0.71		
					2.85		
	其他材料费			0.079	0.31		
	镀锌锁紧螺母 3×15～20	个	2.06	0.24	0.49		
	塑料护口(钢管用)15～20	个	2.06	0.08	0.18		
					0.67		
	其他材料费			0.036	0.072		
	材料费小计				13.13		

（4）编制电气配线综合单价，见表13-44。

综合单价分析表   表 13-44

工程名称：电话机房电气照明工程（安装）　　　标段：　　　　　　第　页　共　页

项目编码	030411004001		项目名称		配线		计量单位		m	

清单综合单价组成明细

定额编号	定额名称	计量单位	工程数量	单 价（元）				合 价（元）			
				人工费	材料费	机械费	管理费和利润	人工费	材料费	机械费	管理费和利润
CB1689	管内穿阻燃绝缘导线 ZR-BV1.5mm^2	m	42.20	0.26	0.069	0.00	0.38	10.97	2.91	0.00	16.04
人工单价			小计					10.97	2.91	0.00	16.04
28元/工日			未计价材料费					58.74			
清单项目综合单价							88.66/42.20＝2.10元/m				

材料费明细	主要材料名称、规格、型号	计量单位	工程数量	单价（元）	合价（元）	暂估单价（元）	暂估合价（元）
	钢丝 $\phi6$	kg	0.038	5.43	0.21		
	铝压接管 4mm^2	个	6.85	0.16	1.10		
					1.31		
	其他材料费		0.038		1.60		
	材料费小计				2.91		

（5）编制该工程分部分项工程和单价措施项目清单与计价表，见表13-45。

分部分项工程和单价措施项目清单与计价表   表 13-45

工程名称：电话机房电气照明工程（安装）　　　标段：

序号	项目编码	项目名称	项目特征描述	计量单位	工程数量	金 额（元）		
						综合单价	合价	其中：暂估价
1	030404017001	配电箱	照明配电箱 MX	台	1	338.98	338.98	
2	030409001001	接地极	角钢接地极 3 根	根	3	91.15	273.45	
3	030409002001	接地母线	－40×4 接地母线	m	16.42	13.82	226.92	
4	030414011001	接地装置电阻调整试验	接地极 3 根	组	1	477.75	477.75	
5	030411001001	配管	（镀锌钢管 $\phi20$ 沿砖、混凝土结构暗配）含接线盒 4 个，开关盒 2 个	m	18.10	12.23	221.36	
6	030411004001	配线	阻燃绝缘导线 ZR-BV1.5mm^2	m	42.20	2.10	88.62	
7	030412005001	荧光灯安装	4YG2-2 $\dfrac{2×40}{—}$	套	4	120.66	482.64	
			合　计（元）				2109.72	

第七节　安装工程工程量清单报价编制案例

一、编制依据

依据招标文件规定的承包工程范围和业主给定的工程量清单、计价规范和双方认定的综合单价（本工程采用综合单价法）以及相关合同、标准等技术经济文件。

二、工程概况及报价表格组成

工程概况见总说明，安装工程投标总价见表 13-46，工程量清单投标报价编制总说明见表 13-47，工程项目投标报价汇总表见表 13-48，单项工程投标报价汇总表见表 13-49，单位工程投标报价汇总表见表 13-50，分部分项工程量清单与计价表见表 13-51，工程量清单综合单价分析表见表 13-52，措施项目清单与计价表（一）见表 13-53，措施项目清单与计价表（二）见表 13-54，其他项目清单与计价汇总表见表 13-55，暂列金额明细表见表 13-56，材料暂估单价表见表 13-57，计日工表见表 13-58，规费、税金项目清单与计价表见表 13-59。工程量计算略。

投 标 总 价　　　　　　　　　　　　　表 13-46

招标人：　**明月房地产开发公司**

工程名称：　**住　　宅　　楼**

投标总价（小写）：　1078850.49

（大写）：　　壹佰零柒万捌仟捌佰伍拾元肆角玖分

投标人：　**兴盛建筑公司**　（单位签字盖章）

法定代表人
或其授权人：　　**葛　　洪**　（签字盖章）

编制人：　　**萧　　峰**　（签字盖执业专用章）

编制时间：　2015 年 1 月 30 日

总　说　明

表 13-47

工程名称：住宅楼土建水暖安装工程　　　　　　　　　　　　　　　　第　页　共　页

1. 工程概况

1.1 编制依据：GB 50500—2013 计价规范；2013 重庆市建设工程与安装工程计价定额以及相应综合单价；建设单位提供的住宅楼工程水、暖施工图，招标邀请书，招标答疑等一系列招标文件。

1.2 工程范围：住宅楼给水排水、采暖管道安装工程。

1.3 工程地点：重庆市沙坪坝区。

1.4 施工时间：2014 年 11 月 1 日～2015 年 12 月 30 日。

2. 编制说明

2.1 经核算建设方招标书中发布的"工程量清单"中的工程数量基本无误。

2.2 我公司编制的该工程施工方案，基本与标底的施工方案相似，所以措施项目与标底采用的一致。例：按照招标文件规定，对阀门的质量要求严格遵循 GB 50242—2002 验收标准做强度以及严密性试验，对管网做水压试验。

3. 按我公司目前资金和技术能力，该工程各项费率取值

依据招标文件规定和本公司对该工程施工组织实施情况的要求，经公司综合详细测算，单价和各项费率综合取定如下：

3.1 主材单价见双方物质协议。

3.2 各项费用的费率取定如下：

安装工程经协商综合取定为二类工程取费（其中利润率为 48.50%、管理费率为 67.00%）。

（环境保护、二次搬运、临时设施费取费同本案例）。

土建略。

费率名称	安全文明专项费	规费	管理费	利润
取费率（%）	7	25.83	67.00	48.50

表-01

工程项目投标报价汇总表

表 13-48

工程名称：　　　　　　　　　　　　　　　　　　　　　　　　　　第　页　共　页

序号	单项工程名称	金额（元）	其　中		
			暂估价（元）	安全文明施工费（元）	规费（元）
1	住宅楼水暖安装工程	1078850.49	973232.90	344.49	1271.17
	合　计				

表-02

单项工程投标报价汇总表

表 13-49

工程名称：住宅楼水暖安装工程　　　　　　　　　　　　　　　　　第　页　共　页

序号	单项工程名称	金额（元）	其　中		
			暂估价（元）	安全文明施工费（元）	规费（元）
1	住宅楼水暖安装工程	1078850.49	973232.90	344.49	1271.17
	合　计				

表-03

单位工程投标报价汇总表

表 13-50

工程名称：住宅楼水暖安装工程　　　　　标段：　　　　　　　　第　页　共　页

序号	单项工程名称	金额(元)	其中:暂估价(元)
1	分部分项工程	1008400.89	973232.90
2	措施项目	3024.22	脚手架搭拆费 243.03
2.1	安全文明施工费 4921.31×7%	344.49	
2.2	组织与技术措施费	2680.13	
3	其他项目	29120.00	
3.1	暂列金额	28000.00	
3.2	专业工程暂估价	—	
3.3	计日工	1120.00	
3.4	总承包服务费	—	
4	规费 4921.31×25.83%	1271.17	
5	工程定额测定费(1+2+3+4)×0.14%	1458.54	
6	税金(1+2+3+4+5)×3.41%	35575.67	
	投标报价合计=1+2+3+4+5	1078850.49	

表-04

分部分项工程量清单与计价表

表 13-51

工程名称：住宅楼水暖安装工程　　　　　标段：　　　　　　　　第　页　共　页

序号	项目编码	项目名称	项目特征描述	计量单位	工程量	金额(元)		其中:暂估价
						综合单价	合价	
		C.8水暖安装工程						
1	031001001001	给水镀锌钢管安装 DN50 螺纹连接	室内镀锌管螺纹连接	m	5.14	43.87	225.49	
2	031001001002	给水镀锌钢管安装 DN40 螺纹连接	室内镀锌管螺纹连接	m	9.26	36.80	340.77	
3	031001001003	给水镀锌钢管安装 DN32 螺纹连接	室内镀锌管螺纹连接	m	36.04	29.12	1049.49	
4	031001001004	给水镀锌钢管安装 DN25 螺纹连接	室内镀锌管螺纹连接	m	9.60	26.38	253.25	
5	031001001005	给水镀锌钢管安装 DN20 螺纹连接	室内镀锌管螺纹连接	m	25.80	20.21	521.42	
6	031001001006	给水镀锌钢管安装 DN15 螺纹连接	室内镀锌管螺纹连接	m	7.20	19.07	137.30	
7	031001006001	承插塑料排水管安装 (零件粘接)DN100	室内承插塑料排水管零件粘接	m	28.83	75.30	2170.90	
8	031001006002	承插塑料排水管安装 (零件粘接)DN75	室内承插塑料排水管零件粘接	m	57.20	66.88	3825.54	

续表

序号	项目编码	项目名称	项目特征描述	计量单位	工程量	金额（元）		其中：暂估价
						综合单价	合价	
9	031003001001	螺纹截止阀 DN50	截止阀螺纹连接	个	1	70.63	70.63	
10	031003001002	螺纹截止阀 DN40	截止阀螺纹连接	个	1	64.75	64.75	
11	031003001003	螺纹截止阀 DN32	截止阀螺纹连接	个	4	53.22	212.88	
12	031003001004	螺纹截止阀 DN20	截止阀螺纹连接	个	6	45.19	271.14	
13	031004014001	钢质水龙头 DN15	钢质水龙头	个	18	13.76	247.68	
14	031004015001	小便槽冲洗管镀锌钢管 DN15 螺纹连接	室内镀锌管螺纹连接	m	9.00	52.89	476.01	
15	031004010001	钢管组装冷热水淋浴器	钢管组装淋浴器	组	6	94.65	567.90	
16	031004006001	陶瓷蹲式大便器安装	陶瓷大便器	套	12	167.57	2010.84	
17	031004013001	小便槽自动冲洗水箱安装	自动冲洗水箱	套	3	144.07	432.21	
18	031004014001	塑料清扫口 DN100	塑料清扫口	个	3	10.65	31.95	
19	031004014002	塑料地漏 DN75	塑料地漏	个	12	32.97	395.64	
20	031004014003	塑料排水栓带存水弯 DN50	带存水弯排水栓	组	6	26.95	161.70	
21	031002001001	管道支架制作安装∟50×5	管道支架制作、安装、除锈、刷油	kg	6.50	16.57	107.71	
22	031001002001	热水采暖焊接钢管 DN50	室内焊接钢管	m	39.20	51.75	2028.60	
23	031001002002	热水采暖焊接钢管 DN40	室内焊接钢管	m	20.00	44.85	897.00	
24	031001002003	热水采暖焊接钢管 DN32	室内焊接钢管	m	10.00	39.76	397.60	
25	031001002004	热水采暖焊接钢管 DN25	室内焊接钢管	m	10.50	31.97	335.69	
26	031001002005	热水采暖焊接钢管 DN20	室内焊接钢管	m	10.50	24.60	258.30	
27	031001002006	热水采暖镀锌钢管 DN15 螺纹连接	室内镀锌管螺纹连接	m	222.96	18.57	4140.37	
28	031005001001	四柱型铸铁散热器安装	四柱813型铸铁散热器除锈、刷油	片	392.00	2516.64	986522.68	
29	031005008001	集气罐 φ150 Ⅱ 型	φ9150Ⅱ型集气罐	个	1	104.19	104.19	
30	031003001005	螺纹截止阀安装 DN50	截止阀螺纹连接	个	2	70.63	141.26	
本页小计							1008400.89	
合　计								

续表

序号	项目编码	项目名称	项目特征描述	计量单位	工程量	综合单价	合价	其中:暂估价
31	031003001006	螺纹截止阀安装 DN15	截止阀螺纹连接	个	25	41.80	1045.00	
32	031003001007	手动放风阀安装 DN10	截止阀螺纹连接	个	1	35.03	35.03	
33	031002001002	管道支架制作安装∟50×5	管道支架制作、安装、除锈、刷油	kg	65.00	16.58	1077.70	
34	030807001001	采暖工程系统调整	系统	系统	1	526.40	526.40	
		本页小计					2684.13	
		合　计					1011085.02	

表-08

工程量清单综合单价分析表 表 13-52

工程名称:住宅楼水暖安装工程(投标)　　　标段:　　　第 页 共 页

项目编码	031001001001	项目名称	给水镀锌钢管安装 DN50 螺纹连接		计量单位			m

清单综合单价组成明细

定额编号	定额名称	计量单位	工程数量	单 价(元)				合 价(元)			
				人工费	材料费	机械费	管理费和利润	人工费	材料费	机械费	管理费和利润
CH0124	室内管道镀锌钢管 DN50	10m	0.514	71.29	38.26	2.59	82.34	36.64	19.67	1.33	42.32
CH0444	管道消毒、冲洗	100m	0.0514	13.83	10.15	—	15.97	0.71	0.52	—	0.82
人工单价		小计						37.35	20.19	1.33	43.14
28 元/工日		未计价材料费						121.50			
清单项目综合单价								(102.01+121.51)/5.14=43.87 元/m			

材料费明细	主要材料名称、规格、型号	计量单位	工程数量	单价(元)	合价(元)	暂估单价(元)	暂估合价(元)
	镀锌钢管 DN50 螺纹连接	m	5.24	20.00	104.80		
	镀锌钢管管件	个	3.34	5.00	16.70		
	其他材料						
	未计价材料费小计				121.50		

表-09

工程量清单综合单价分析表

续表 13-52

工程名称：住宅楼水暖安装工程（投标）　　　标段：　　　　　　　第　页　共　页

项目编码	031001001002	项目名称	给水镀锌钢管安装 DN40 螺纹连接		计量单位		m

清单综合单价组成明细

定额编号	定额名称	计量单位	工程数量	单　价（元）				合　价（元）			
				人工费	材料费	机械费	管理费和利润	人工费	材料费	机械费	管理费和利润
CH0123	室内管道镀锌钢管 DN40	10m	0.926	69.69	26.45	0.93	80.49	64.53	24.49	0.86	74.53
CH0444	管道消毒、冲洗	100m	0.0926	13.83	10.15	—	15.97	1.28	0.94	—	1.48
人工单价			小计					65.81	25.43	0.86	76.01
28 元/工日			未计价材料费					172.68			
清单项目综合单价							(168.11+172.68)/9.26＝36.80 元/m				

材料费明细	主要材料名称、规格、型号	计量单位	工程数量	单价（元）	合价（元）	暂估单价（元）	暂估合价（元）
	镀锌钢管 DN40 螺纹连接	m	9.45	16.00	151.20		
	镀锌钢管管件	个	7.16	3.00	21.48		
	其他材料						
	未计价材料费小计				172.68		

表-09

工程量清单综合单价分析表

续表 13-52

工程名称：住宅楼水暖安装工程（投标）　　　标段：　　　　　　　第　页　共　页

项目编码	031001001003	项目名称	给水镀锌钢管安装 DN32 螺纹连接		计量单位		m

清单综合单价组成明细

定额编号	定额名称	计量单位	工程数量	单　价（元）				合　价（元）			
				人工费	材料费	机械费	管理费和利润	人工费	材料费	机械费	管理费和利润
CH0122	室内管道镀锌钢管 DN32	10m	3.60	58.52	26.83	0.93	67.59	210.67	96.59	3.35	243.32
CH0444	管道消毒、冲洗	100m	0.360	13.83	10.15	—	15.97	4.98	3.65	—	5.75
人工单价			小计					215.65	100.24	3.35	249.07
28 元/工日			未计价材料费					480.10			
清单项目综合单价							(568.31+480.10)/36.00＝29.12 元/m				

材料费明细	主要材料名称、规格、型号	计量单位	工程数量	单价（元）	合价（元）	暂估单价（元）	暂估合价（元）
	镀锌钢管 DN32 螺纹连接	m	36.72	11.50	422.28		
	镀锌钢管管件	个	28.91	2.00	57.82		
	其他材料						
	未计价材料费小计				480.10		

表-09

工程量清单综合单价分析表　　　　　　　　　　　　　续表 13-52

工程名称：住宅楼水暖安装工程（投标）　　　标段：　　　　　第　页　共　页

项目编码	031001001004	项目名称	给水镀锌钢管安装 DN25 螺纹连接	计量单位		m

清单综合单价组成明细

定额编号	定额名称	计量单位	工程数量	单　价（元）				合　价（元）			
				人工费	材料费	机械费	管理费和利润	人工费	材料费	机械费	管理费和利润
CH0121	室内管道镀锌钢管 DN25	10m	0.96	58.52	25.39	0.93	67.59	56.18	24.37	0.89	64.89
CH0444	管道消毒、冲洗	100m	0.096	13.83	10.15	—	15.97	1.33	0.97		1.53
人工单价			小计					57.51	25.34	0.89	66.42
28 元/工日			未计价材料费					103.13			
清单项目综合单价					(150.16＋103.13)/9.60＝26.38 元/m						

材料费明细	主要材料名称、规格、型号	计量单位	工程数量	单价（元）	合价（元）	暂估单价（元）	暂估合价（元）
	镀锌钢管 DN25 螺纹连接	m	9.79	9.00	88.11		
	镀锌钢管管件	个	9.39	1.60	15.02		
	其他材料						
	未计价材料费小计				103.13		

表-09

工程量清单综合单价分析表　　　　　　　　　　　　　续表 13-52

工程名称：住宅楼水暖安装工程（投标）　　　标段：　　　　　第　页　共　页

项目编码	031001001005	项目名称	给水镀锌钢管安装 DN20 螺纹连接	计量单位		m

清单综合单价组成明细

定额编号	定额名称	计量单位	工程数量	单　价（元）				合　价（元）			
				人工费	材料费	机械费	管理费和利润	人工费	材料费	机械费	管理费和利润
CH0120	室内管道镀锌钢管 DN20	10m	2.58	48.69	20.41	—	56.23	125.62	52.66	—	145.07
CH0444	管道消毒、冲洗	100m	0.258	13.83	10.15	—	15.97	3.60	2.64	—	4.15
人工单价			小计					129.22	55.30	—	149.22
28 元/工日			未计价材料费					187.64			
清单项目综合单价					(333.74＋187.64)/25.80＝20.21 元/m						

材料费明细	主要材料名称、规格、型号	计量单位	工程数量	单价（元）	合价（元）	暂估单价（元）	暂估合价（元）
	镀锌钢管 DN20 螺纹连接	m	26.32	6.00	157.92		
	镀锌钢管管件	个	29.72	1.00	29.72		
	其他材料						
	未计价材料费小计				187.64		

表-09

工程量清单综合单价分析表　　　　　　　　　　　　续表 13-52

工程名称：住宅楼水暖安装工程（投标）　　　标段：　　　　　第　页　共　页

项目编码	031001001006	项目名称	给水镀锌钢管安装 DN15 螺纹连接		计量单位		m

| | | | | | | | | | | | 清单综合单价组成明细 | | | |

定额编号	定额名称	计量单位	工程数量	单 价（元）				合 价（元）			
				人工费	材料费	机械费	管理费和利润	人工费	材料费	机械费	管理费和利润
CH0119	室内管道镀锌钢管 DN15	10m	0.72	48.69	18.98	—	56.23	35.06	13.67	—	40.49
CH0444	管道消毒、冲洗	100m	0.072	13.83	10.15	—	15.97	1.00	0.73	—	1.15
人工单价		小计						36.06	14.40	—	41.64
28 元/工日		未计价材料费						45.19			
清单项目综合单价								(92.10+45.19)/7.20=19.07 元/m			

材料费明细	主要材料名称、规格、型号	计量单位	工程数量	单价（元）	合价（元）	暂估单价（元）	暂估合价（元）
	镀锌钢管 DN15 螺纹连接	m	7.34	5.00	36.70		
	镀锌钢管管件	个	11.79	0.72	8.49		
	其他材料						
	未计价材料费小计				45.19		

表-09

工程量清单综合单价分析表　　　　　　　　　　　　续表 13-52

工程名称：住宅楼水暖安装工程（投标）　　　标段：　　　　　第　页　共　页

项目编码	031001006001	项目名称	承插塑料排水管安装 DN100 零件粘接		计量单位		m

清单综合单价组成明细

定额编号	定额名称	计量单位	工程数量	单 价（元）				合 价（元）			
				人工费	材料费	机械费	管理费和利润	人工费	材料费	机械费	管理费和利润
CH0307	承插塑料排水管 DN100	10m	2.883	61.71	34.98	0.50	71.28	177.73	100.74	1.44	205.28
人工单价		小计						177.73	100.74	1.44	205.28
28 元/工日		未计价材料费						1683.53			
清单项目综合单价								(485.19+1683.53)/28.83=75.30 元/m			

材料费明细	主要材料名称、规格、型号	计量单位	工程数量	单价（元）	合价（元）	暂估单价（元）	暂估合价（元）
	承插塑料排水管 DN100	m	24.54	30.00	736.20		
	承插塑料排水管管件	个	32.77	29.00	950.33		
	其他材料						
	未计价材料费小计				1683.53		

表-09

工程量清单综合单价分析表　　　　　　　　

工程名称：住宅楼水暖安装工程（投标）　　　标段：　　　　　　　　第　页　共　页

项目编码	031001006002	项目名称	承插塑料排水管安装 DN75 零件粘接	计量单位	m

清单综合单价组成明细

定额编号	定额名称	计量单位	工程数量	单 价（元）				合 价（元）			
				人工费	材料费	机械费	管理费和利润	人工费	材料费	机械费	管理费和利润
CH0306	承插塑料排水管 DN75	10m	5.72	55.33	23.63	0.50	63.91	316.49	135.16	2.86	365.57
人工单价		小计						316.49	135.16	2.86	365.57
28 元/工日		未计价材料费						3005.41			
清单项目综合单价								(820.08+3005.41)/57.20=66.88 元/m			

材料费明细	主要材料名称、规格、型号	计量单位	工程数量	单价（元）	合价（元）	暂估单价（元）	暂估合价（元）
	承插塑料排水管安装 DN75	m	55.08	24.27	1336.79		
	承插塑料排水管管件	个	61.55	27.11	1668.62		
	其他材料						
	未计价材料费小计				3005.41		

表-09

工程量清单综合单价分析表　　　　　　　　

工程名称：住宅楼水暖安装工程（投标）　　　标段：　　　　　　　　第　页　共　页

项目编码	031003001001	项目名称	截止阀螺纹连接 DN50	计量单位	个

清单综合单价组成明细

定额编号	定额名称	计量单位	工程数量	单 价（元）				合 价（元）			
				人工费	材料费	机械费	管理费和利润	人工费	材料费	机械费	管理费和利润
CH0458	截止阀安装螺纹连接 DN50	个	1	6.55	7.73	—	7.57	6.55	7.73	—	7.57
人工单价		小计						6.55	7.73	—	7.57
28 元/工日		未计价材料费						48.78			
清单项目综合单价								(21.85+48.78)/1.00=70.63 元/个			

材料费明细	主要材料名称、规格、型号	计量单位	工程数量	单价（元）	合价（元）	暂估单价（元）	暂估合价（元）
	截止阀螺纹连接 DN50	个	1.01	48.30	48.78		
	其他材料						
	未计价材料费小计				48.78		

表-09

265

工程量清单综合单价分析表　　　　　　　　　　续表 13-52

工程名称：住宅楼水暖安装工程（投标）　　标段：　　　　　第　页　共　页

项目编码	031003001002	项目名称		截止阀螺纹连接 DN40		计量单位		个

清单综合单价组成明细

定额编号	定额名称	计量单位	工程数量	单　价(元)				合　价(元)			
				人工费	材料费	机械费	管理费和利润	人工费	材料费	机械费	管理费和利润
CH0457	截止阀安装螺纹连接 DN40	个	1	6.55	5.58	—	7.57	6.55	5.58	—	7.57
人工单价		小计						6.55	5.58	—	7.57
28 元/工日		未计价材料费						45.05			
清单项目综合单价								(19.70+45.05)/1.00=64.75 元/个			

材料费明细	主要材料名称、规格、型号	计量单位	工程数量	单价(元)	合价(元)	暂估单价(元)	暂估合价(元)
	截止阀螺纹连接 DN40	个	1.01	44.60	45.05		
	其他材料						
	未计价材料费小计				45.05		

表-09

工程量清单综合单价分析表　　　　　　　　　　续表 13-52

工程名称：住宅楼水暖安装工程（投标）　　标段：　　　　　第　页　共　页

项目编码	031003001003	项目名称		截止阀螺纹连接 DN32		计量单位		个

清单综合单价组成明细

定额编号	定额名称	计量单位	工程数量	单　价(元)				合　价(元)			
				人工费	材料费	机械费	管理费和利润	人工费	材料费	机械费	管理费和利润
CH0456	截止阀安装螺纹连接 DN32	个	4	3.92	4.37	—	4.53	15.68	17.48	—	18.12
人工单价		小计						15.68	17.48	—	18.12
28 元/工日		未计价材料费						161.60			
清单项目综合单价								(51.28+161.60)/4.00=53.22 元/个			

材料费明细	主要材料名称、规格、型号	计量单位	工程数量	单价(元)	合价(元)	暂估单价(元)	暂估合价(元)
	截止阀螺纹连接 DN32	个	4.04	40.00	161.60		
	其他材料						
	未计价材料费小计				161.60		

表-09

工程量清单综合单价分析表　　　　　　　　　　续表 13-52

工程名称：住宅楼水暖安装工程（投标）　　　标段：　　　　　　第　页　共　页

项目编码	031003001004	项目名称	截止阀螺纹连接 DN20	计量单位	个

清单综合单价组成明细

定额编号	定额名称	计量单位	工程数量	单　价（元）				合　价（元）			
				人工费	材料费	机械费	管理费和利润	人工费	材料费	机械费	管理费和利润
CH0454	截止阀安装螺纹连接 DN20	个	6	2.63	2.15	—	3.04	15.78	12.90	—	18.24
人工单价		小计						15.78	12.90	—	18.24
28 元/工日		未计价材料费						224.22			
清单项目综合单价								(46.92＋224.22)/6.00＝45.19 元/个			

材料费明细	主要材料名称、规格、型号	计量单位	工程数量	单价（元）	合价（元）	暂估单价（元）	暂估合价（元）
	截止阀螺纹连接 DN20	个	6.06	37.00	224.22		
	其他材料						
	未计价材料费小计				224.22		

表-09

工程量清单综合单价分析表　　　　　　　　　　续表 13-52

工程名称：住宅楼水暖安装工程（投标）　　　标段：　　　　　　第　页　共　页

项目编码	031004014001	项目名称	钢质水龙头安装 DN15	计量单位	个

清单综合单价组成明细

定额编号	定额名称	计量单位	工程数量	单　价（元）				合　价（元）			
				人工费	材料费	机械费	管理费和利润	人工费	材料费	机械费	管理费和利润
CH0720	水龙头 DN15	10 个	1.80	7.34	0.60	—	8.48	13.21	1.08	—	15.26
人工单价		小计						13.21	1.08	—	15.26
28 元/工日		未计价材料费						218.16			
清单项目综合单价								(29.55＋218.16)/18.00＝13.76 元/个			

材料费明细	主要材料名称、规格、型号	计量单位	工程数量	单价（元）	合价（元）	暂估单价（元）	暂估合价（元）
	DN15 钢质水龙头	个	18.18	12	218.16		
	其他材料						
	未计价材料费小计				218.16		

表-09

工程量清单综合单价分析表

续表 13-52

工程名称：住宅楼水暖安装工程（投标）　　标段：　　　　第　页　共　页

项目编码	031004015001	项目名称	小便槽冲洗管制安 DN15 螺纹连接	计量单位	m

清单综合单价组成明细

定额编号	定额名称	计量单位	工程数量	单　价（元）				合　价（元）			
				人工费	材料费	机械费	管理费和利润	人工费	材料费	机械费	管理费和利润
CH0740	小便槽冲洗管制安 DN15	10m	0.90	169.90	71.88	25.06	196.23	152.90	64.69	22.55	176.61
CH0444	管道消毒、冲洗	100m	0.09	13.83	10.15	—	15.97	1.25	0.91	—	1.44
人工单价		小计						154.15	65.60	22.55	178.05
28 元/工日		未计价材料费						55.62			
清单项目综合单价								(420.35+55.62)/9.00＝52.89 元/m			

材料费明细	主要材料名称、规格、型号	计量单位	工程数量	单价（元）	合价（元）	暂估单价（元）	暂估合价（元）
	小便槽冲洗管 DN15	m	9.18	5.00	45.90		
	镀锌钢管管件	个	13.5	0.72	9.72		
	其他材料						
	未计价材料费小计				55.62		

表-09

工程量清单综合单价分析表

续表 13-52

工程名称：住宅楼水暖安装工程（投标）　　标段：　　　　第　页　共　页

项目编码	031004010001	项目名称	钢管组装冷热水淋浴器安装	计量单位	组

清单综合单价组成明细

定额编号	定额名称	计量单位	工程数量	单　价（元）				合　价（元）			
				人工费	材料费	机械费	管理费和利润	人工费	材料费	机械费	管理费和利润
CH0686	钢管组装冷热水淋浴器	10组	0.6	146.61	219.16	—	169.34	87.97	131.50	—	101.60
人工单价		小计						87.97	131.50	—	101.60
28 元/工日		未计价材料费						246.82			
清单项目综合单价								(321.07+246.82)/6.00＝94.65 元/组			

材料费明细	主要材料名称、规格、型号	计量单位	工程数量	单价（元）	合价（元）	暂估单价（元）	暂估合价（元）
	镀锌钢管 DN15	m	15.00	5.00	75.00		
	镀锌钢管管件	个	30.30	0.72	21.82		
	莲蓬喷头	个	6.00	25.00	150.00		
	其他材料						
	未计价材料费小计				246.82		

表-09

工程量清单综合单价分析表

工程名称：住宅楼水暖安装工程（投标） 标段： 第 页 共 页

项目编码	031004006001	项目名称	陶瓷蹲式大便器瓷高水箱安装	计量单位	套

清单综合单价组成明细

定额编号	定额名称	计量单位	工程数量	单 价(元)				合 价(元)			
				人工费	材料费	机械费	管理费和利润	人工费	材料费	机械费	管理费和利润
CH0689	陶瓷蹲式大便器安装	10套	1.20	252.90	524.64	—	292.10	303.48	629.57	—	350.52
人工单价		小计						303.48	629.57	—	350.52
28元/工日		未计价材料费						727.20			
清单项目综合单价								(1283.57+727.20)/12.00=167.57元/套			

材料费明细	主要材料名称、规格、型号	计量单位	工程数量	单价(元)	合价(元)	暂估单价(元)	暂估合价(元)
	陶瓷蹲式大便器(成套)	套	12.12	60.00	727.20		
	其他材料						
	未计价材料费小计				727.20		

表-09

工程量清单综合单价分析表

工程名称：住宅楼水暖安装工程（投标） 标段： 第 页 共 页

项目编码	031004013001	项目名称	小便槽自动冲洗水箱安装	计量单位	套

清单综合单价组成明细

定额编号	定额名称	计量单位	工程数量	单 价(元)				合 价(元)			
				人工费	材料费	机械费	管理费和利润	人工费	材料费	机械费	管理费和利润
CH0715	小便槽自动冲洗水箱安装 (8.4L)	10套	0.30	102.62	7.50	—	118.53	30.79	2.25	—	35.56
人工单价		小计						30.79	2.25	—	35.56
28元/工日		未计价材料费						363.60			
清单项目综合单价								(68.60+363.60)/3.00=144.07元/套			

材料费明细	主要材料名称、规格、型号	计量单位	工程数量	单价(元)	合价(元)	暂估单价(元)	暂估合价(元)
	铁质自动冲洗水箱8.4L(含阀、水嘴、托架)	套	3.03	120.00	363.60		
	其他材料						
	未计价材料费小计				363.60		

表-09

工程量清单综合单价分析表

续表 13-52

工程名称：住宅楼水暖安装工程（投标）　　　　标段：

第　页　共　页

| 项目编码 | 031004014001 | 项目名称 | 塑料清扫口安装 DN100 | | 计量单位 | 个 |

清单综合单价组成明细

定额编号	定额名称	计量单位	工程数量	单　价（元）				合　价（元）			
				人工费	材料费	机械费	管理费和利润	人工费	材料费	机械费	管理费和利润
CH0737	地面扫除口 DN100	10 个	0.3	25.40	1.75	—	29.34	7.62	0.53	—	8.80
人工单价		小计						7.62	0.53	—	8.80
28 元/工日		未计价材料费						15.00			
清单项目综合单价							(16.95＋15.00)/3.00＝10.65 元/个				

材料费明细	主要材料名称、规格、型号	计量单位	工程数量	单价（元）	合价（元）	暂估单价(元)	暂估合价(元)
	地面扫除口 DN100	个	3.00	5.00	15.00		
	其他材料						
	未计价材料费小计				15.00		

表-09

工程量清单综合单价分析表

续表 13-52

工程名称：住宅楼水暖安装工程（投标）　　　　标段：

第　页　共　页

| 项目编码 | 031004014002 | 项目名称 | 塑料地漏 DN75 | | 计量单位 | 个 |

清单综合单价组成明细

定额编号	定额名称	计量单位	工程数量	单　价（元）				合　价（元）			
				人工费	材料费	机械费	管理费和利润	人工费	材料费	机械费	管理费和利润
CH0732	地漏 DN75	10 个	1.20	97.66	29.19	—	112.80	117.19	35.03	—	135.36
人工单价		小计						117.19	35.03	—	135.36
28 元/工日		未计价材料费						108.00			
清单项目综合单价							(287.58＋108.00)/12.00＝32.97 元/个				

材料费明细	主要材料名称、规格、型号	计量单位	工程数量	单价（元）	合价（元）	暂估单价(元)	暂估合价(元)
	塑料地漏 DN75	个	12.00	9.00	108.00		
	其他材料						
	未计价材料费小计				108.00		

表-09

工程量清单综合单价分析表

续表 13-52

工程名称：住宅楼水暖安装工程（投标）　　　标段：　　　　　　　第 页 共 页

项目编码	031004014003	项目名称	塑料排水栓带存水弯 DN50	计量单位	组

清单综合单价组成明细

定额编号	定额名称	计量单位	工程数量	单价（元）				合价（元）			
				人工费	材料费	机械费	管理费和利润	人工费	材料费	机械费	管理费和利润
CH0725	存水弯 DN50	10组	0.6	49.76	53.83	—	57.47	29.86	32.30	—	34.48
人工单价		小计						29.86	32.30	—	34.48
28元/工日		未计价材料费						65.06			
清单项目综合单价								(96.64+65.06)/6=26.95 元/个			

材料费明细	主要材料名称、规格、型号	计量单位	工程数量	单价（元）	合价（元）	暂估单价（元）	暂估合价（元）
	存水弯 DN50（排水栓带链堵）	个	6.03	10.79	65.06		
	其他材料						
	未计价材料费小计				65.06		

表-09

工程量清单综合单价分析表

续表 13-52

工程名称：住宅楼水暖安装工程（投标）　　　标段：　　　　　　　第 页 共 页

项目编码	031002001001	项目名称	一般管道支架制安	计量单位	kg

清单综合单价组成明细

定额编号	定额名称	计量单位	工程数量	单价（元）				合价（元）			
				人工费	材料费	机械费	管理费和利润	人工费	材料费	机械费	管理费和利润
CH0377	管道支架制安	100kg	0.065	189.92	294.99	312.70	219.36	12.35	19.17	20.33	14.26
CK0010	手工除轻锈	100kg	0.065	8.76	2.26	7.54	10.12	0.57	0.15	0.49	0.66
CK0124	防锈漆第一遍	100kg	0.065	5.94	1.19	7.54	6.86	0.39	0.08	0.49	0.45
CK0127	银粉漆第一遍	100kg	0.065	5.66	4.81	7.54	6.54	0.37	0.31	0.49	0.43
CK0128	银粉漆第二遍	100kg	0.065	5.66	3.95	7.54	6.54	0.37	0.26	0.49	0.43
人工单价		小计						14.05	19.97	22.29	16.23
28元/工日		未计价材料费						35.14			
清单项目综合单价								(72.54+35.14)/6.5=16.57 元/kg			

材料费明细	主要材料名称、规格、型号	计量单位	工程数量	单价（元）	合价（元）	暂估单价（元）	暂估合价（元）
	一般管道支架型钢	kg	6.89	5.10	35.14		
	其他材料						
	未计价材料费小计				35.14		

表-09

工程量清单综合单价分析表 续表 13-52

工程名称：住宅楼水暖安装工程（投标） 标段： 第 页 共 页

项目编码	031001002001	项目名称	热水采暖焊接钢管 DN50	计量单位	m

清单综合单价组成明细

定额编号	定额名称	计量单位	工程数量	单价（元）人工费	材料费	机械费	管理费和利润	合价（元）人工费	材料费	机械费	管理费和利润
CH0135	焊接钢管 DN50 内	10m	3.92	71.29	42.54	2.95	82.34	279.46	166.76	11.56	322.77
CH0444	管道消毒、冲洗	100m	0.39	13.83	10.15	—	15.97	5.40	3.96	—	6.23
CK0002	手工除轻锈	10m²	0.68	8.76	3.06	—	10.11	5.96	2.08	—	6.88
CK0058	防锈漆第一遍	10m²	0.68	6.94	1.66	—	8.02	4.72	1.23	—	5.45
CK0061	银粉漆第一遍	10m²	0.68	7.22	5.99	—	8.34	4.91	4.07	—	5.67
CK0062	银粉漆第二遍	10m²	0.68	6.94	5.45	—	8.02	4.72	3.71	—	5.45
CH0351	钢管套管 DN80 内	个	9	7.45	9.23	0.82	8.61	67.05	83.07	7.38	77.49
人工单价		小计						372.22	264.88	18.94	429.94
28 元/工日		未计价材料费						942.70			
清单项目综合单价								(1085.98＋942.70)/39.20＝51.75 元/m			

材料费明细	主要材料名称、规格、型号	计量单位	工程数量	单价（元）	合价（元）	暂估单价（元）	暂估合价（元）
	钢管 DN50	m	39.98	19.00	759.62		
	钢管管件	个	24.34	5.00	121.70		
	钢管套管用钢管 DN80	m	2.79	22.00	61.38		
	其他材料						
	未计价材料费小计				942.70		

表-09

工程量清单综合单价分析表 续表 13-52

工程名称：住宅楼水暖安装工程（投标） 标段： 第 页 共 页

项目编码	031001002002	项目名称	热水采暖焊接钢管 DN40	计量单位	m

清单综合单价组成明细

定额编号	定额名称	计量单位	工程数量	单价（元）人工费	材料费	机械费	管理费和利润	合价（元）人工费	材料费	机械费	管理费和利润
CH0134	焊接钢管 DN40 内	10m	2.0	69.69	36.42	1.26	80.49	139.38	72.84	2.52	160.98
CH0444	管道消毒、冲洗	100m	0.2	13.83	10.15	—	15.97	2.77	2.03	—	3.19
CK0002	手工除轻锈	10m²	0.28	8.76	3.06	—	10.11	2.45	0.86	—	2.83
CK0058	防锈漆第一遍	10m²	0.28	6.94	1.66	—	8.02	1.94	0.47	—	2.25
CK0061	银粉漆第一遍	10m²	0.28	7.22	5.99	—	8.34	2.02	1.68	—	2.34
CK0062	银粉漆第二遍	10m²	0.28	6.94	5.45	—	8.02	1.94	1.53	—	2.25

续表

定额编号	定额名称	计量单位	工程数量	单价(元)				合价(元)			
				人工费	材料费	机械费	管理费和利润	人工费	材料费	机械费	管理费和利润
CH0350	钢管套管 DN50内	个	4	3.78	4.26	0.82	4.37	15.12	17.04	3.28	17.48
人工单价		小计						165.62	96.45	5.80	191.32
28元/工日		未计价材料费						437.80			
清单项目综合单价								(459.19+437.80)/20=44.85元/m			

	主要材料名称、规格、型号	计量单位	工程数量	单价(元)	合价(元)	暂估单价(元)	暂估合价(元)
材料费明细	钢管 DN40	m	20.40	18.00	367.20		
	钢管管件	个	15.68	3.00	47.04		
	钢管套管用钢管 DN50	m	1.24	19.00	23.56		
	其他材料						
	未计价材料费小计				437.80		

表-09

工程量清单综合单价分析表　　　　　　续表 13-52

工程名称：住宅楼水暖安装工程（投标）　　　标段：　　　　第　页　共　页

项目编码	031001002003	项目名称	热水采暖焊接钢管 DN32	计量单位	m

清单综合单价组成明细

定额编号	定额名称	计量单位	工程数量	单价(元)				合价(元)			
				人工费	材料费	机械费	管理费和利润	人工费	材料费	机械费	管理费和利润
CH0133	焊接钢管 DN32内	10m	1.0	58.52	42.63	0.93	67.59	58.52	42.63	0.93	67.59
CH0444	管道消毒、冲洗	100m	0.1	13.83	10.15	—	15.97	1.38	1.02	—	1.60
CK0002	手工除轻锈	10m²	0.12	8.76	3.06	—	10.11	1.05	0.37	—	1.21
CK0058	防锈漆第一遍	10m²	0.12	6.94	1.66	—	8.02	0.83	0.20	—	0.96
CK0061	银粉漆第一遍	10m²	0.12	7.22	5.99	—	8.34	0.87	0.72	—	1.00
CK0062	银粉漆第二遍	10m²	0.12	6.94	5.45	—	8.02	0.83	0.65	—	0.96
CH0350	钢管套管 DN40内	个	4	3.78	4.26	0.82	4.37	15.12	17.04	3.28	17.48
人工单价		小计						78.60	62.63	4.21	90.80
28元/工日		未计价材料费						161.38			
清单项目综合单价								(236.24+161.38)/10=39.76元/m			

	主要材料名称、规格、型号	计量单位	工程数量	单价(元)	合价(元)	暂估单价(元)	暂估合价(元)
材料费明细	钢管 DN32	m	10.20	11.50	117.30		
	钢管管件	个	10.88	2.00	21.76		
	钢管套管用钢管 DN40	m	1.24	18.00	22.32		
	其他材料						
	未计价材料费小计				161.38		

表-09

工程量清单综合单价分析表

续表 13-52

工程名称：住宅楼水暖安装工程（投标）　　标段：　　　　　　　　　第 页 共 页

项目编码	031001002004	项目名称	热水采暖焊接钢管 DN25	计量单位	m

清单综合单价组成明细

定额编号	定额名称	计量单位	工程数量	单　价（元）				合　价（元）			
				人工费	材料费	机械费	管理费和利润	人工费	材料费	机械费	管理费和利润
CH0132	焊接钢管 DN25 内	10m	1.05	58.52	32.75	0.93	67.59	61.45	34.39	0.98	70.97
CH0444	管道消毒、冲洗	100m	0.11	13.83	10.15	—	15.97	1.52	1.12	—	1.76
CK0002	手工除轻锈	10m²	0.10	8.76	3.06	—	10.11	0.87	0.31	—	1.01
CK0058	防锈漆第一遍	10m²	0.10	6.94	1.66	—	8.02	0.69	0.17	—	0.80
CK0061	银粉漆第一遍	10m²	0.10	7.22	5.99	—	8.34	0.72	0.60	—	0.83
CK0062	银粉漆第二遍	10m²	0.10	6.94	5.45	—	8.02	0.69	0.55	—	0.80
CH0350	钢管套管 DN32 内	个	2	3.78	4.26	0.82	4.37	7.56	8.52	1.64	8.74
人工单价			小计					73.50	45.66	2.62	84.91
28 元/工日			未计价材料费					128.96			
清单项目综合单价								(206.69+128.96)/10.5＝31.97 元/m			

	主要材料名称、规格、型号	计量单位	工程数量	单价（元）	合价（元）	暂估单价（元）	暂估合价（元）
材料费明细	钢管 DN25	m	10.71	9.00	96.39		
	钢管管件	个	15.90	1.60	25.44		
	钢管套管用钢管 DN32	m	0.62	11.50	7.13		
	其他材料						
	未计价材料费小计				128.96		

表-09

工程量清单综合单价分析表

续表 13-52

工程名称：住宅楼水暖安装工程（投标）　　标段：　　　　　　　　　第 页 共 页

项目编码	0310010020015	项目名称	热水采暖焊接钢管 DN20	计量单位	m

清单综合单价组成明细

定额编号	定额名称	计量单位	工程数量	单　价（元）				合　价（元）			
				人工费	材料费	机械费	管理费和利润	人工费	材料费	机械费	管理费和利润
CH0131	焊接钢管 DN20 内	10m	1.05	48.69	21.38	—	56.24	51.12	22.45	—	59.05
CH0444	管道消毒、冲洗	100m	0.11	13.83	10.15	—	15.97	1.52	1.12	—	1.76
CK0002	手工除轻锈	10m²	0.08	8.76	3.06	—	10.11	0.70	0.24	—	0.81
CK0058	防锈漆第一遍	10m²	0.08	6.94	1.66	—	8.02	0.56	0.13	—	0.64
CK0061	银粉漆第一遍	10m²	0.08	7.22	5.99	—	8.34	0.58	0.48	—	0.67
CK0062	银粉漆第二遍	10m²	0.08	6.94	5.45	—	8.02	0.56	0.44	—	0.64

续表

定额编号	定额名称	计量单位	工程数量	单 价(元)				合 价(元)			
				人工费	材料费	机械费	管理费和利润	人工费	材料费	机械费	管理费和利润
CH0350	钢管套管DN25内	个	2	3.78	4.26	0.82	4.37	7.56	8.52	1.64	8.74
人工单价		小计						62.60	33.35	1.64	72.31
28元/工日		未计价材料费						88.39			
清单项目综合单价								(169.90+88.39)/10.50=24.60元/m			

	主要材料名称、规格、型号	计量单位	工程数量	单价(元)	合价(元)	暂估单价(元)	暂估合价(元)
材料费明细	钢管DN20	m	10.71	6.00	64.26		
	钢管管件	个	17.00	1.00	17.00		
	钢管套管用钢管DN32	m	0.62	11.50	7.13		
	其他材料						
	未计价材料费小计				88.39		

表-09

工程量清单综合单价分析表　　　　　续表13-52

工程名称：住宅楼水暖安装工程（投标）　　　标段：　　　　　第　页　共　页

项目编码	0310010020016	项目名称	热水采暖镀锌钢管DN15螺纹连接	计量单位	m

清单综合单价组成明细

定额编号	定额名称	计量单位	工程数量	单 价(元)				合 价(元)			
				人工费	材料费	机械费	管理费和利润	人工费	材料费	机械费	管理费和利润
CH0130	热水采暖镀锌钢管DN15螺纹连接	10m	22.30	48.69	13.59	—	56.23	1085.79	303.06	—	1253.93
CH0444	管道消毒、冲洗DN50内	100m	2.23	13.83	10.15	—	15.97	30.84	22.63	—	35.61
人工单价		小计						1116.63	325.69	—	1289.54
28元/工日		未计价材料费						1409.61			
清单项目综合单价								(2731.86+1409.61)/223.00=18.57元/m			

	主要材料名称、规格、型号	计量单位	工程数量	单价(元)	合价(元)	暂估单价(元)	暂估合价(元)
材料费明细	镀锌钢管DN15螺纹连接	m	227.46	5.00	1137.30		
	镀锌钢管管件	个	378.21	0.72	272.31		
	其他材料						
	未计价材料费小计				1409.61		

表-09

工程量清单综合单价分析表

续表 13-52

工程名称：住宅楼水暖安装工程（投标）　　标段：　　　第 页 共 页

| 项目编码 | 031005001001 | 项目名称 | 四柱 813 型铸铁散热器安装 | 计量单位 | 片 |

清单综合单价组成明细

定额编号	定额名称	计量单位	工程数量	单价（元）				合价（元）			
				人工费	材料费	机械费	管理费和利润	人工费	材料费	机械费	管理费和利润
CH0561	柱型铸铁散热器安装	10 片	39.20	10.76	24827.37	—	12.43	421.79	973232.90	—	487.26
CK0006	散热片人工除锈	10m²	10.98	9.27	3.06	—	12.68	101.79	33.60	—	139.23
CK0091	散热片刷防锈漆一遍	10m²	10.98	6.44	1.75	—	12.68	70.71	19.22	—	139.23
CK0094	散热片刷银粉漆第一遍	10m²	10.98	6.94	5.45	—	12.68	76.20	59.84	—	139.23
CK0095	散热片刷银粉漆第二遍	10m²	10.98	6.44	5.13	—	12.68	70.71	56.33	—	139.23
人工单价		小计						741.20	973401.89	—	1044.18
28 元/工日		未计价材料费						11335.86			
清单项目综合单价								(975187.27+11335.86)/392.00 = 2516.64 元/片			

材料费明细	主要材料名称、规格、型号	计量单位	工程数量	单价（元）	合价（元）	暂估单价（元）	暂估合价（元）
	813 柱型铸铁散热器（足片）	片	125.05	30.00	3751.50		
	813 柱型铸铁散热器	片	270.87	28.00	7584.36		
	其他材料						
	未计价材料费小计				11335.86		

表-09

工程量清单综合单价分析表

续表 13-52

工程名称：住宅楼水暖安装工程（投标）　　标段：　　　第 页 共 页

| 项目编码 | 031005008001 | 项目名称 | 集气罐 $\phi150$ II 型 | 计量单位 | 个 |

清单综合单价组成明细

定额编号	定额名称	计量单位	工程数量	单价（元）				合价（元）			
				人工费	材料费	机械费	管理费和利润	人工费	材料费	机械费	管理费和利润
CF2962	集气罐制作	个	1	17.42	18.16	10.60	20.12	17.42	18.16	10.60	20.12
CF2967	集气罐安装	个	1	7.02	—	—	8.11	7.02	—	—	8.11
CK0011	手工除锈一般钢结构中锈	100kg	0.07	13.92	4.44	7.54	16.08	0.97	0.31	0.53	1.13

续表

定额编号	定额名称	计量单位	工程数量	单价(元)				合价(元)			
				人工费	材料费	机械费	管理费和利润	人工费	材料费	机械费	管理费和利润
CK0124	防锈漆第一遍	100kg	0.07	5.54	1.19	7.54	6.40	0.39	0.08	0.53	0.45
CK0125	防锈漆第二遍	100kg	0.07	5.66	1.07	7.54	6.54	0.40	0.08	0.53	0.46
CK0127	银粉漆第一遍	100kg	0.07	5.66	4.81	7.54	6.54	0.40	0.34	0.53	0.46
CK0128	银粉漆第二遍	100kg	0.07	5.66	3.95	7.54	6.54	0.40	0.28	0.53	0.46
人工单价		小计						27.00	19.25	13.25	31.19
28元/工日		未计价材料费						13.50			
清单项目综合单价								(90.69+13.50)/1=104.19元/个			

材料费明细	主要材料名称、规格、型号	计量单位	工程数量	单价(元)	合价(元)	暂估单价(元)	暂估合价(元)
	无缝钢管	m	0.30	45.00	13.50		
	其他材料						
	未计价材料费小计				13.50		

表-09

工程量清单综合单价分析表
续表 13-52

工程名称：住宅楼水暖安装工程（投标）　　标段：　　　　　第　页　共　页

项目编码	031003001005	项目名称	截止阀螺纹连接 DN50	计量单位	个

清单综合单价组成明细

定额编号	定额名称	计量单位	工程数量	单价(元)				合价(元)			
				人工费	材料费	机械费	管理费和利润	人工费	材料费	机械费	管理费和利润
CH0458	截止阀安装螺纹连接	个	1	6.55	7.73	—	7.57	6.55	7.73	—	7.57
人工单价		小计						6.55	7.73	—	7.57
28元/工日		未计价材料费						48.78			
清单项目综合单价								(21.85+48.78)/1.00=70.63元/个			

材料费明细	主要材料名称、规格、型号	计量单位	工程数量	单价(元)	合价(元)	暂估单价(元)	暂估合价(元)
	截止阀螺纹连接 DN50	个	1.01	48.30	48.78		
	其他材料						
	未计价材料费小计				48.78		

表-09

工程量清单综合单价分析表

续表 13-52

工程名称：住宅楼水暖安装工程（投标）　　标段：　　　　　第 页 共 页

项目编码	031003001006	项目名称	截止阀螺纹连接 DN15	计量单位	个

清单综合单价组成明细

定额编号	定额名称	计量单位	工程数量	单 价（元）				合 价（元）			
				人工费	材料费	机械费	管理费和利润	人工费	材料费	机械费	管理费和利润
CH0453	截止阀安装螺纹连接	个	25	2.63	1.79	—	3.04	65.75	44.75	—	76.00
人工单价		小计						65.75	44.75	—	76.00
28 元/工日		未计价材料费						858.50			
清单项目综合单价				(186.50+858.50)/25＝41.80 元/个							

材料费明细	主要材料名称、规格、型号	计量单位	工程数量	单价（元）	合价（元）	暂估单价（元）	暂估合价（元）
	截止阀螺纹连接 DN15	个	25.25	34.00	858.50		
	其他材料						
	未计价材料费小计				858.50		

表-09

工程量清单综合单价分析表

续表 13-52

工程名称：住宅楼水暖安装工程（投标）　　标段：　　　　　第 页 共 页

项目编码	031003001007	项目名称	手动放风阀 DN10	计量单位	个

清单综合单价组成明细

定额编号	定额名称	计量单位	工程数量	单 价（元）				合 价（元）			
				人工费	材料费	机械费	管理费和利润	人工费	材料费	机械费	管理费和利润
CH0522	手动放风阀	个	1	0.78	0.02	—	0.90	0.78	0.02	—	0.90
人工单价		小计						0.78	0.02	—	0.90
28 元/工日		未计价材料费						33.33			
清单项目综合单价				(1.70+33.33)/1＝35.03 元/个							

材料费明细	主要材料名称、规格、型号	计量单位	工程数量	单价（元）	合价（元）	暂估单价（元）	暂估合价（元）
	手动放风阀螺纹连接 DN10	个	1.01	33.00	33.33		
	其他材料						
	未计价材料费小计				33.33		

表-09

工程量清单综合单价分析表

续表 13-52

工程名称：住宅楼水暖安装工程（投标）　　　标段：　　　　　第 页 共 页

项目编码	031002001002	项目名称	一般管道支架制安	计量单位	kg

清单综合单价组成明细

定额编号	定额名称	计量单位	工程数量	单价（元）				合价（元）			
				人工费	材料费	机械费	管理费和利润	人工费	材料费	机械费	管理费和利润
CH0377	采暖管道支架制安	100kg	0.65	189.92	294.99	312.70	219.36	123.45	191.74	203.26	142.58
CK0010	手工除轻锈	100kg	0.65	8.76	2.26	7.54	10.11	5.69	1.47	4.90	6.57
CK0124	防锈漆第一遍	100kg	0.65	5.94	1.19	7.54	6.86	3.86	0.77	4.90	5.76
CK0127	银粉漆第一遍	100kg	0.65	5.66	4.81	7.54	6.54	3.68	3.13	4.90	4.25
CK0128	银粉漆第二遍	100kg	0.65	5.66	3.95	7.54	6.54	3.68	2.57	4.90	4.25
人工单价		小计						140.36	199.68	222.86	163.41
28元/工日		未计价材料费						351.39			
清单项目综合单价								（726.31＋351.39）/65＝16.58 元/kg			

材料费明细	主要材料名称、规格、型号	计量单位	工程数量	单价（元）	合价（元）	暂估单价（元）	暂估合价（元）
	一般管道支架型钢	kg	68.90	5.10	351.39		
	其他材料						
	未计价材料费小计				351.39		

表-09

工程量清单综合单价分析表

续表 13-52

工程名称：住宅楼水暖安装工程　　　标段：　　　　　第 页 共 页

项目编码	030807001001	项目名称	采暖工程系统调整	计量单位	系统

清单综合单价组成明细

定额编号	定额名称	计量单位	工程数量	单价（元）				合价（元）			
				人工费	材料费	机械费	管理费和利润	人工费	材料费	机械费	管理费和利润
	采暖工程系统调整	系统	1	85.52	342.10	—	98.78	85.52	342.10	—	98.78
人工单价		小计						85.52	342.10	—	98.78
28元/工日		未计价材料费						—			
清单项目综合单价								526.40 元/系统			
	22～33 项采暖工程人工费合计 2850.81 元 2850.81×15％＝427.62 元；其中人工费占 20％ 427.62×20％＝85.52 元										

表-09

279

34∑人工费×15％＝427.62＝x；其中人工工资占20％

本项人工费 $y＝x×20％＝427.62×20％＝85.52$ 元；本项材料费 $z＝x－y＝427.62－85.52＝342.10$ 元

本项管理费和利润 $m＝y×115.50％＝85.52×1.155＝98.78$ 元

$$(x＝y＋z＝85.52＋342.10＝427.62 元)$$

注：22～33项人工费合计2850.81元是由采暖各分项工程项目中人工费汇总而来。

措施项目清单与计价表（一） 表13-53

工程名称：住宅楼水暖安装工程　　　　标段：　　　　　　第 页 共 页

序号	项目名称	计算基础	费率(%)	金额(元)
1	环境保护费	人工费4860.55	1.5	72.91
2	临时设施费	人工费4860.55	20.29	986.21
3	夜间施工费	人工费4860.55	8.60	418.01
4	冬雨季施工	人工费4860.55	6.75	328.09
5	包干费	人工费4860.55	3	145.82
6	已完工程及设备保护	人工费4860.55	5	243.03
7	工程定位复测、工程点交及场地清理费	人工费4860.55	4	194.42
8	材料检验试验费	人工费4860.55	1	48.61
合　计				2437.10

表-10

措施项目清单与计价表（二） 表13-54

工程名称：住宅楼水暖安装工程　　　标段：　　　　　　第 页 共 页

序号	项目编码	项目名称	项目特征描述	计量单位	工程量	综合单价	合价
1	CB001	脚手架搭拆费	给水排水分册说明,按人工费的5％计算,其中定额人工费占25％	元	4860.55×5％	243.03	243.03
本页小计							
合　计							243.03

表-11

其他项目清单与计价汇总表 表13-55

工程名称：住宅楼水暖安装工程　　　标段：　　　　　　第 页 共 页

序号	项目名称	计量单位	金额(元)	备注
1	暂列金额	项	28000.00	明细详见表12-1
2	暂估价			
2.1	材料暂估价		—	明细详见表12-2
2.2	专业工程暂估价		—	
3	计日工	项	1120.00	明细详见表12-4
4	总承包服务费		—	
合　计			29120.00	—

表-12

暂列金额明细表

表 13-56

工程名称： 标段： 第 页 共 页

序号	项目名称	计量单位	暂定金额（元）	备注
1	政策性调整和材料价格风险	项	18000.00	
2	其 他	项	10000.00	
	合 计		28000.00	

注：此表由招标人填写，如不能详列，也可只列暂定金额总额，投标人应将上述暂列金额计入投标总价中。

表 12-1

材料暂估单价表

表 13-57

工程名称： 标段： 第 页 共 页

序号	项目名称、规格、型号	计量单位	单价（元）	备注
1	型钢	kg	5.10	
2	柱型铸铁散热片	片	2482	

注：1. 此表由招标人填写，并在备注栏说明暂估价的材料拟用在哪些清单项目上，投标人应将上述材料暂估单价计入工程量清单综合单价报价中。
   2. 材料包括原材料、燃料、构配件以及按规定应计入建筑安装工程造价的设备。

表-12-2

计日工表

表 13-58

工程名称： 标段： 第 页 共 页

编号	项目名称	单位	暂定数量	综合单价	合价
一	人 工				
1	辅工	工日	2.00	30.00	60.00
2	焊工	工日	2.00	40.00	80.00
	人工小计				140.00
二	材 料				
1	油毛毡材料	m²	20.00	18.00	360.00
	材料小计				360.00
三	施工机械				
1	电焊机 100kW	台班	2.00	200.00	400.00
2	试压泵	台班	1.00	220.00	220.00
	施工机械小计				620.00
	总计 一＋二＋三(结转至单位工程费汇总表)				1120.00

注：此表中项目名称、暂定数量由招标人填写，编制招标控制价时，单价由招标人按有关计价规定确定，投标时，单价由投标人自主报价，计入投标总价中。

表-12-4

规费、税金项目清单与计价表   表 13-59

工程名称：   标段：   第 页 共 页

序号	项目名称	计算基础	费率(%)	金额(元)
1	规费			1271.17
1.1	工程排污费	定额人工费(4860.55+60.76)	1	49.21
1.2	社会保险费	(1)+(2)+(3)		935.05
(1)	养老保险费	4921.31	12	590.55
(2)	失业保险费	4921.31	2	98.42
(3)	医疗保险费	4921.31	5	246.07
1.3	住房公积金	4921.31	5	246.07
1.4	危险作业意外伤害保险	4921.31	0.83	40.85
2	工程定额测定费	税前工程造价	0.14	1458.54
3	税金	分部分项工程费+措施项目费+ 其他项目费+规费+ 工程定额测定费	3.43	35575.67
	合　　计			38305.38

注：60.76 为脚手架搭拆费 243.03 的 25%（见给水排水分册说明）。

表-13

思　考　题

1. 简述工程量清单计价的概念。

2. 何谓标底价？何谓投标报价？

3. 工程量清单计价的意义和作用何在？

4. 工程量清单计价的特点有哪些？

5. 工程量清单计价与传统定额计价区别何在？

6. 工程量清单计价涉及的相关税费有哪些？

7. 简述工程量清单计价方法。

8. 简述工程量清单计价依据与适用范围。

9. 简述工程量清单计价格式、计价过程。

10. 简述工程量清单计价中费用分类与工程造价计价步骤、计价程序。

11. 简述单价的构成、计算与分解。

12. 简述三种最常见的组价对策。